KB261992

트랜시스 16과 멀티 존 빌딩

TRNSYS 16 사용자 가이드북

서승직 · 최원기 공저

일진사

머 리 말

환경과 에너지 문제는 우리나라 사회 경제 전반에 걸친 구조적 변화를 요구하고 있으며, 최근 정부에서도 '저탄소, 녹색성장'을 표방하고 이에 맞춘 정책을 펴고 있다. 또한 건축 분야에 있어서도 친환경 건축물, 건물 에너지 효율 등급 인증 제도에 대한 정부 및 지자체를 중심으로 다양한 인센티브를 부여해 보급을 장려하고 있으며, 국가 전체 에너지 소비의 약 24%를 차지하는 건물 부분의 에너지 소비를 줄이기 위해 기존의 단열 규제가 아닌 총량 베이스에 기초한 정책을 시범 운영할 계획이다.

여기에 발맞춰 건축 디자인을 전공하는 학생들을 위해 보다 쉽게 자신이 설계한 건물의 에너지 성능을 종합적으로 평가할 수 있는 방법을 제공하고, 또한 건축 환경과 설비 분야를 전공하거나 기타 관련 분야의 학생들에게 건물 에너지 해석 프로그램의 하나인 TRNSYS 16에 대한 전반적인 이해의 폭을 넓히고자 본 교재를 집필하였다.

본 교재는 총 4권으로 구성되어 있다. 제1권은 건축물 에너지 해석에 기초가 되는 제반 이론과 유한 차분법 그리고 표준 기상 데이터에 대하여 소개하고 있으며, 이를 통해 정량적 해석을 위해 제반 지식을 습득할 수 있도록 하였다. 제2권은 이전 버전과 비교해 달라진 TRNSYS 16 Simulation Studio 전반에 걸친 상세한 내용과 TRNBuild 사용법을 자세히 소개하고 있어, 디자인을 전공하는 학생들에게 초점을 맞춰 기술되었다. 제3권은 TRNSYS 응용 프로그램인 TRNEdit, TRNFlow, TRNOpt, PREP 그리고 프로그래머 가이드에 대하여 소개하고 있으며, 이를 통해 프로그램 개발자로까지 발전할 수 있도록 구성하였다. 끝으로 제4권은 건축 분야에 많이 사용되는 TRNSYS 컴포넌트에 대하여 소개하고 있다.

아직 완전한 프로그램 안내서로서의 부족한 점은 많이 있지만 단계적으로 수정·보완해 나갈 것이며, 특히 실무 중심의 안내서가 될 수 있도록 노력해 나갈 것이다.

끝으로 본 교재 편집에 도움을 준 인하대학교 환경설비 연구실 대학원생들과 출판을 위해 수고를 아끼지 않으신 일진사 사장님과 편집부 여러분께 진심으로 감사를 드린다.

저자 씀

차 례

part 1

트랜시스 V. 16

part **2**

트랜빌드(TRNBuild) – 멀티 존 건물 모델링 프로그램 –

1

트랜시스 V. 16

[A TRaNsient SYstem Simulation program]
Simulation Studio 사용법에 관하여

1. 개 요

Simulation Studio는 시뮬레이션 엔진 프로그램과 그래픽 연결 프로그램에서 플로팅과 스프레드시트 소프트웨어까지를 포함한 완전한 시뮬레이션 패키지이다. 이것은 프로젝트 디자인에서부터 자체 시뮬레이션으로도 사용될 수 있는 통합된 도구로 Version 16부터 새롭게 추가된 것이다.

1-1 하드웨어 요구사양

Simulation Studio 소프트웨어는 IBM PC 기반으로 다음의 최소 사양을 갖춘 호환성 있는 컴퓨터를 요구한다.

- Processor : Pentium
- Internal Clock : 166 MHz or faster
- RAM : 64 MB or more
- OS : Windows 98-2, NT 4.0 or NT 5.0, 2000, XP
- Screen : 800×600 pixels (a 1024×768 monitor is recommended)
- Hard Disk : 600 MB Free Hard Disk Space

1-2 설치 과정

Simulation Studio와 TRNSYS를 설치하기 위해서는 문서 "Getting Started"를 참고하면 되지만, 기본적으로 TRNSYS 설치 CD로부터 install 파일을 통해 쉽게 설치 가능하다. 기존의 [C:\Trnsys\] 폴더에 설치되던 방식에서 벗어나 [C:\Program Files\Trnsys 16]으로 설치 폴더가 변경되었다.

1-3 라이센스 동의

Simulation Studio는 TRNSYS 16 패키지의 일부분으로써 배포된다. 자세한 것은 TRNSYS 16 End-User License Agreement(TRNSYS 설치에 따른 license.txt)를 참고하면 된다.

1-4 관련 정보

Simulation Studio 프로그램은 프랑스 Sophia Antipolis의 CSTB(the Building Technical and Scientific Centre)의 소유이며, 이 곳에서 유지 관리된다. 이 사용 설명서는 TRNSYS 시뮬레이션 소프트웨어 프로그램의 주택에 채택된 Simulation Studio 프로그램의 버전을 자세히 소개하고 있다. 게다가 Simulation Studio 프로그램에 대한 정보와 이것의 활용 가능성은 지역 TRNSYS 보급자나 아래의 Simulation Studio Coordinator를 통해 얻을 수 있다.

> CSTB
>
> BP 209
>
> 06 904 Sophia Antipolis
>
> FRANCE
>
> Tel : +33-4-93-956-746
>
> Fax : +33-4-93-956-733
>
> E-mail : software@cstb.fr

1-5 트랜시스 매뉴얼 사용법

이 사용자 매뉴얼에서 제공되는 정보는 사용자에게 완전한 Simulation Studio reference source를 제공하기 위해 제작되었다. 이 매뉴얼은 사용자에게 다양한 메뉴 항목, 도구모음 그리고 함수들의 상세한 설명을 제공함으로써 Simulation Studio 환경에 쉽게 숙달할 수 있도록 돕기 위함이다. 그러나 이 매뉴얼은 TRNSYS 시뮬레이션 소프트웨어나 Simulation Studio 프로그램에 포함된 TRNSYS 유틸리티 하부 프로그램들에 관한 상세한 정보는 제공하지 않는다. 이들 패키지에 관한 상세한 정보는 그들 각각의 매뉴얼을 통해 얻을 수 있다. Simulation Studio에서 TRNSYS 사용법을 소개한 것은 TRNSYS 매뉴얼 모음의 Ⅲ권에 자세히 설명되어 있다. 따라서, 이 매뉴얼을 읽기 전에 TRNSYS 소개와 지침서를 먼저 읽고 실행시켜 보는 것이 매우 유익하다. 그러므로 Simulation Studio에서 TRNSYS를 이용하여 광범위한 작업을 수행하기 전에 메인 TRNSYS 매뉴얼(I권)의 처음 제 3 장을 읽는 것을 강력하게 권장하고 있다.

1-6 용 어

이 매뉴얼과 활용 가능한 Simulation Studio 온라인 도움말 시스템의 전반에 걸쳐, 'component model', 'model' 그리고 'component'란 용어는 서로 교환하여 사용될 수 있다.

이들 세 용어들 모두는 장비(equipment)나 모듈(module)의 일부에 대한 TRNSYS 표시법을 기술한다. TRNSYS의 의도에 의해, 하나의 모델은 모델의 운용을 나타내는 FORTRAN, C, C++ 또는 유사한 프로그램 언어들로 작성된 서브루틴이나 하부 프로그램에 의해 표시된다. TRNSYS component model들의 예제들은 storage tank, solar collector, weather processor 그리고 printer를 포함한다.

'Assembly', 'Assembly of models', 'project' 그리고 'simulation' 용어는 모두 일련의 작업 수행을 위한 방법들을 위해 상호 연결되는 일련의 component model들과 관련이 있다. 예를 들면, 태양 에너지에 의한 급탕(난방)모델을 시뮬레이션하기 위한 방법으로 weather processor model, solar collector model 그리고 storage tank model의 상호 연결은 하나의 project 또는 assembly화 되는 것이 고려된다. TRNSYS의 의도에 의해, component model들의 집합화(assembly)는 컴포넌트 모델과 그들의 상호작용을 목록으로 만든 파일, 즉 TRNSYS 입력 파일(deck 파일)에 의해 표시된다.

용어 'MS'와 'Microsoft'는 Microsoft Corporation과 관련 있다. 그리고 용어 'MS Windows'는 Windows 98-2, Windows NT 4.0 그리고 Windows NT 5.0을 포함한 Simulation Studio를 운용하는 Microsoft Windows 제품의 모든 버전과 관련 있다.

용어 'Window'는 Simulation Studio 또는 다른 제품들 내의 어떠한 창(window)과 관련이 있으며, Windows 운용 체계와는 전혀 관련이 없다.

1-7 프로그램 시작

사용자가 TRNSYS 패키지를 정확히 설치하였다면, TRNSYS 16 폴더의 시작 버튼인 "Trnsys Simulation Studio"를 선택하면 Simulation Studio 소프트웨어가 시작될 것이다. 그리고 About 창은 중요한 프로그램 라이센스 정보를 포함할 것이다.

일반적으로 사용자는 메인 윈도우 메뉴 바의 File/New 메뉴로부터 빈 Assembly panel 창을 생성하는 New Empty Project를 만듦으로써 시작할 수 있다. 그런 다음 사용자는 Direct Access 메뉴, 드롭-다운 메인 메뉴의 하나를 이용하여 컴포넌트들을 선택할 것이며, Assembly panel에 컴포넌트들을 위치시킬 것이다. 그리고 메뉴나 오른쪽 마우스 버튼을 이용하여 사용자는 컴포넌트의 삭제, 복사, 붙여넣기 등과 초기 입력값과 매개변수들을 선택하고 변경할 수 있다.

끝으로 사용자는 이러한 컴포넌트들을 서로 링크(link)시킨 후, 어떤 컴포넌트의 출력값을 또 다른 컴포넌트의 입력값으로 내부 연결(connect)할 수 있다.
일단 시뮬레이션이 실행될 수 있기 위해서는 ;
(1) 모든 필요한 컴포넌트들이 Assembly panel에 위치해야 한다.
(2) 각 컴포넌트에 대한 초기값과 매개변수들이 지정되어야 한다.
(3) 컴포넌트 상호간의 필요한 링크가 이루어져야 하며, 내부 연결은 한 컴포넌트의 출력과 또 다른 컴포넌트의 입력값에 의해 완료되어야 한다.

이상의 모든 작업이 완료되면 사용자는 시뮬레이션 실행을 위해 F8 또는 Calculate를 선택할 수 있다. 시뮬레이션 결과는 화면을 통해 확인하거나 Calculate/Open 메뉴를 이용하여 인쇄할 수 있다. 결과에 기초해 조정(adjustment)은 Assembly panel 내의 프로젝트를 통해 컴포넌트에 행해질 수 있으며, 보다 많은 시뮬레이션이 실행될 수 있다.

이상으로 가장 기초가 되는 몇 가지 내용들에 대한 간단한 설명을 마치며, 참고로 본 교재부터는 가능한 TRNSYS 매뉴얼의 내용을 충실히 반영하고자 한다.

2. Simulation Studio Windows

Simulation Studio 프로그램의 모든 메인 윈도우는 몇 가지 공동된 특성을 지닌다. 이러한 특성들은 각 윈도우의 설명에 앞서 우선적으로 설명될 것이다.

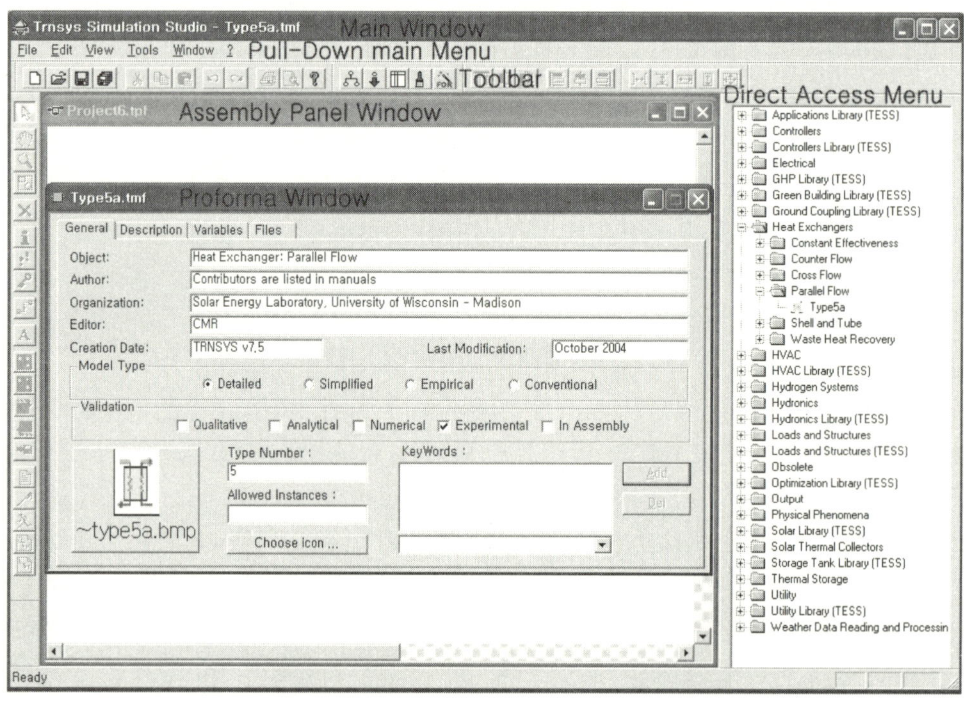

[그림 2-1] TRNSYS Simulation Studio의 주요 구성

2-1 Main Window

메인 윈도우는 Simulation Studio 프로그램을 시작할 때 사용자가 처음 보게 되는 창이다. 다른 MS 윈도우즈 프로그램들과 같이, 이것은 일련의 풀-다운 메뉴들과 몇 가지

도구모음들 그리고 하나 또는 그 이상의 활성 창으로 구성된다. 시작을 하게 되면 이 메인 윈도우에는 아무 것도 없다.

정상적으로 사용자가 새로운 프로젝트를 시작하거나 기존의 프로젝트를 열면 Assembly panel이 메인 윈도우에 보이게 될 것이다. 게다가 Simulation Studio와 다른 TRNSYS 도구들의 모든 필요한 특징들이 Simulation Studio의 메인 윈도우를 통해 접근할 수 있게 된다.

이러한 특징들 가운데 몇 가지는 독립된 프로그램들을 실행하는 것으로 그들 자신만의 새로운 윈도우를 열게 될 것이다.
현재의 운용 상황에 따라 이러한 윈도우들은 활성 또는 비활성으로 변하며 자세한 것은 제 8 장에 설명되어 있다.

2-2   Assembly panel Window

Assembly panel은 Simulation Studio 내에 위치하는 창으로 사용자가 프로젝트(모델의 조합)를 생성하고, 수정하고, 실행할 수 있는 곳이다. Assembly panel은 새로운 프로젝트를 생성하거나 기존의 프로젝트를 오픈함으로써 접근될 수 있으며, File/ New 또는 File/Open 메뉴를 통해 접근된다.

Assembly panel의 사용에 관한 자세한 설명은 제 4 장에 정리되어 있다.

2-3   Direct Access Toolbar/Menu

이것은 프로젝트를 생성하기 위해 이용 가능한 모든 모델들을 포함한다. 모델들은 현재 프로젝트 안으로 '마우스로 끌어넣기(drag and drop)'에 의해 사용될 수 있다. 또한, 모든 모델들은 'Direct Access Menu'로부터 이용 가능하다.

2-4 Proforma Window

Proforma는 컴포넌트 모델들을 문서화하기 위한 표준 방법이다. Proforma 파일 (*.TMF-TRNSYS 모델 파일)은 Simulation Studio에서 사용되는 모든 문서 표준이다.

각 TRNSYS 컴포넌트 모델은 Proforma 형식으로 분해될 수 있으며, 하드 디스크에 이 형식으로 저장된다. Simulation Studio 프로그램에 추가되거나 생성되는 모든 컴포넌트들은 Assembly panel에서 사용되기 위해서는 완전한 Proforma 형식을 반드시 갖춰야 한다.

Proforma 윈도우는 각 컴포넌트에 대한 Proforma 정보를 표시할 수 있으며 자세한 설명은 제 3 장에 소개되어 있다.

2-5 Toolbars

Simulation Studio 프로그램의 많은 윈도우들은 관련된 도구모음들을 포함한다. 이러한 도구모음들은 Simulation Studio 프로그램에서 다양한 기능을 수행할 수 있는 아이콘들을 포함한다. Make Macro Tool과 같은 이러한 도구들의 대부분은 화면에서 몇 가지 아이템을 선택함으로써 작동되고(이용 가능하고), 이때 마우스로 이 도구 아이콘을 클릭하면 된다.

활성화된 도구는 Simulation Studio 프로그램에서 눌려진 버튼으로 표시됨으로 구분되며, 비활성 도구는 돌출된 버튼들로 표시된다. 다음 [그림 2-2]는 이러한 도구모음의 한 예이다.

[그림 2-2] 도구모음 예

각 Simulation Studio 윈도우에서 지정된 도구모음과 메뉴 항목들은 이 교재의 관련된 각 장에서 자세히 설명되며, 위의 [그림 2-2]에서 좌측 상단의 화살표 모양의 선택

(select) 도구가 활성화된 것을 볼 수 있다.

2-6 Specifying Required Information

Simulation Studio 윈도우에서 요구되는 정보는 다음의 몇 가지 형식 가운데 한 가지로 입력되어야 한다. 즉, Input box, Radio button, Check box 그리고 List box가 그것이다.

대부분의 MS 윈도우즈 프로그램들에서처럼 프로그램을 활성화시키거나 아이템을 선택하기 위해 왼쪽 마우스 버튼이 사용된다. 2버튼식 왼쪽 마우스 버튼 클릭은 아이콘을 선택하면 된다.

Simulation Studio는 마우스 우측 버튼 기능을 광범위하게 사용한다. 예를 들면, Assembly panel에 위치한 컴포넌트 아이콘에 대한 Parameters, Inputs, Outputs 등에 접근하기 위한 최선의 방법은 아이콘에 우측 마우스를 클릭하는 것이다. 이것은 좌측 마우스 버튼을 클릭함으로써 선택될 수 있는 옵션들이 나타난다.

3. Proforma

Proforma는 컴포넌트 모델의 문서화를 위한 표준이 되는 방법이다. Proforma 파일 (*.TMF – TRNSYS Model File)은 Simulation Studio에서 사용되는 모델 문서 표준이다.

각 TRNSYS 컴포넌트 모델은 Proforma 형식으로 분석(분해 ; break down)되며, 하드 디스크에 이 형식으로 저장된다. Simulation Studio 프로그램에 추가되거나 생성되는 모든 컴포넌트들은 시뮬레이션 프로젝트에서 사용되기 위해서는 완전한 Proforma 형식을 갖춰야 한다.

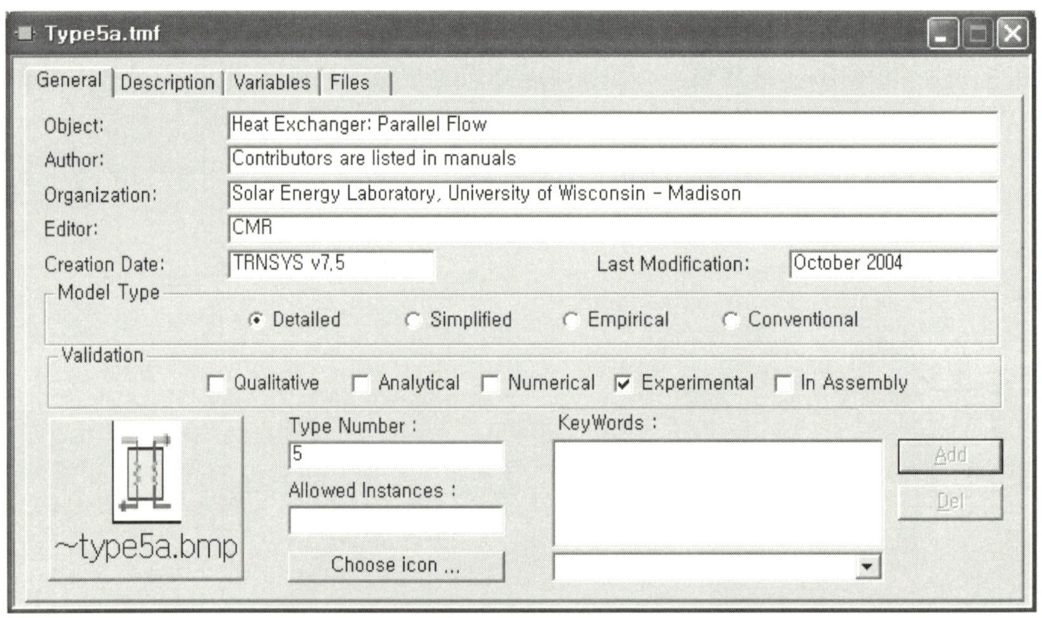

[그림 3-1] Proforma Window의 General Tab

Simulation Studio에서 Proforma 파일들은 [그림 3-1]에서 볼 수 있듯이 관련 모델의 지식 전달을 편리하게 하기 위해 필요한 모든 정보들을 포함한 4개의 Tab panel들로 구성되며, 이것은 모델들이 정확한 형식으로 이용될 수 있도록 하기 위함이다.

- General Tab : 컴포넌트 모델의 기능과 일반적인 정보와 관련된 Tab이다.
- Description Tab : 모델에 관련된 전체적인 설명과 Plugin 경로를 포함하는 Tab 이다.
- Variables Tab : 다른 컴포넌트와의 연결과 모델을 정의하는 데 필요한 각 변수들 (Parameters, Inputs, Outputs 그리고 Derivatives)의 상세한 설명을 포함하는 Tab이다.
- Files Tab : 모델과 관련된 파일 작업을 위한 connections과 tools를 포함한다. 이 것은 소스 코드로의 접근(access to the source code)과 MS Word 문서들과 같은 다른 설명 파일들과 데이터와 출력 파일들과 같은 모델과 관련된 외부 파일들의 능력들을 포함한다. 그리고 이러한 파일들은 이들 파일명을 선택하고, 우측의 Edit 버튼을 클릭함으로써 적당한 프로그램(문서 편집 프로그램 ; notepad 등)에 의해 열 수 있다.

컴포넌트 모델을 위한 Proforma 파일은 다음의 3가지 방법 중 하나에 의해 접근될 수 있다. 이것은 컴포넌트를 선택하고 Assembly panel 윈도우에서 Assembly/Proforma 메뉴 항목을 클릭하거나 컴포넌트 아이콘에서 우측 마우스를 클릭한 후 Proforma를 선 택하거나 컴포넌트 특성에서 Proforma 버튼 **i**을 클릭함으로써 Assembly panel에 [그림 3-2]의 Proforma 윈도우를 표시할 수 있다.

또한, Proforma는 메인 메뉴에서 File/Open/Component를 선택함으로써 [그림 3-2] 와 같이 접근할 수 있다. 그리고 이 파일들이 위치한 전체 경로는 다음과 같다.

[C:\Program Files\Trnsys 16\Studio\Proformas\]

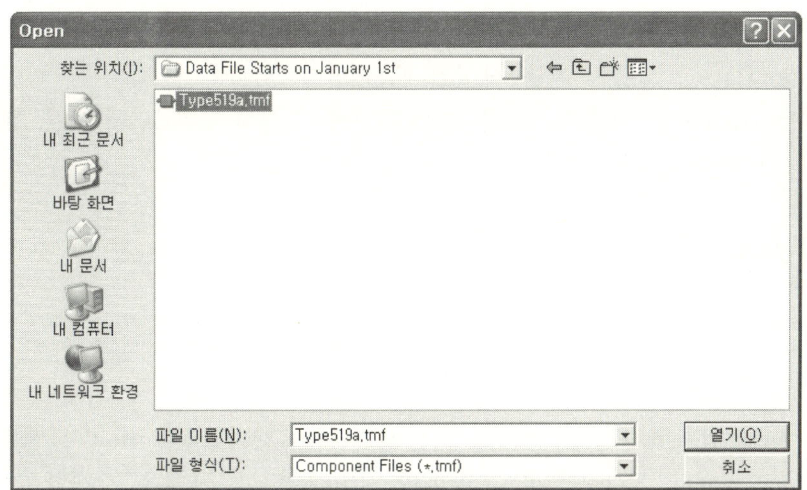

[그림 3-2] 파일 Open을 통한 Proforma 접근법

어떠한 방법으로 접근을 하든지 Proforma는 정확히 일치한다. 컴포넌트 모델의 Pro-forma는 Assembly panel을 통해 컴포넌트를 편집함으로써 수정될 수 있다.

만약 사용자가 새로운 컴포넌트를 생성하고자 할 경우, Proforma는 새로운 컴포넌트에 대한 소스 코드의 첫 번째 버전을 생성하는 데 사용될 수 있다. 이를 위해 사용자는 먼저 전체 Proforma에 대한 자료 입력을 해야 한다. 특히 Type 번호와 Variables Tab은 반드시 정확하게 입력되어야 한다. 그런 다음 [*.tmf] 파일로 Proforma를 저장한다. 일단 저장이 되면 메인 윈도우로부터 File/Export as … Fortran/C++를 선택한다. 이것은 어떠한 디렉토리에 생성된 Fortran/C++을 저장할 것인지 사용자에게 묻는 표준 'Save As' 대화상자를 열게 된다.

3-1 General Tab of the Proforma

Proforma 파일의 첫 번째 화면은 앞에서의 [그림 3-1]과 같으며 컴포넌트 정보에 관하여 몇 개의 섹션들로 구성된다. 이러한 섹션들에 관한 자세한 내용은 다음과 같다.

[그림 3-1]의 Proforma 파일의 상단에서 중간까지는 컴포넌트 모델에 대한 일반적인 정보에 대한 입력상자를 포함한다.

- Object : 컴포넌트 모델을 설명하는 일반적인 이름
- Author : 해당 모델을 작성한 사람의 이름
- Organization : 개발자가 소속된 기관명
- Editor : 종종 Simulation Studio Proforma를 생성한 사람이 원래 저자가 아닌 경우가 있으므로 편집자의 이름은 매우 중요할 수 있다.
- Creation Date : 모델이 처음 작성될 때의 날짜
- Last Modification : Proforma를 가장 최근에 수정한 날짜로 이 값은 자동적으로 설정되지만 변경이 가능하다.

Model Type

Model Type을 입력하기 위한 라디오 버튼들은 위와 같다. 'Detailed' 모델은 multi-zone building model, Type 56을 포함하며, 'Simplified' 모델은 강제함수 컴포넌트(forcing function component) 또는 curve fit reader와 같은 것을 포함한다.

Validation

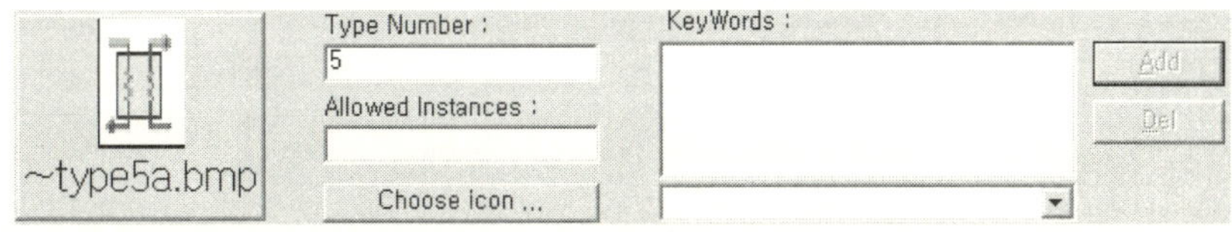

이 모델에 수행된 유효성 유형을 결정하기 위한 일련의 체크상자로 위의 그림과 같이 'Qualitative, Numerical, Analytical, Experimental, In Assembly'가 있으며, 'In Assembly'는 검증된 대형 시스템의 일부분으로써 검증되는 것을 의미한다.

Icon

먼저 좌측에 컴포넌트와 관련된 아이콘이 있으며, 이 아이콘을 클릭하면 Icon Editor 가 열리며, 기본값으로 MS Paint가 지정되어 있다.

사용자는 기존의 비트맵 이미지를 수정하거나 다른 비트맵으로 대체할 수 있다. Simulation Studio에서 어떠한 비트맵도 컴포넌트 아이콘으로 사용될 수 있으며, 크기도 바꿀 수 있다. 사용자는 기기의 보다 중요한 부분(chiller, building 등)에 대한 용량이 큰 비트맵을 사용하고, 덜 중요한 부분(valves, pumps 등)에 대하여 보다 작은 비트맵을 사용하길 바랄 수 있다. 또한, 사용자는 [*.TMF] 파일과 관련된 같은 이름을 갖는 [*.BMP] 파일을 하드 디스크에서 찾아 직접 수정하는 것도 가능하다. 만약 그러한 비트맵 파일이 [*.TMF] 파일과 같은 디렉토리에 존재하지 않으면 기본 아이콘이 사용된다.

Key Words

우측 하단에 위치한 상자로 'solar collector, building load' 등과 같은 이 모델과 관련된 키워드를 추가하는 곳이다.

Type Number and Allowed instances

아이콘 우측에 위치해 있으며, 컴포넌트의 Type 번호를 결정하고, 컴포넌트의 사용 가능한 개수를 결정한다. 펌프와 같은 몇 가지 컴포넌트들은 무한정 사용 가능하며, 멀티-존 건물 모델(Type 56)과 같은 컴포넌트는 한 번에 단 하나만 사용 가능하다.

3-2 Description Tab of the Proforma

[그림 3-3]과 같이 Proforma 파일의 두 번째 Tab은 컴포넌트 모델에 대한 상세한 정보를 포함한다. 이 정보는 'Model Abstract, Detailed Description, Plugin path'와 같이 3개의 다른 섹션으로 분리된다. 새로운 Proforma를 열 때 이러한 섹션들은 모두 여백이다. 이 정보는 직접 상자 안에 입력되거나 MS 워드와 같은 윈도우즈 프로그램에서 [복사]한 후 [붙여넣기]로 입력될 수 있다.

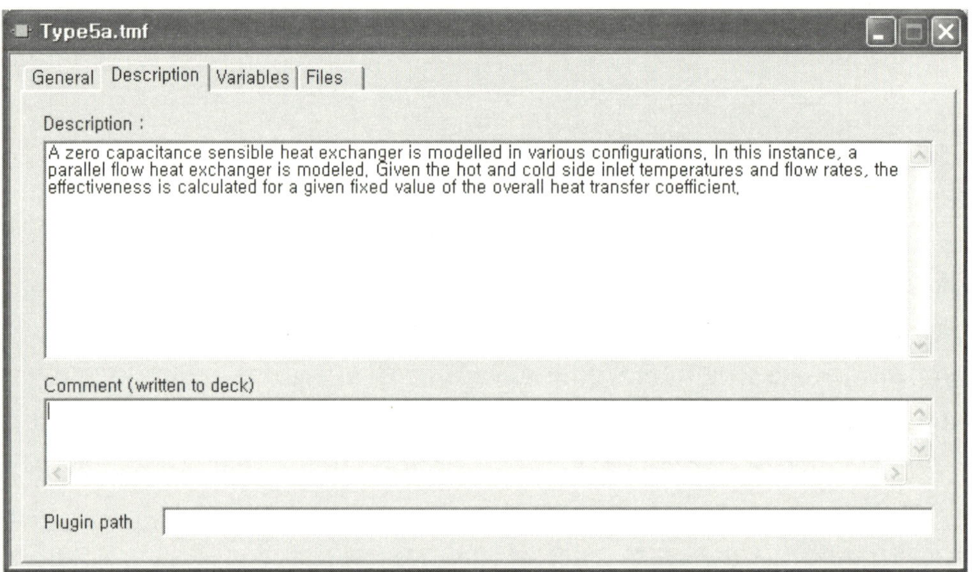

[그림 3-3] Description Tab

- Description : 이 상세 설명은 모델의 수학적 특징을 포함한 모델에 관한 설명을 포함한다. 종종 TRNSYS의 표준 컴포넌트들에 대한 출력된 매뉴얼 정보의 대부분이 여기에 포함되었다. 그리고 클립보드로부터 본문(text)을 붙여넣기 할 수 있다.
- Comment : 여기에 기입된 본문은 TRNSYS 입력 파일에서 주석문으로 표시된다. 이것은 문서 편집기에서 입력 파일을 편집하는 것을 선호하는 사용자를 포함한 모든 사용자들에게 컴포넌트에 대한 중요한 정보를 붙여넣는 것이 가능하다. 이 본문은 입력 파일의 과부하를 피하기 위해 간결하게 작성되어야 한다.
- Plugin path : 이 Plugin path는 classical properties window 대신에 component properties 수정하기 위해 실행될 외부 응용프로그램의 경로를 포함한다. 이러한 Plugin은 부록에 설명된 것처럼 사용자에 의해 개발될 수 있다.

3-3 Variables Tab of the Proforma

Proforma 파일의 Variable Tab으로 이동하면 [그림 3-4]와 같이 모델에 사용된 변수들에 대한 정보가 몇 개의 섹션으로 구분되어 구성된 것을 볼 수 있다. 이러한 정보 섹션들은 컴포넌트 모델의 TRNSYS 스펙을 완성하는 데 필요한 'Parameters, Inputs, Outputs, Derivatives, Special Cards'를 포함한다.

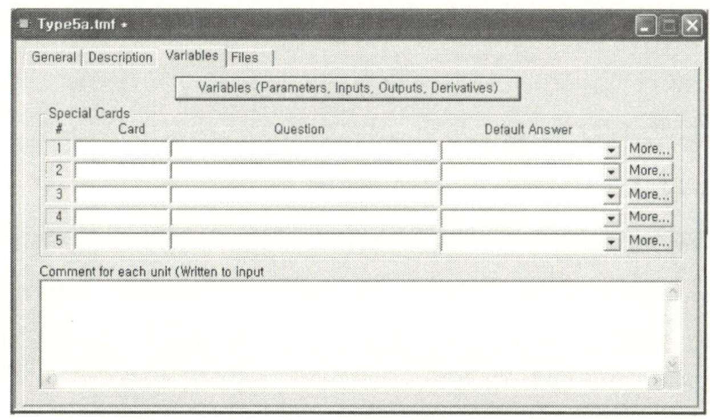

[그림 3-4] Variables Tab of the Proforma

1. Variables Button

이것의 Tab의 상단 가운데에 위치한 [Variables(Parameters, Inputs, Outputs and Derivatives)] 버튼으로, 클릭하면 [그림 3-5]와 같이 모델을 정의하는 데 사용된 변수들이 포함된 도표가 화면에 나타난다.

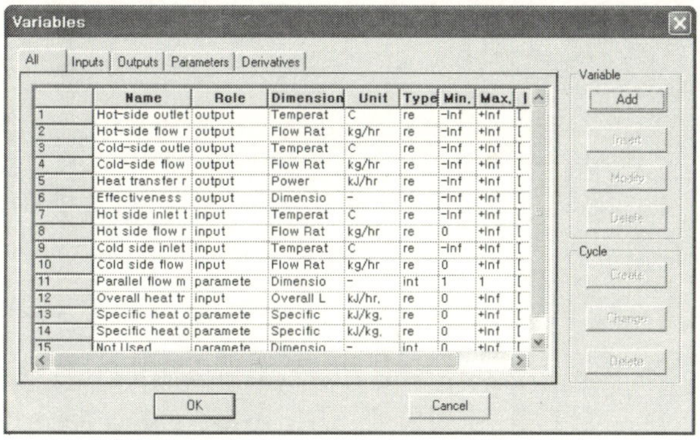

[그림 3-5] Variable Table

컴포넌트에 대한 TRNSYS 스펙에 포함된 변수들 각각에 대하여 사용자는 다음의 정보를 지정해야 한다.

- The name of the variable : 이 이름은 관련 창이나 다른 모든 변수 정보 창들에서 보이게 되는 사용자가 지정하는 변수명이다.
- The role of the variables : 'input, output' 등과 같은 변수의 역할에 대하여 나타내는 것으로, 표준 컴포넌트의 역할 변경은 컴포넌트의 재프로그래밍과 재컴파일링이 수반되어야 한다.
- The dimension of the variable(power, temperature etc.) : 이 변수의 차원은 사용된 단위 표에서 이미 지정되어 있어야 하며, 제9장에 관련 내용이 설명되어 있다. 사전 정의 차원 'any'는 다른 변수들과 양립할 수 있는 변수를 만들 수 있도록 하며, 만약 사용자가 다른 변수들과 이들의 연결을 시도할 경우, 그러한 변수들에 대하여 아무런 검사도 수행하지 않게 된다.
- The unit of the variable : 지정된 차원(°C, °F, °K 등)에 대하여 TRNSYS 프로그램에서 요구하는 단위이다. 사용자는 지정된 차원에 대한 Assembly Window에서의 단위 체계를 이용할 수 있으며, 프로그램은 여기서 지정된 단위를 자동으로 전환시킬 것이다.
- The type of the variable : 변수들의 유형으로 Real, Integer, Boolean, String이 있다.
- The minimum, maximum, and default values for the variable : 이 값들은 컴포넌트 모델이 Assembly panel에 위치할 때 사용될 것이다. 'Default Value'는 최소값과 최대값 사이의 값이어야 하고, 이것은 출력값에 대하여 제한되며, 도함수와 입력값에 의한 초기값에 의해 대체된다. 그리고 이러한 값들은 지정된 단위로 주어져야 한다. 최소값과 최대값 사이에는 2개의 '[   ]'과 ';'을 포함한 작은 상자가 존재한다. 이 설정은 최소값과 최대값이 범위 내에 있는지 여부를 결정한다. 최소값과 최대값은 '-INF' 또는 '+INF'가 될 수 있으며, 이것은 아무런 제약이 없음을 나타낸다. '+/-INF'는 기본값이다.

제공되는 입력상자(input box)에서 위의 정보를 수정하고자 할 경우, 입력상자를 간단히 클릭하면 된다. 몇 가지 입력상자의 경우, 사용자는 입력상자(Name, Minimum, Maximum, Default value) 안에 정보를 쳐서 기입해야 할 것이다. 또 다른 상자(Dimension, Unit, Type)의 경우, 입력상자가 선택되면 팝-업 메뉴가 나타날 것이다. 그럼 사용자는 제공되는 목록으로부터 값을 하나 선택한 후, 선택된 값을 활성화시키기 위해 상자를 닫으면 된다. 단위를 결정함에 있어 차원이 변경됨에 따라 기본 단위들도 재설정된다는 점을 명심해야 한다.

(1) Name

이 입력상자는 변수의 이름을 포함한다. 이 이름은 Simulation Studio 프로그램을 통해 Parameters, Inputs, Outputs 또는 Derivatives의 목록으로 보이게 될 것이다. 그리고 이 이름은 Proforma에서만 사용자에 의해 변경될 수 있다. 이름을 변경하기 위해 마우스로 이 입력상자를 간단히 클릭한 후, 새로운 변수명을 써 넣으면 된다.

(2) Dimension

이 드롭-다운 상자는 Trnsys 변수에 대한 정확한 차원을 선택하는 데 사용된다. 차원은 Proforma에서만 사용자에 의해 변경 가능하다. 차원의 변경을 위해서는 'Dimension' 상자를 클릭한다. Unit Dictionary 프로그램에서 현재 이용 가능한 차원 목록이 나타날 것이다. 그 중 하나를 클릭하여 새로운 차원을 선택하면 된다. 그럼 차원의 이름이 밝게 표시될 것이다. 차원이 변경되면 기본 단위가 재설정되므로 단위 검사를 해야 한다.

(3) Unit

이 상자는 TRNSYS 변수에 대한 정확한 단위를 선택하는 데 사용된다. 단위는 Variable Information 창이 오픈되면 사용자에 의해 변경될 수 있다. 그러나 Variable Information 창이 오픈되는 위치에 따라 단위는 다른 영향을 받는다. 단위가 Proforma에서 변경되면, 선택된 새로운 단위는 이 변수의 기본 단위가 된다. 그러나 Simulation Studio 프로그램에서 단위가 변경되면, 이것은 단지 표시 목적만을 위한 것이다. 즉, 변수의 값은 시뮬레이션이 수행될 때 변수에 대한 기본 단위로 전환될 것이다. 이 특징은 사용자가 알려진 단위 체계에서 변수에 대한 값을 쉽게 입력할 수 있도록 하기 위함이며, 시뮬레이션이 수행되는 시간 동안은 프로그램은 요구되는 단위 체계로 값을 전환하게 된다. 변수에 대한 기본 단위를 변경하기 위해 'Unit' 버튼을 클릭한다. Unit Dictionary 프로그램에서 현재 이용 가능한 단위 목록들이 주어진 차원에 따라 나타날 것이다. 그 중 하나를 클릭함으로써 새로운 단위를 선택한다. 그럼 선택한 단위명이 밝게 표시된다.

(4) Role

Role 드롭-다운 상자는 이 변수가 Parameter(매개변수), Input(입력), Output(출력) 또는 Derivative(도함수)인지를 사용자에게 보여준다.

이 값을 변경함으로써 사용자는 하나의 그룹에서 또 다른 그룹으로 변수를 이동한다. 이것은 다른 창에서 변수 목록의 끝에 위치하게 될 것이다. 예를 들어, 만약 'Efficiency'가 원래는 매개변수였는데, Role 상자에서 입력변수로 변경하는 것이 허용되지만 다른 정보를 보유하게 되며, 이러한 변경은 반드시 컴포넌트의 소스 코드를 재컴파일링을 통해 적용되므로 신중한 고려가 수반되어야 한다.

(5) Type

이 Type 드롭-다운 상자는 Simulation Studio 용도에 대한 변수 유형을 설정하기 위해 사용된다.

- Real : 사용자는 단지 변수값으로 실수(2.315 또는 3.14159 등)만을 제공할 수 있다.
- Integer : 사용자는 단지 변수값으로 정수(2 또는 3 등)만을 제공할 수 있다.
- Boolean : 사용자는 단지 변수값으로 Boolean(참은 1, 거짓은 0)만을 제공할 수 있다.
- String : 사용자는 단지 변수값으로 문자(Start 또는 Value1 등)만을 제공할 수 있다. 이러한 문자 변수는 TRNSYS에서 프린터와 플로터의 분류표시를 제공하는 데 사용되며, 매개변수 또는 입력변수의 초기값에 대한 Equation 또는 Constant 이름에 사용된다.

이 변수 Type을 변경하기 위해 Type 버튼을 클릭하면 이용 가능한 4개의 유형이 나타나며, 사용자는 마우스로 그 중 하나를 클릭하여 선택하면 된다. 그렇게 하면 선택된 변수의 유형이 밝게 표시된다. 그리고 사용자는 Variable Information 창을 통해 변수에 대한 유형을 변경할 수 있다.

(6) Minimum

이 입력상자는 Assembly panel에서 모델이 사용될 때 사용자가 지정할 수 있는 변수의 최소값을 포함한다. 최소값은 이 변수에 대한 기본 단위로 주어지며, 사용자는 Proforma에서만 이 값을 변경할 수 있다. 최소값을 변경하고자 할 경우 앞에서와 동일한 방법을 통해 새로운 값을 지정할 수 있다.

(7) Bracket Box

이 입력상자는 만약 최소값과 최대값이 허용되는 변수 범위에 포함되는지를 결정한다.

이 모난 괄호들은 '[;]', '] ;]', '[; [' 그리고 '] ; ['와 같이 표시된다. 만약 좌측이 '['로 표시되면 최소값이 범위에 포함됨을 의미하며, 좌측이 ']'로 표시되면 최소값이 허용되는 범위에 포함되지 않음을 의미한다. 그리고 우측이 ']'로 표시되면 최대값이 범위에 포함됨을 의미하며, 우측이 '['로 표시되면 최대값이 허용되는 범위에 포함되지 않음을 의미한다.

(8) Maximum

이 입력상자는 Assembly panel에서 모델이 사용될 때 사용자가 지정할 수 있는
변수의 최대값을 포함하는 것으로 Minimum에서 소개된 내용과 유사하다.

(9) Default

이 입력상자는 지정된 변수에 대한 기본 단위로 표시되는 변수에 대한 기본값을
포함한다. 기본값은 변수의 최소값과 최대값 사이의 값으로 지정되어야 한다.

컴포넌트 모델의 모든 변수들은 초기에 기본값으로 설정된다. 이러한 이유로 인
해 사용자는 모델에서 모든 변수들에 대한 합리적인 기본값을 기입해야 한다. 기본
값은 Proforma에서만 사용자에 의해 변경될 수 있으며, 그 방법은 다른 값을 지정
하는 것과 같다.

2. Variable Information Window

위에서 지정된 정보는 제공되는 입력상자들을 통해 직접 기입될 수 있으나 Variable
Information 창을 통해 이 정보를 기입할 수도 있다.

Variable Information 창은 [그림 3-6]과 같이 Variables 창에서 수정하고자 하는
변수를 선택하면, 우측에 변수를 추가하거나 삽입, 수정 그리고 삭제 버튼이 돌출되어
표시되며, 이때 Modify 버튼을 클릭하면 [그림 3-7]과 같은 Variable Information 창
이 화면에 나타난다.

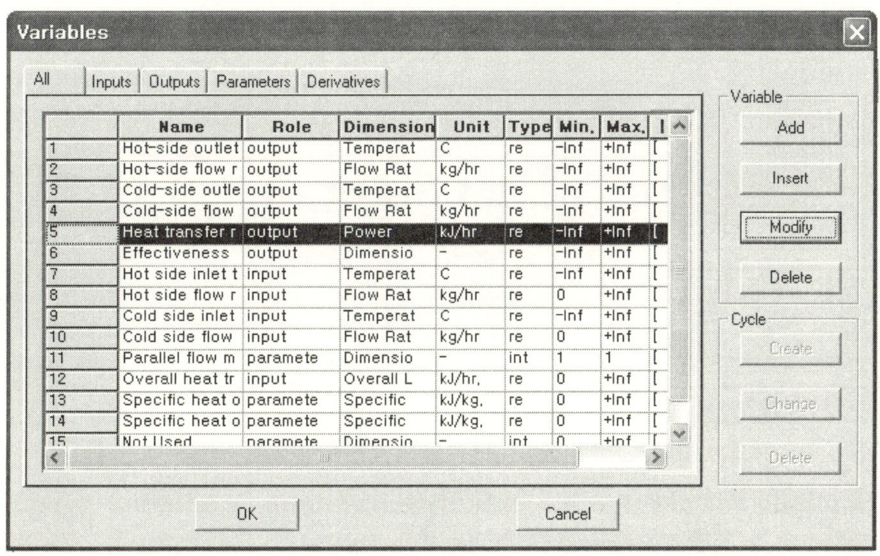

[그림 3-6] Variables 창에서의 row header의 클릭

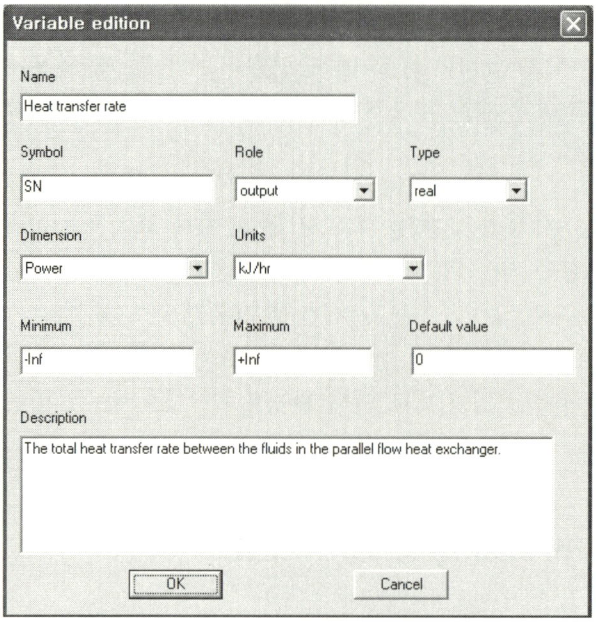

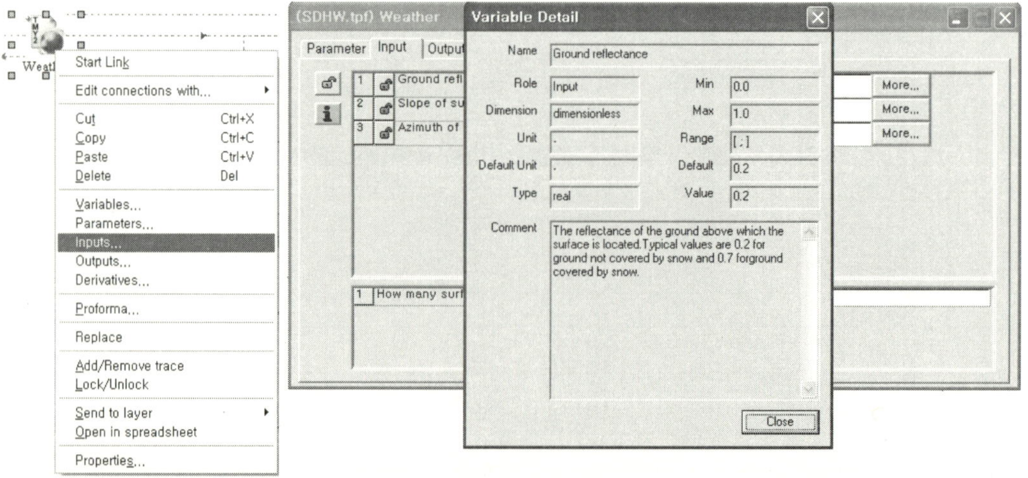

[그림 3-7] Variable Information 창 예

Variable Information 창은 TRNSYS 변수(Parameter, Input, Output or Derivative)의 전체 설명을 포함한다. 그리고 Connections Window의 more 버튼을 통해서도 접근 가능하며 Assembly panel의 컴포넌트에 대한 Inputs, Outputs, Parameters 또는 Derivatives 창의 하나를 선택한 후, 우측의 more 버튼을 클릭하면 화면에 [그림 3-8]과 같이 나타난다.

[그림 3-8] Assembly panel에서의 Variable Information 창으로의 접근

그러나 변수는 단지 Proforma 창에서만 수정 가능하다. Variable Information 창은 사용자에게 Parameter, Input, Output 또는 Derivative에 대한 필요한 정보를 쉽게 지정할 수 있도록 한다.

이 창은 사용자에게 변수에 대한 문서정보를 제공한다는 점에서 고유한 것이다. 이 지정은 사용자가 Connections Window에서 변수에 관한 정보가 필요할 때 이용된다. Name, Minimum value, Maximum value 그리고 Default value이 제공되는 입력상자에 기입되어야 한다. Dimension, Unit 그리고 Variable type은 이들 각각의 버튼을 눌렀을 때 나타나는 팝-업 메뉴로부터 선택되어야 하며, 입력상자와 버튼은 이미 이전에 설명되었으나, Definition 버튼은 변수에 대한 보다 상세한 설명을 위해 제공된다.

(1) Definition

　　이 입력 영역은 변수에 대한 간단한 설명을 포함한다. 변수 정의는 이 컴포넌트 모델에 익숙하지 않는 사용자가 변수에 대해 충분히 이해할 수 있도록 설명되어야 한다. 이 정의는 Assembly panel에서 변수에 대한 정보를 필요로 하는 모든 사용자가 보게 될 것이다.

3. Creating Cycles of Variables

이 Cycle 생성의 특징은 사용자가 일련의 변수들이 주어진 질문에 대한 답이나 매개변수의 값에 의해 지정된 횟수동안 변수들이 반복될 수 있도록 하는 것이다.

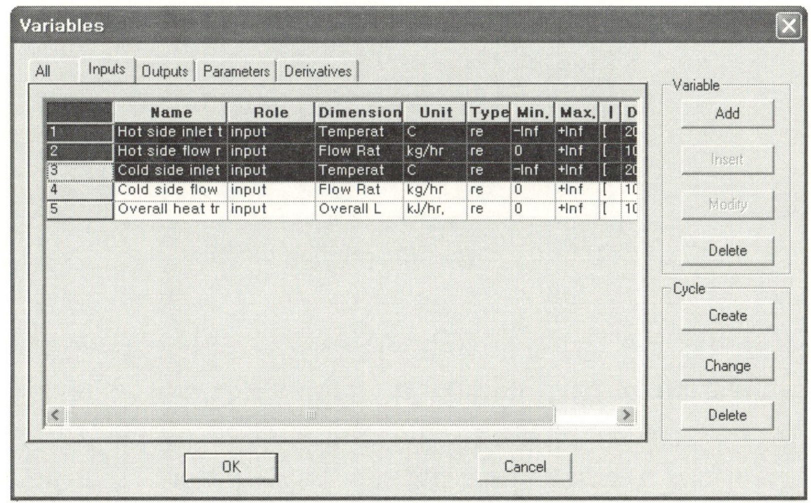

[그림 3-9] Cycle Management

이 Cycle에 포함될 하나 또는 그 이상의 변수를 [그림 3-9]의 좌측에 있는 번호를 클릭한 채 원하는 마지막 변수까지 드래그하여 선택한다. 그렇게 하면 우측 하단의 Cycle 선택상자가 활성화되고, 선택된 변수들을 모두 포함한 새로운 Cycle 생성을 위하여 Create 버튼을 클릭한다.

[그림 3-10]의 예와 유사한 Cycle Description 창은 사용자에게 어떻게 Cycle의 길이 (질문에 대한 답이나 매개변수의 값을 통해)가 결정되는지를 지정하도록 한다. 이 선택은 Cycle Description 창에서 제공하는 라디오 버튼에 의해 결정된다. 이전에 지정된 모든 질문들이 'Select an existing question' 버튼에 의해 접근 가능하게 되며, 선택된 같은 질문에 대한 답에 따라 몇 개의 변수 Cycle이 될 것인지 결정된다. 만약 Cycle이 질문에 대한 답에 의존하게 되면, 컴포넌트 개발자는 질문의 답에 대한 허용 가능한 최소·최대값을 확정해 두어야 한다. 묶여진 Cycle이 허용되고, 똑같은 방법에 의해 생성된다. 사용자가 모델에서 얼마나 많은 Cycle이 사용될 것인지를 지정하면, 프로그램은 정수 인식자에 의해 Cycle에서의 각 변수에 태그(tag)를 붙이게 될 것이다. 예를 들면, 매개변수 이름 'Value'는 Assembly panel 창 내에서는 'Value-1', 'Value-2' 등과 같이 보이게 된다.

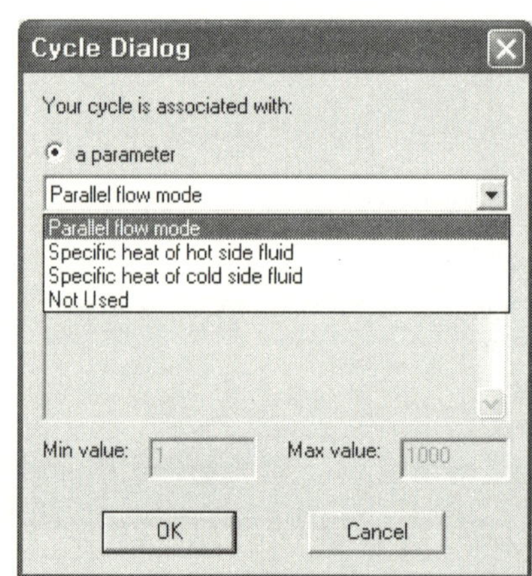

[그림 3-10] Cycle Description Window

지정된 Cycle 내의 모든 변수들을 받아들이는 하나의 수직 스크롤바에 의해 Proforma window에서 하나의 Cycle이 기술된다. 또한, 묶여진 Cycle은 이러한 방법으로 보이며 그러므로 서로에 대하여 평행한 여러 개의 수직 스크롤바가 존재할 수 있다. Cycle을 삭제하기 위해 사용자는 삭제하고자 하는 Cycle에 포함된 모든 변수들을 재선택해야 한다. 그렇게 하면 Cycle Symbol이 선택될 것이다. 이때 사용자는 선택된 Cycle

을 삭제하기 위해 Delete 버튼을 클릭할 수 있다.

한편, 기존의 Cycle을 수정하기 위해 사용자는 앞에서와 같이 모든 변수들을 선택하면 이 Cycle Symbol이 선택될 것이고, 이때 사용자는 Change 버튼을 선택하여 앞에서 지정한 Cycle Specification 창의 내용을 수정하면 된다.

4. Special Cards

일단 사용자가 컴포넌트 구성에 필요한 모든 변수들, 즉 Parameters, Inputs, Outputs 그리고 Derivatives에 대하여 지정하였더라도 몇 가지 컴포넌트는 추가적인 설명을 필요로 한다. 이러한 Special Card를 요구하는 모델의 예로 Type 65 Online plotter가 있으며, 여기에는 각 축(axis)과 구획(plot)에 대한 타이틀을 지정해야 한다.

이러한 Special Card는 Proforma의 Variables Tab을 통해 접근될 수 있는 [그림 3-11]과 같은 Special Cards 섹션을 이용함으로써 TRNSYS Input 파일 내에 삽입될 수 있다.

Variables Tab은 Assembly panel window를 통해 접근될 때 보이는 Special Card가 무엇인지에 대한 이미지를 포함한다. 외부 파일 명세와 같이 개발자는 사용자에 의해 제기될 수 있는 가능한 질문에 대한 답변들을 첨부할 수 있다.

주의 : 'Card', 'Question to ask' 또는 'Default' 답변 입력상자들 중 어느 것도 개발자에 의해 완성될 필요는 없다. Simulation Studio program은 단지 개발자에 의해 지정된 입력 파일의 이러한 행들을 읽기만 할 것이다.

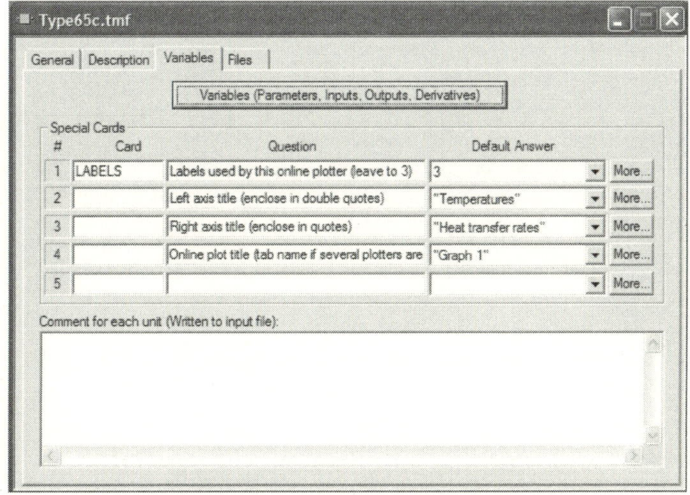

[그림 3-11] Special Cards Section

[그림 3-11]의 예에서 보이는 것과 Variables Tab의 경우 다음 행이 TRNSYS 입력 파일에 쓰일 수 있다.

LABELS 3

"Temperatures"

"Heat transfer rates"

"Graph 1"

5. Comments for Each Unit

Simulation Studio 내에 각 컴포넌트로부터의 입력 파일에 작성된 주석문을 가지는 것은 가능하다. 이들 주석문은 컴포넌트의 매 순간마다 입력될 수 있다. Proforma 내에 위치한 상자는 모델 개발자가 이러한 주석문에 대한 기본값을 입력하도록 허용된다.

3-4 The Files Tab of the Proforma

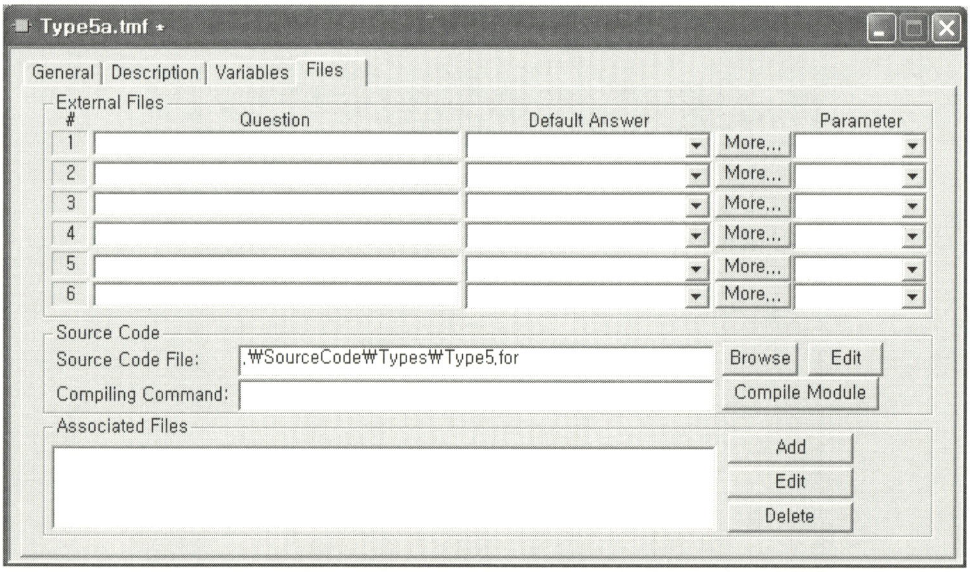

[그림 3-12] File Tab of Proforma

  마지막 Tab 항목인 Files Tab은 컴포넌트와 관련된 모든 파일들에 대한 정보를 포함한다. 이것은 컴포넌트의 하나 또는 그 이상의 매개변수들과 관련된 데이터 또는 출력 파일과 같은 외부 파일들, 소스 코드 파일 그리고 관련된 문서 또는 참고문헌 목록을 포함한다.

  외부 파일 명세는 사용자에게 일반적으로 Logical unit인 TRNSYS 매개변수가 TRN-SYS ASSIGN 문의 사용을 통한 외부 파일과 관련되는 것을 허용한다. 이 특징은 개발자에게 Assembly 창에서 요청되는 질문을 설명하도록 하며, 매개변수와 이 외부 파일을 관련시키는 것을 허용한다. 예를 들어, 'Which file contains the meteorological information?'이다. 입력 파일이 생성되면 이것은 관련된 매개변수의 값과 이 질문에 대한 답변을 갖는 TRNSYS ASSIGN 문을 포함할 것이다. 또한, 모델 사용자는 Browse 버튼을 통해 표준 윈도우즈 열기상자에 접근함으로써 사용자 하드 디스크에 파일을 위치시킬 수 있을 것이다. 소스 코드를 편집하기 위해 Edit 버튼을 사용한다. 끝으로 필요한 Compiling Command와 switch를 입력하기 위한 Compile Module 버튼은 이 모듈을 컴파일할 것이다. 이것은 비록 많은 사용자들이 컴파일러에서 제공되는 통합 개발 환경을 사용하는 것을 더 선호할지라도 유용하게 이용할 수 있다. 보다 자세한 자료는 새로운 컴포넌트 생성에 관한 메인 TRNSYS 문서들을 참고하기 바란다.

  끝으로 이 창의 하단에 Associated Files라 불리는 상자가 있다. 이 상자는 이 컴포넌트에 대한 인터넷 링크와 관련된 파일들의 목록을 포함한다. 이러한 파일들은 파일명을 선택하고 우측의 Edit 버튼을 클릭함으로써 연결 프로그램을 통해 열려질 수 있다.

3-5 Inheriting from another Model

  Simulation Studio 이전 버전의 경우, 상속(계승)은 매우 제한적이었다. 상속은 하나의 모델이 다른 모델('father' 모델)로부터 몇 가지 특징들을 정정하거나 몇몇 특징들을 추가만 할 수 있다. 그리고 'father' 모델이 수정되면, 이들 변경 사항들은 변수들 또는 다른 항목들의 추가 또는 제거에 의해 모델에 즉각적으로 반영된다. Simulation Studio의 경우, 이 엄격한 상속은 더 이상 제한적이지 않다. 대신에 모델 상호간의 동기 상속 (synchronization inheritance)이 가능해졌다. 바꿔 말하면, 모델 X에서 작업하는 동안 모델 Y로부터 모든 변수들을 바로 물려받는 것이 가능해졌다. 그럼 모델 X는 모델 Y의 모든 변수들과 원래의 변수들을 모두 갖게 된다. 이들 상속이 제한적이지 않게 됨으로써 이 방법은 Simulation Studio 사용자들에게 상속이 어떤 범위까지 발생하고 언제 발생하는지에 대하여 보다 광범위하게 조절할 수 있도록 하였다. 또한, 종종 사용자를 혼란

스럽게 했던 컴포넌트 라이브러리가 더 이상 요구되지 않는다. 동기 상속은 단순히 파일을 복사하는 것과는 다르다. 예를 들면, 만약 사용자가 하나의 집열기 컴포넌트의 여러 가지 모드를 가지고 있다면 일반적인 정보의 대부분은 최초의 모델로부터 물려받을 수 있으나, 각 모드는 추가적인 매개변수를 갖는 서로 다른 모델이 될 수 있다. 일반적인 수정이 완료되면 이것은 단지 한 모델로 만들어지고 나머지 모델로 물려줄 필요가 있다. 단지 복사를 하는 대신에 상속을 하게 되면 사용자는 모든 모델들에 일반적인 수정과 각 모드에 대한 모든 추가적인 특징들을 고쳐 쓸 필요가 없게 된다.

동기 상속을 사용하기 위해서는 먼저 상속이 발생하게 될 'father' 모델로부터 컴포넌트의 Proforma를 연다. 그런 다음에는 메인 메뉴의 'Tools/Add Sons'를 클릭한다. 그럼 [그림 3-13]과 같은 'Inheritance Screen'이 열린다. 이 창에서 사용자는 이 모델로부터 상속할 하나 또는 그 이상의 모델들을 선택할 수 있다.

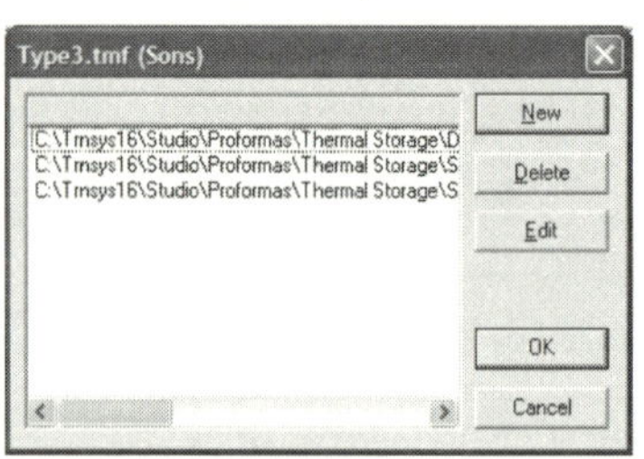

[그림 3-13] "Sons"

일단 원하는 컴포넌트들이 선택되면 [OK] 버튼을 클릭하여 이 창을 닫는다. 그리고 'Tools/Update Inheritance' 메뉴를 선택하면 [그림 3-14]와 같은 'Inheritance Settings' 창이 열릴 것이며, 선택될 수 있는 몇 가지 옵션들이 있다. 이들 옵션들은 General Information, Variables 그리고 Attached Files 등과 같은 물려받을 목록들을 포함한다. 또한, 사용자는 만약 기존 변수들('son' 모델로 이미 지정된 매개변수 등)이 승계받는 변수들의 끝에 추가되어 저장될 것인지 또는 버릴 것인지를 선택할 수 있다. 일단 설정이 수정되면 [OK] 버튼을 클릭하여 실질적인 'Inheritance'를 적용할 수 있다.

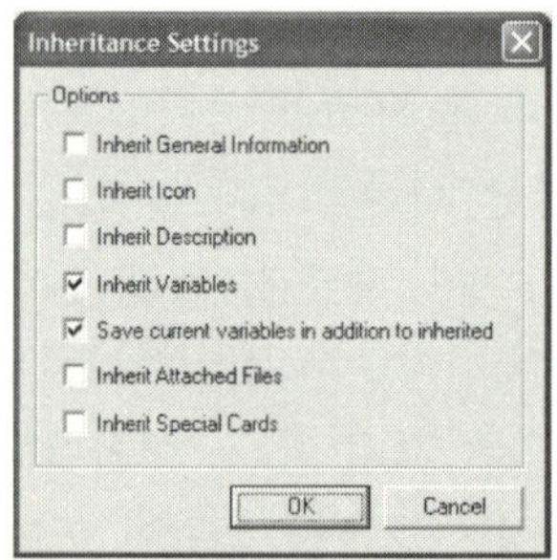

[그림 3-14] "Update Inheritance" Window

3-6 Export as HTML

File/Export as HTML 명령은 Microsoft Word와 같은 텍스트 에디터 프로그램으로 불러들이거나 인터넷에서 사용하기에 적합한 HTML 형식으로 현재의 Proforma를 출력한다. Proforma의 모든 영역이 테이블 형식의 문서 내에 포함된다. 파일 생성에 추가하여 Simulation Studio는 이 생성된 파일을 열기 위하여 사용자 웹 브라우저를 실행한다. 이 특징은 사용자가 Simulation Studio Proforma로부터의 컴포넌트에 대한 출력된 문서를 쉽게 생성하도록 하기 위함이다. 이 명령은 단지 컴포넌트의 Proforma가 현재 창에 활성화된 경우에만 사용 가능하다.

3-7 Export as Fortran/C++

이 특징은 사용자가 Simulation Studio Proforma로 기술된 컴포넌트에 대한 Fortran 또는 C++ code를 쉽게 생성할 수 있도록 하기 위한 것이다. 이 명령은 단지 컴포넌트의 Proforma가 현재 창에 활성화된 경우에만 사용 가능하다.

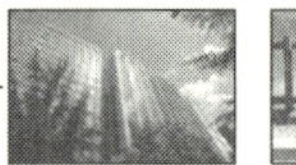

4. Assembly panel

Assembly panel은 Simulation Studio에 포함되는 창으로 사용자가 새로운 프로젝트를 생성, 수정하여 실행시킬 수 있는 창으로 [그림 4-1]과 같다. Assembly panel은 새로운 프로젝트를 생성하거나 기존의 프로젝트 파일을 오픈함으로써 접근할 수 있다.

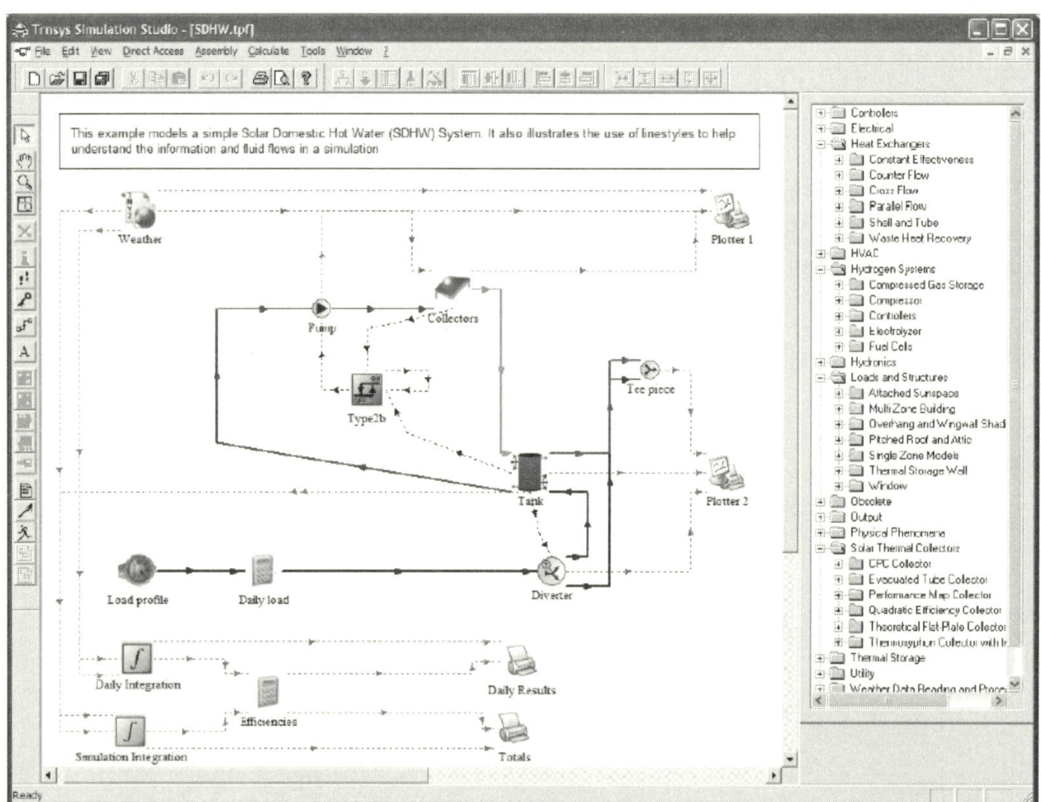

[그림 4-1] Sample Assembly panel

Assembly 메인 메뉴에는 Assembly panel에서 작업하기 위해 필요한 많은 유용한 명령어들을 제공한다. 게다가 Project 도구모음은 Assembly panel의 Action과 관련된 많은 아이콘들을 포함한다. Assembly panel Action들에 관한 자세한 내용은 다음과 같다.

4-1 Moving Components and Connections

컴포넌트 모델을 Assembly panel에 위치시키기 위해서는 먼저 트리 구조인 Direct Access Tool을 통해 TRNSYS에서 제공하는 다양한 컴포넌트를 선택할 수 있다.

그리고 Assembly panel을 클릭함으로써 이 컴포넌트는 현 프로젝트에 대한 Assembly panel 안에 위치될 것이다. 몇 가지 도구들을 통해 Assembly panel 아이콘을 조작하는 것은 가능하다. 일반적으로 'Select' 툴은 아이콘을 선택하고 이동, 수정할 수 있다. 또한, 'Pan' 툴은 전체 Assembly panel을 움직일 수 있다.

Assembly panel 창에 있는 매크로나 컴포넌트 모델 중 하나를 이동하기 위해서는 먼저 'Select' 툴이 활성화 되어야 하며, 사용자는 모델 아이콘을 클릭하고, 마우스 왼쪽 버튼을 클릭한 채 새로운 위치로 드래그하면 된다. 이 모델에 부착된 링크도 함께 이동할 것이다. View 메뉴에서 'Snap to Grid'가 선택되면, 아이콘은 단지 지정된 그리드 간격으로만 이동될 수 있으므로, 사용자는 이 기능을 적절히 잘 사용해야 한다.

두 컴포넌트 사이의 출력과 입력을 연결하는 파이프 라인이 링크이다. 이에 관한 자세한 설명은 다음에 정리되어 있다. 사용자는 Assembly panel을 이해하기 쉽게 만들기 위해 링크의 위치를 변경할 수 있으며, 이를 위해 사용자는 먼저 두 모델 사이의 링크를 클릭해 활성화시켜야 한다. 그리고 밝게 표시되는 링크에 부착된 작은 사각형 중 하나를 클릭하고, 마우스 왼쪽 버튼을 누른 채 원하는 위치로 사각형을 드래그하면 된다. 마우스 포인터는 사용자가 적당한 위치에 이동을 끝내면 화살표의 두 끝이 변경될 것이다. 링크는 사각형에 부착된 고무줄(rubber band)과 같이 기능할 것이다. 만약 링크가 사용자 정의 링크로 지정되었다면, 이 링크는 단지 새로운 위치로 이동만 할 수 있다.

[Ctrl] 키를 누른 채 링크를 클릭하는 것은 링크에 Passage Point를 추가시키거나 이들을 제거할 수 있도록 한다. 컴포넌트 모델과 관련된 Parameters, Inputs, Outputs, Derivatives, Special Cards, External Files 그리고 Comments 목록을 보기 위해 사용자는 컴포넌트 아이콘을 우-클릭하고, Variables 항목을 선택해야 한다. 다른 방법으로 사용자는 Assembly/Variables 메뉴 항목을 사용할 수 있으며, 이것은 현재 선택된 컴포넌트에 대한 Variables 창을 열 것이다.

컴포넌트 모델의 새 이름을 지정하기 위해 원하는 모델의 이름을 더블 클릭하면 커서가 모델의 이름 안에 나타난다. 키보드를 통해 고유한 새로운 이름을 입력한 후, Enter 키를 누른다.

프로그램에서 복수의 항목들을 선택하기 위해 사용자는 두 가지 방법 중 하나를 이용할 수 있다. 항목들은 Shift 키를 누른 채 마우스를 통해 컴포넌트를 클릭함으로써 순차적으로 선택 또는 선택 취소될 수 있다. 또한, 사용자는 Assembly panel의 빈 공간을 클릭하고, 마우스를 누른 채 커서를 새로운 위치에 이동시키면, 이때 마우스 드래그를 통해 형성된 상자 내에 포함된 모든 항목들이 선택되게 된다.

일단 복수의 항목들이 선택되면 이들 항목들은 마우스 좌-클릭을 한 채 선택된 컴포넌트 중 하나를 클릭하고 새로운 위치로 드래그함으로써 이동될 수 있다.

4-2 Deleting Components

사용자는 좌측 마우스 버튼으로 두 모델을 연결한 link 또는 한 모델 항목을 선택한 후, 키보드의 Delete키를 누르거나 Edit/Cut 메뉴 명령을 사용하여 삭제할 수 있다.

4-3 Undoing/Redoing an Operation

Edit/Undo 메뉴 항목은 사용자가 이전의 작업으로 돌아갈 수 있도록 한다. 예를 들면, 사용자가 두 컴포넌트의 link를 취소하고자 하거나 컴포넌트 모델을 삭제하고자 할 때 이 명령을 실행하면 된다.

4-4 Duplicating or Copying Components

Edit/Copy 메뉴 명령은 사용자가 Assembly panel 창에 위치한 컴포넌트 모델들 가운데 하나를 똑같이 복사할 수 있도록 한다. 이 도구를 사용하기 위해 복사하고자 하는 컴포넌트 모델을 클릭한 후, Edit/Copy 메뉴 명령을 선택한다. 그리고 다음에는 Assembly panel의 붙여넣고자 하는 위치에서 Edit/Paste 메뉴 명령을 선택한다. 그리고 원하는 위치로 이동하면 된다. 새로운 모델은 사용자가 초기 모델에서 입력했던 모든 정보를 포함하게 될 것이다.

일반적인 윈도우즈 프로그램의 경우 [Ctrl+C] 키로 복사한 후, [Ctrl+V] 키로 붙여넣을 수 있다.

4-5 Using the Direct Access Toolbar

[그림 4-2] 우측의 Direct Access 도구모음은 사용자가 쉽고 빠르게 어떠한 컴포넌트 모델들을 찾을 수 있도록 하며, Assembly panel에 이들을 위치시킬 수 있도록 한다. 이 도구를 사용하기 위해 트리 구조에서 컴포넌트를 선택하고, Assembly panel을 클릭한다. 해당 컴포넌트가 Assembly panel에 추가된다. 또한, 이 트리 구조는 [그림 4-2]와 같이 Direct Access/Insert model을 통해 접근 가능하다.

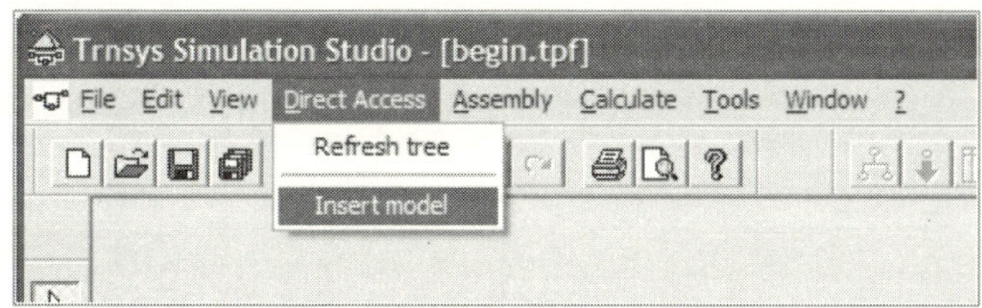

[그림 4-2] Direct Access Tool

이 메뉴를 클릭하면 모든 이용 가능한 컴포넌트를 포함한 대화상자가 나타난다.

[그림 4-3]의 경우는 멀티-존 빌딩 컴포넌트 Type 56b가 선택된 것이다. 이 과정을 통해 사용자는 모델에 대한 몇 가지 선택을 만들 수 있을 것이다. 메인 TRNSYS 매뉴얼은 각기 다른 컴포넌트들의 다양한 모드들에 대한 매우 상세한 정보를 가지고 있다.

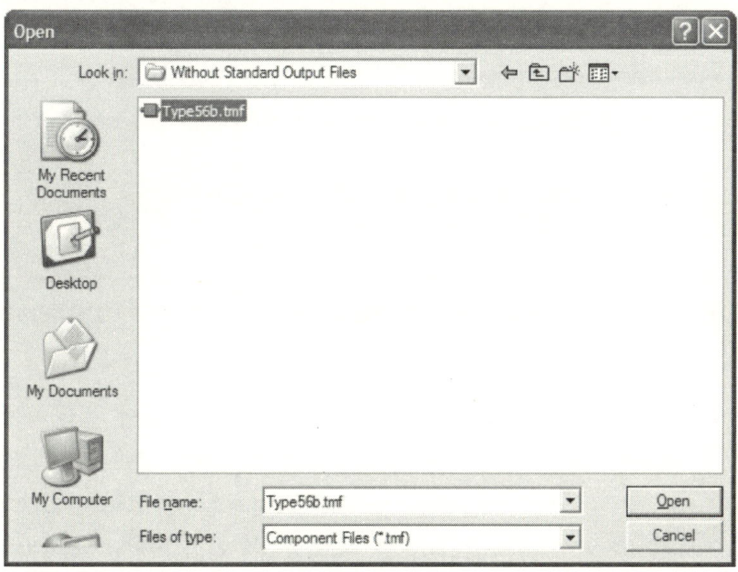

[그림 4-3] Direct Access Menu with Type 56b chosen

일단 하나의 컴포넌트가 선택되면 대화상자가 닫히고 커서는 (+)로 변경될 것이다. 커서를 Assembly panel Window에서 컴포넌트 모델이 위치될 곳으로 이동한 후 클릭한다. 컴포넌트 모델이 Assembly panel에 나타날 것이다.

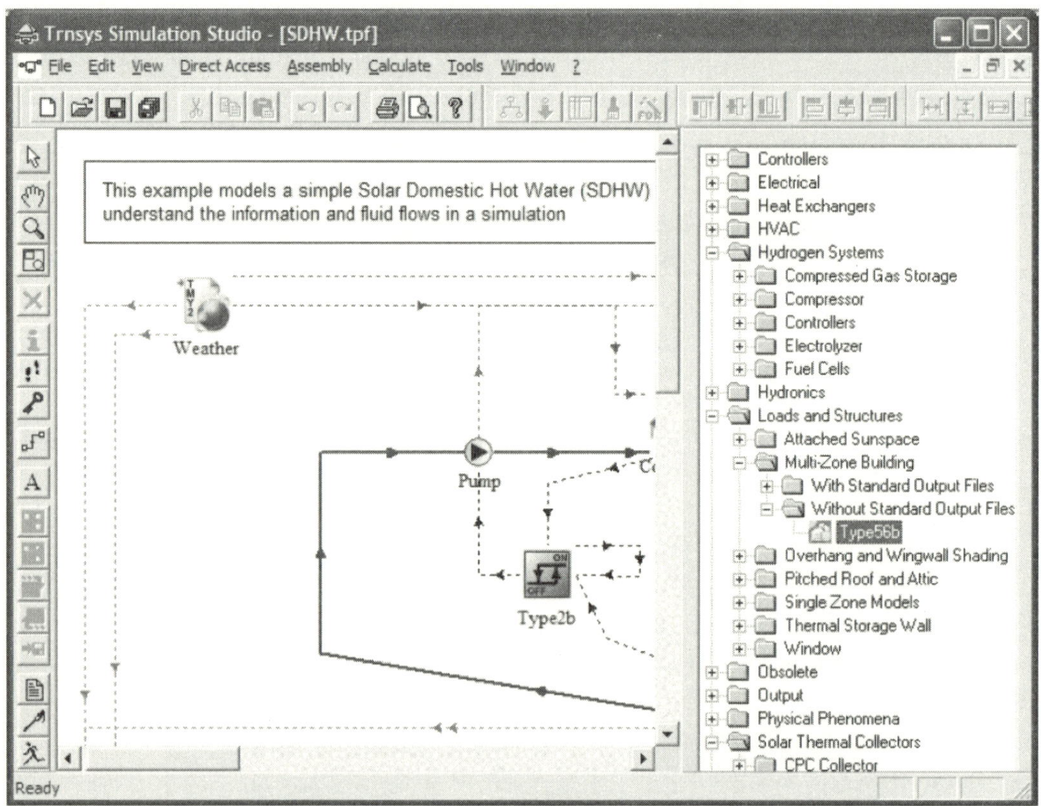

[그림 4-4] Direct Access Toolbar with Type 56b chosen

4-6 Getting Information(Accessing the Proforma)

Assembly panel에서 컴포넌트 또는 매크로에 대한 Proforma에 접근하는 몇 가지 방법이 있다. 먼저 'Select' 툴을 사용하여 컴포넌트를 선택하고 프로젝트 도구모음 또는 Assembly/Proforma로부터 'Information' 아이콘을 선택한다. 그렇지 않으면, 아이콘을 오른쪽 클릭함으로써, 사용자는 Proforma를 선택할 수 있다. Proforma는 모든 필요한 Parameters, Inputs, Outputs 그리고 Derivatives의 설명에 대한 모델 함수의 개요에서부터 컴포넌트 모델의 완전한 설명을 포함한다. 이것은 Simulation Studio의 Assembly panel로부터 수정될 수 있다. 보다 상세한 내용은 제 3 장 'Proforma'를 참고하기 바란다.

4-7 Changing the Layer of the Component

각 컴포넌트는 'Layers' 할당되며 이것은 동일한 Layers에서 다른 컴포넌트와 링크로 나타날 것이다. Layers의 어떤 조합은 아무 때나 표시될 수 있으며, 이것은 독립된 Layers에서 컴포넌트를 유지하기 위함이다. 많은 이미 지정된 Layers가 있으나 사용자는 File/Settings/Layers 내의 configuration 창에서 자신만의 Layers를 생성할 수 있다. 이미 지정된 Layers는 다음을 포함한다.

: Weather/Data Files, Water Loop, Main, Air Loop, Outputs 그리고 Text.

하나 또는 그 이상의 컴포넌트를 다른 Layer로 이동하기 위해서는 해당 컴포넌트(들)를 선택하고 Assembly/Send to Layer 메뉴 항목을 클릭한다. 서브 메뉴가 모든 지정된 Layers와 함께 나타날 것이다.

이들 중 하나를 선택하고 컴포넌트(들)은 이 Layer로 이동하게 될 것이다. 동일한 Layer에서의 컴포넌트 사이의 링크를 볼 수 있다. 만약 동일한 Layer와 그렇지 않은 Layer를 갖는 컴포넌트가 선택되면, 다른 Layers에서의 컴포넌트 링크 또한, 볼 수 있다. 그리고 링크는 다른 Layers에서 컴포넌트 사이에 생성될 수 있다. 물론 View/Show Layers 메뉴에서 'All Layers'를 클릭함으로써 모든 컴포넌트에 대하여 모든 링크를 보는 것이 가능하며, 이것이 기본값으로 설정되어 있다.

4-8 Creating Links

Assembly/Link Mode 메뉴 명령은 사용자가 두 컴포넌트 모델 사이의 정보 흐름을 지정하도록 한다. 정보 흐름의 방향은 첫 번째 모델의 Outputs에서 두 번째 모델의 Inputs이다. 모델의 Inputs은 항상 컴포넌트 아이콘의 좌측으로 유입되는 하나의 선으로써 표현된다. 컴포넌트 모델의 Outputs는 항상 컴포넌트 아이콘의 우측에서 출발하는 하나의 선으로써 표현된다. 하나의 컴포넌트의 Outputs를 또 다른 컴포넌트의 Inputs

으로 연결하기 위해 사용자는 다음 중 하나를 선택하여 사용하면 된다.

(1) 여러 개의 링크 작업을 수행하고자 할 경우 : 사용자가 많은 링크를 만들기를 원할 때 사용할 수 있는 최선의 방법은 Assembly/Link Mode 메뉴 항목을 이용하여 링크 모드를 켜는 것이다. 그렇게 하면 커서가 링크 운용을 처리할 수 있도록 cross-hair (+) 같이 변경될 것이다. 커서를 링크를 시작할 컴포넌트 위에 가져가면 커서는 원 안에 (+)로써 나타난다. 사용자는 링크를 시작할 컴포넌트를 클릭하면 링크가 컴포넌트와 커서 사이의 직선으로써 보여진다. 사용자는 첫 번째 모델의 Outputs이 연결되는 컴포넌트 모델을 클릭함으로써 링크 작업을 완료해야 한다. 분열된 선이 두 컴포넌트 사이의 정보 흐름을 나타내기 위하여 두 컴포넌트 사이에 그려질 것이다. 이 분열된 선을 두 컴포넌트 사이의 정보 흐름이 있음을 표시하기 위하여 푸른색으로 초기에는 나타날 것이나 아직 변수에 대한 정보가 지정되지 않음을 나타낸다. 변수에 대한 정보 흐름이 지정되면, 이 링크 선은 검은색으로 변할 것이다. 사용자가 링크 작업을 끝내고자 할 때, Assembly/Link Mode 메뉴 명령을 재선택함으로써 Link Mode를 해제할 수 있다.

(2) 단지 하나의 링크를 생성하고자 할 경우 : 사용자는 시작되는 컴포넌트를 선택하고 우 클릭 드롭-다운 메뉴로부터 'Start Link'를 선택하기 위해 우측 마우스 버튼을 사용한다. 그럼 커서가 링크 작업을 반영하는 형태로 변경될 것이다. 사용자는 첫 번째 모델의 Outputs이 연결되는 컴포넌트 모델을 클릭함으로써 링크 작업을 완료해야만 한다. 이렇게 한 후, 어떤 컴포넌트를 클릭해도 또 다른 링크 작업이 시작되지 않을 것이다. 따라서 이 방법은 하나의 링크만을 생성하게 되는 방법인 것이다.

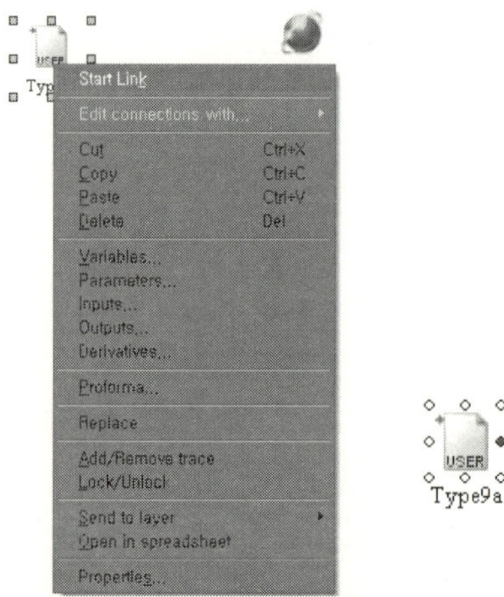

[그림 4-5] 'Start Link' Mode

만약 사용자가 두 컴포넌트를 연결한 링크의 위치를 지정하고자 할 경우 사용자는 Outputs가 시작되는 컴포넌트의 선을 먼저 클릭해야 한다. 다음 순서로 이 컴포넌트의 시작 위치에 나타나는 작은 사각형으로 마우스를 이동하고 왼쪽 마우스 버튼을 클릭한 채 마우스를 드래그하여 원하는 포인트(9개) 중 한 곳으로 이동시키면된다.

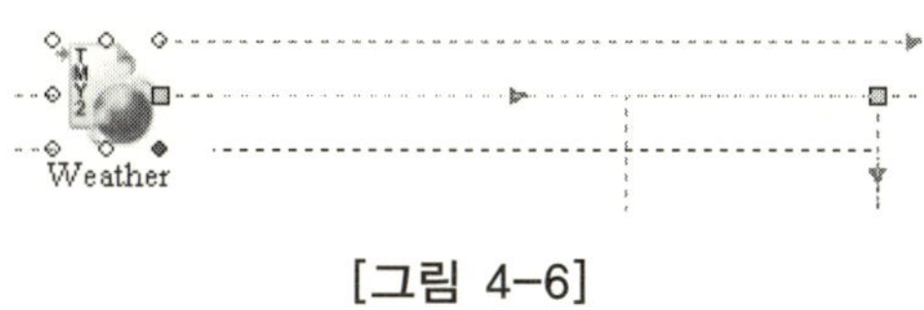

[그림 4-6]

이때 [그림 4-6]과 같이 본래 위치에서의 링크 선이 자홍색을 띠게 되고, 이동된위치의 선이 검은색으로 나타나며, 이 위치 또한 붉은 점으로 표시된다. 그리고 동일한 방법으로 Inputs 되는 컴포넌트에서의 링크 위치를 수정할 수 있다.

끝으로 각 링크의 변수들을 지정하기 위해서는 두 컴포넌트를 연결하는 링크를더블 클릭하면, [그림 4-7]과 같이 첫 번째 컴포넌트의 Outputs와 두 번째 컴포넌트의 Inputs를 포함하는 창이 화면에 표시될 것이고, 여기에서 사용자는 컴포넌트상호간의 정보 흐름을 지정할 수 있을 것이다.

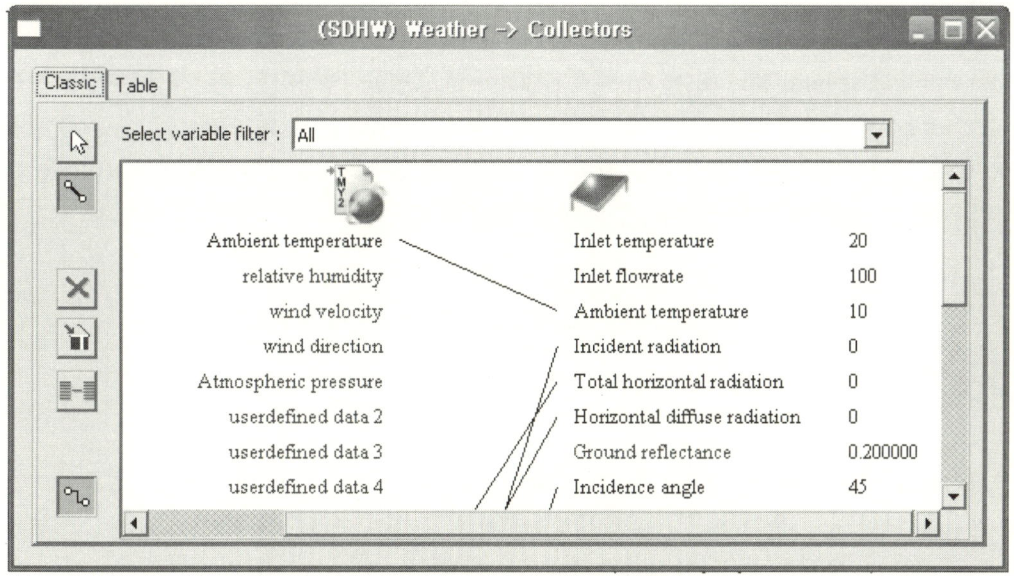

[그림 4-7] 컴포넌트 상호간의 연결 예

4-9 Creating a Macro Component

Macro 개념은 사용자가 선택한 컴포넌트들을 통합하여 단일 Macro 모델을 만들 수 있도록 허용하는 것이다. 이 Macro 모델은 다음 내용을 포함하게 될 것이다.

- as parameters ; the parameters of all its contained models
- as outputs ; the outputs of all its contained models
- as inputs ; the unlinked inputs of all its contained models
- as derivatives ; the derivatives of all its contained models
- as external files ; the external files of all its contained models
- as special cards ; the special cards of all its contained models

Macro 모델은 다른 모델들과 같이 거동한다. 이것은 이동되고 다른 Macros를 생성하는 데 사용되며, 삭제되고 모델로써 저장될 수 있다. Macro 모델을 생성하기 위해 먼저 Shift 키를 누른 채 Macro 모델로 대체할 컴포넌트들을 선택한다. 그런 다음에는 Assembly/Create Macro 메뉴 항목을 클릭한다. 프로그램은 선택된 모델들을 Macro 모델로 대체할 것이다.

4-10 Exploding an Existing Macro

Assembly/Explode Macro 메뉴 항목은 Macro 모델을 생성하는 데 사용된 컴포넌트들과 연결을 본래대로 되돌리는 데 사용된다. Macro 모델을 선택하고, 이 메뉴 명령을 클릭하여 실행하면 된다. 만약 사용자가 단지 Macro 모델을 보거나 간단한 수정만을 원할 경우에도 사용자는 해당 Macro 모델을 열어야 한다.

4-11 Opening an Existing Macro

Assembly/Open Macro 메뉴 항목은 Macro 모델을 생성하는 데 사용된 컴포넌트들과 연결을 나타내는 추가적인 Assembly panel을 생성하는 데 사용된다. 또한, 사용자는 해당 Macro 모델을 더블 클릭함으로써 열 수 있다. Assembly/Close Macro 메뉴 항목은 Assembly panel에 표시된 Macro 모델을 닫는 데 사용된다.

4-12 Saving a Macro

File/Save As 메뉴 항목은 사용자가 Macro 모델을 저장할 수 있도록 허락한다. 이렇게 하기 위해, 사용자는 원하는 Macro 모델을 선택해야 하고 그런 다음에는 File/Save As 메뉴 항목을 클릭한다. 그렇게 하면 Macro 모델을 저장할 이름을 지정하는 창이 나타난다.

4-13 Saving a Project

File/Save 또는 File/Save As 툴은 사용자가 하나의 프로젝트로써 Assembly panel 창의 모든 항목들을 저장할 수 있도록 한다. 새로운 프로젝트는 자동적으로 설치 경로 내의 MyProjects 디렉토리에 저장된다. 그러므로 사용자는 정기적으로 이 디렉토리를 정리해야 하며, 원할 경우 하드 디스크의 새로운 위치에 해당 프로젝트를 복사해 저장할 수 있다.

4-14 Adding or Removing the TRNSYS Trace Command

Assembly/Add-Remove Trace 툴은 시뮬레이션이 수행되는 동안 컴포넌트 모델들이 추적되는 것을 TRNSYS simulation program에 알리는 데 사용된다. 하나 또는 그 이상의 컴포넌트를 선택하고, 이 메뉴 명령을 클릭하거나 Project Toolbar의 Trace Icon을 클릭하면 다음 그림의 발자국과 유사한 이미지가 이 모델에 붙여진다.

다른 방법으로는 Trace Tool이 먼저 선택되고, 활성화된 Trace Tool을 통해 컴포넌트들을 선택할 수 있다. TRNSYS 프로그램은 시뮬레이션 전 기간에 걸쳐 이 컴포넌트(들)를 추적할 것이다.

Traced Component Model

4-15 Adding Text to the Assembly Window

Assembly/Add Text 메뉴 항목 또는 Project Toolbar의 Add Text 아이콘은 Assembly panel 자체에 텍스트 문자들을 삽입할 수 있도록 한다. 이들 텍스트 문자들은 프로젝트의 어떠한 특징을 남겨 사용자가 기억할 수 있도록 하며, Assembly panel을 출력할 때 매우 유용하게 이용된다.

4-16 Locking and Unlocking Components

Assembly/Lock-Unlock 메뉴 항목 또는 Lock Toolbar 항목은 Assembly panel의 특정 컴포넌트들을 잠그는 기능을 한다. 이들 잠긴 컴포넌트들은 삭제나 수정이 불가능하게 된다. 컴포넌트 가운데 하나를 선택하고, 이 명령을 클릭하면 다음과 같은 열쇠 형태의 이미지가 컴포넌트에 나타난다. 이 명령을 다시 클릭하면 모델의 잠금 기능은 해제된다. 모델의 잠금 유무 상태는 프로젝트를 저장할 때에도 보존된다. 만약 TRNSED 명령이 TRNSYS 입력 파일로 자동적으로 작성되면, 전체 컴포넌트가 잠겨져 있다면 어떠한 TRNSED 문들도 작성되지 않을 것이다.

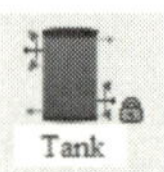

Locked Component Model

4-17 Accessing the Simulation Control Cards

Assembly/Control Cards 메뉴 명령은 사용자가 TRNSYS 프로그램에 필요한 시뮬레이션 'Control Cards'을 지정할 수 있도록 한다. 이 'Control Cards'는 Assembly panel 내의 빈 공간에서 우-클릭함으로써 쉽게 접근할 수 있으며, 드롭-다운 메뉴의 'Control Cards …'를 선택하면 된다. 이렇게 이 도구를 클릭하면 [그림 4-8]과 같은 'Control Cards Window'가 열릴 것이다.

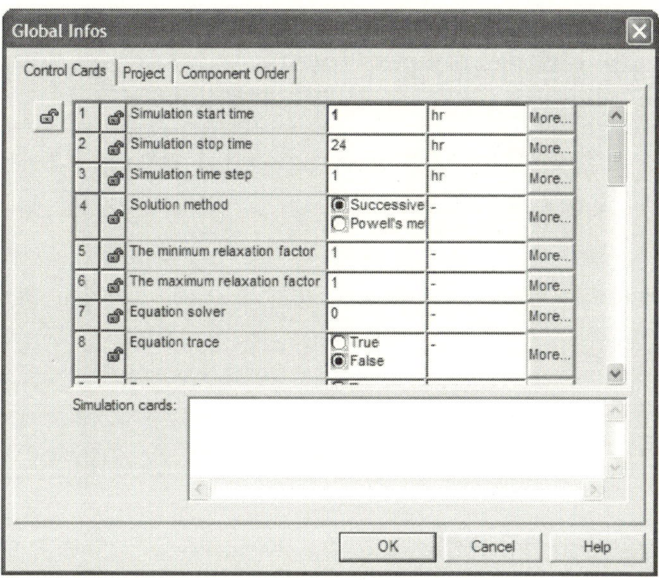

[그림 4-8] Control Cards Window

이 창에서 사용자는 시뮬레이션에서 사용될 'Control Cards'를 지정해야 한다. 사용자
는 이 창에 대한 전체적인 내용에 대하여 충분히 숙지해야 한다. 또한, 이 곳의 모든 항
목들은 잠금 기능을 포함하고 있으며, 잠겨진 항목들은 변경되지 않는다. 그리고 한번에
모든 항목들을 잠그고자 할 경우에는 가장 좌측의 Lock All 버튼을 클릭하면 된다.

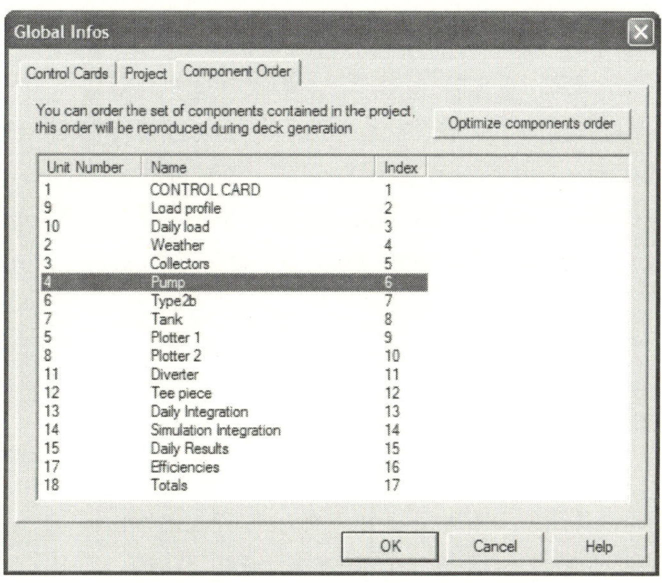

[그림 4-9] Component Order Window

한편, 가장 우측의 'Component Order' 탭 메뉴를 클릭하면, [그림 4-9]와 같이 현재의 프로젝트에 사용된 모든 컴포넌트들이 사용자가 Assembly panel 창에 표시한 순서대로 나타나게 된다.

이들 컴포넌트의 실행 순서가 잘못될 경우 시뮬레이션 실행 시 오류를 발생할 수 있으므로 정확한 정보의 흐름을 파악하고 이에 따른 컴포넌트의 순서를 결정하여 정리하면 된다.

그 외 자세한 내용은 'Control Cards'를 설명하는 장에 소개되어 있다.

4-18 Generate the Input File Only

Calculate/Create Input File 메뉴 항목이나 Write Input File 도구모음 아이콘은 사용자가 시뮬레이션 실행 없이 단지 입력 파일만을 생성하고자 할 경우에 사용된다. 그리고 사용자가 시뮬레이션 시작 없이 모든 컴포넌트들이 적절히 연결되는지를 검토하고자 할 때 매우 유용하게 활용된다.

4-19 Accessing the Generated Input File(*.dck)

Calculate/Open/Input File 메뉴 항목이나 Deck File 도구모음 아이콘은 사용자가 Simulation Studio를 통해 생성된 입력 파일에 접근할 수 있도록 한다. Simulation Studio를 통해 생성된 파일은 기본값으로 Notepad 프로그램과 같은 에디터 창에 열리게 된다. 만약 사용자가 이 파일을 수정하고 이를 저장하더라도, 이들 변경 사항들은 시뮬레이션되지 않을 것이다. 이때 'Run Simulation' 명령이 선택되면 이 입력 파일이 새로운 버전으로 덮어쓰기되고, 이들 변경 사항들은 지워지게 된다.

4-20 Running the Simulation

Calculate/Run Simulation 메뉴 항목이나 Run 도구모음 아이콘은 사용자가 현재 열려진 프로젝트에 대한 TRNSYS 시뮬레이션 프로그램을 실행할 수 있도록 한다. 이 명령을 클릭하면 다음과 같은 과정이 시작된다.

- 해당 프로젝트가 저장되고, Simulation Studio 상의 오류나 생략된 것이 없는지 검토한다.
- 해당 프로젝트의 TRNSYS 입력 파일이 생성된다.
- 새롭게 생성된 입력 파일을 가지고 TRNSYS 시뮬레이션 프로그램이 실행된다.

일단 TRNSYS 프로그램의 시뮬레이션이 완료되면 Simulation Studio program으로 다시 돌아오며, 시뮬레이션 진행 과정에서 결과 파일들을 그래프를 통해 확인할 수 있다.

사용자는 새로운 시뮬레이션이 실행될 때, TRNSYS와 Simulation Studio는 자동적으로 Output, List 그리고 Plot 파일들을 삭제하지 않기 때문에 시뮬레이션으로부터 결과를 분석할 때 세심한 주의를 기울여야 한다.

만약 새로운 시뮬레이션의 실행이 실패하면, Output과 Plot 파일들은 이 입력 파일의 이전에 성공한 시뮬레이션으로부터 가져오게 된다. 사용자는 항상 결과를 분석하기 이전에 경고 및 오류의 원인이 무엇인지 TRNSYS List 파일을 검토해야 한다.

4-21 Accessing the List File(*. lst) through the Error Manager

Calculate/Open/List File 메뉴 항목이나 List File 도구모음 아이콘은 사용자가 [그림 4-10]의 시뮬레이션 과정동안 TRNSYS에 의해 생성된 List 파일을 포함한 'Error Manager'에 접근할 수 있도록 한다. 이 대화상자는 모든 생성된 TRNSYS 오류 메시지를 포함하며, 시뮬레이션 실행이 실패한 경우 검토해야 할 첫 번째 내용들이다.

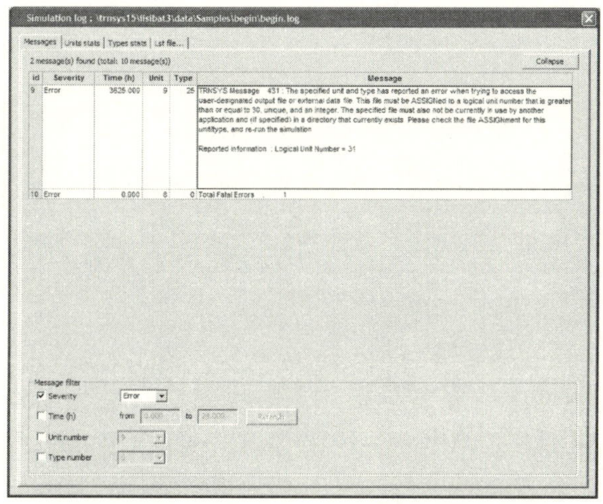

[그림 4-10] Error Manager-Messages tab

[그림 4-10]에서 알 수 있듯이 이 'Error Manager' 창은 4개의 탭 메뉴로 구성된다
: Messages, Units stats, Types stats and Lst file ….

1. Messages tab

이 탭은 [그림 4-10]과 같이 시뮬레이션 과정동안 발생된 모든 메시지들을 요약하여
테이블 형식으로 제공하고 있으며, 각 메시지는 다음과 같은 항목으로 구성된다.
- Severity는 메시지의 유형으로 'notice, warning 그리고 error' 가운데 하나가 될
  수 있다.
- Time은 시뮬레이션 과정동안 메시지가 나타날 때의 시뮬레이션 시간이다.
- Unit은 해당 메시지에 책임이 있는 컴포넌트의 Unit 번호이다.
- Type은 해당 메시지에 책임이 있는 컴포넌트의 Type 번호이다.

만약 Type/Unit 번호 정보가 이용 가능할 경우, 해당 열을 더블 클릭하면 매개변수들
의 유효성을 검토하기 위한 관련 컴포넌트 속성들이 열릴 것이다. 그러나 해당 오류가
'global information' 내의 오류와 같이 특정 컴포넌트에 할당될 수 없는 경우에는 이용
할 수 없다. 화면 하단의 체크상자들은 표시된 메시지들의 조정, 즉 화면에 표시되는 형
식 등을 결정하는 데 이용할 수 있다.

2. Units stats tab

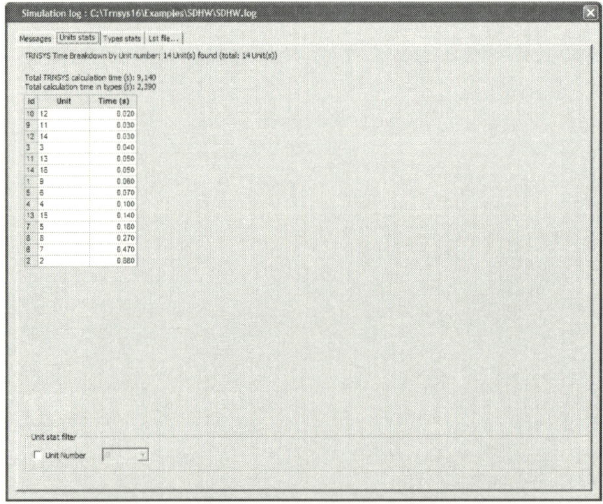

[그림 4-11] Error Manager-Units stats tab

이 탭 메뉴는 [그림 4-11]과 같이 각 유닛의 계산 시간을 요약하여 상단에 테이블 형식으로 나타낸다. 그리고 하단의 체크상자는 선택된 Unit 번호에 대하여 표시 형식을 조정하는 데 사용될 수 있다.

3. Types stats tab

이 탭 메뉴는 [그림 4-12]와 같이 각 타입의 계산 시간을 요약하여 상단에 테이블 형식으로 나타낸다. 그리고 하단의 체크상자는 선택된 Type 번호에 대하여 표시 형식을 조정하는 데 사용될 수 있다.

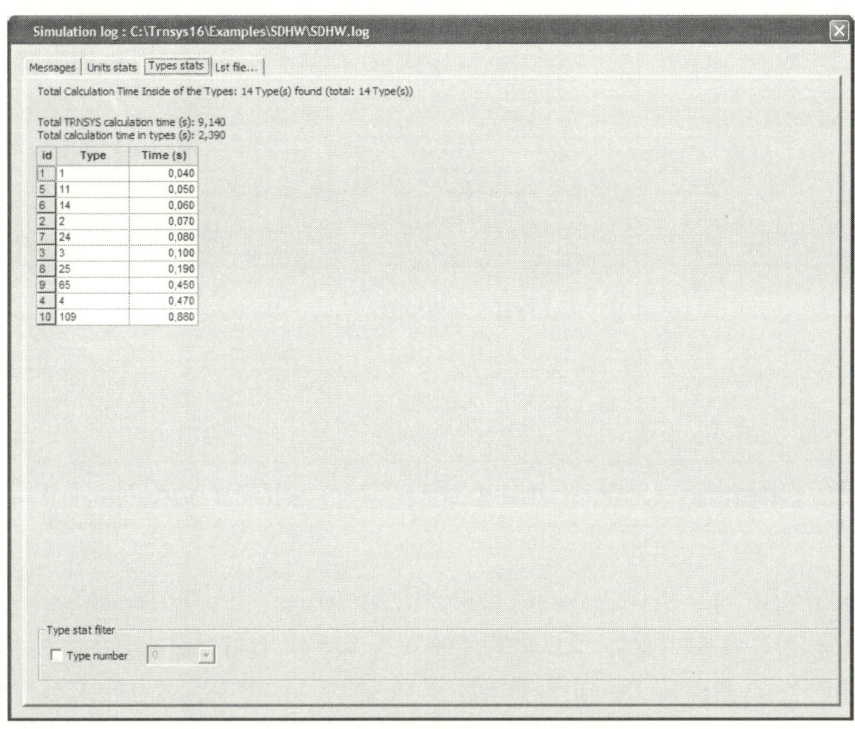

id	Type	Time (s)
1	1	0,040
5	11	0,050
6	14	0,060
2	2	0,070
7	24	0,080
3	3	0,100
8	25	0,190
9	65	0,450
4	4	0,470
10	109	0,880

[그림 4-12]   Error Manager-Types stats tab

4. Lst file ⋯ tab

이 탭 메뉴는 [그림 4-13]과 같이 시뮬레이션 과정에서 나타난 모든 메시지를 포함한 [*.lst] 파일의 항목(내용)을 나타내며, 지정된 에디터 프로그램을 이용하여 표시한다.

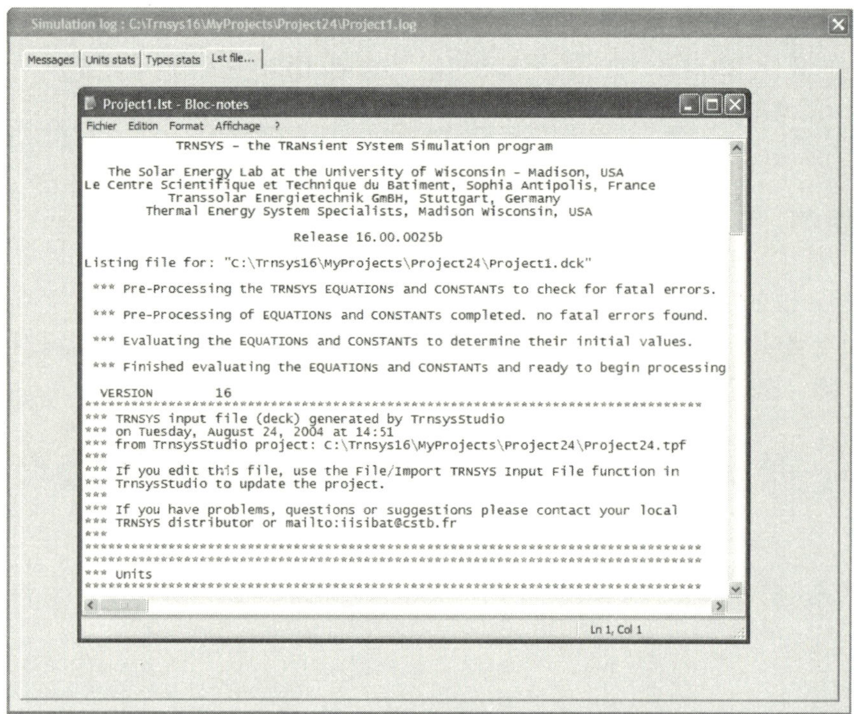

[그림 4-13] Error Manager—Lst file ⋯ tab

4-22 Opening Output Files with Spread(Spreadsheet Tool)

Assembly/Open in Spreadsheet 툴은 File/Settings 메뉴의 Directories/Spread Application 환경에서 지정한 스프레드시트 프로그램을 실행시킨다. 이것을 사용하기 위해, 사용자는 스프레드시트 내에 불러들일 데이터를 포함하는 프린터 모델의 아이콘을 선택한 다음 이 메뉴 명령을 클릭해야 한다.

5. Variables

Simulation Studio에서 하나의 Assembly의 생성에 있어 중요한 단계가 각 컴포넌트 모델에 대한 필요한 변수들을 지정하는 것이다. 지정된 변수(Input, Output, Parameter 그리고 Derivative) 창은 Assembly panel에서 원하는 모델 아이콘을 마우스로 더블 클릭함으로써 접근할 수 있다. Parameters, Inputs, Outputs 그리고 Derivatives는 모두 Tab view를 이용하여 하나의 창에서 이용 가능하다.

사용자는 모든 Parameters, 모든 Inputs에 대한 초기값 그리고 모델에 보일 수 있는 어떠한 Derivatives를 지정할 것을 요구받는다. Output 창은 단지 정보전달적인 목적만을 갖는다. 컴포넌트 모델에 이러한 정보 중 어떤 것을 제공하는 데 실패하면 컴포넌트에 사용되는 기본 정보만이 결과로 나타난다.

다른 변수 Tabs은 몇 가지 고유한 특징을 지니나, 외양과 운용에 있어 모두 매우 유사하다. Type 16 Radiation Processor에 대한 Input 창은 [그림 5-1]과 같다. 각 변수 모음은 데이터의 열에 정리된 중요한 변수 정보를 포함한다. 각 열은 다음과 같다.

- **첫 번째 열** : Input, Output or Parameter의 번호
- **두 번째 열** : 이 변수가 잠겼는지 그렇지 않은지를 가리키는 상징
- **세 번째 열** : 변수의 이름
- **네 번째 열** : 이 변수에 대한 현재값을 포함하는 입력상자. 이 값은 변수가 잠기지 않은 경우에만 변경될 수 있다. 변수에 대한 새로운 값은 컴포넌트 모델 개발자에 의해 지정된 범위 내의 값이어야 한다. 그리고 Output 창의 경우 명백한 이유에서 이 입력상자를 포함하지 않는다.
- **다섯 번째 열** : 변수에 대한 지정된 단위
- **여섯 번째 열** : [More] 버튼. 이 버튼은 변수에 대한 추가적인 상세 정보를 사용자가 입력할 수 있도록 한다. 만약 전문적인 외부 프로그램 소위 Plugin이 컴포넌트의 변수를 수정하는 데 이용되면, 변수창의 좌측 하단에 magic stick을 나타내는 아이콘이 나타난다. 이 버튼을 누르면 외부 응용 프로그램이 열리게 될 것이며, 예로 Type 14의 Function editor가 있다.

(Project13.tpf) TYPE16i
Parameter
Input
Output
Derivative
Special Cards
External Files
Comment
1 Total radiation on horizontal1 0.0 kJ/hr.m^2 More...
2 Diffuse radiation on horizontal 0 kJ/hr.m^2 More...
3 Time of last data read 0.0 hr More...
4 Time of next data read 1.0 hr More...
5 Ground reflectance 0.2 dimensionless More...
6 Slope of surface-1 0.0 degrees More...
7 Azimuth of surface-1 0.0 degrees More...
8 Slope of surface-2 0.0 degrees More...
9 Azimuth of surface-2 0.0 degrees More...
1 How many surfaces are to be evaluated by this radiation processor? 4

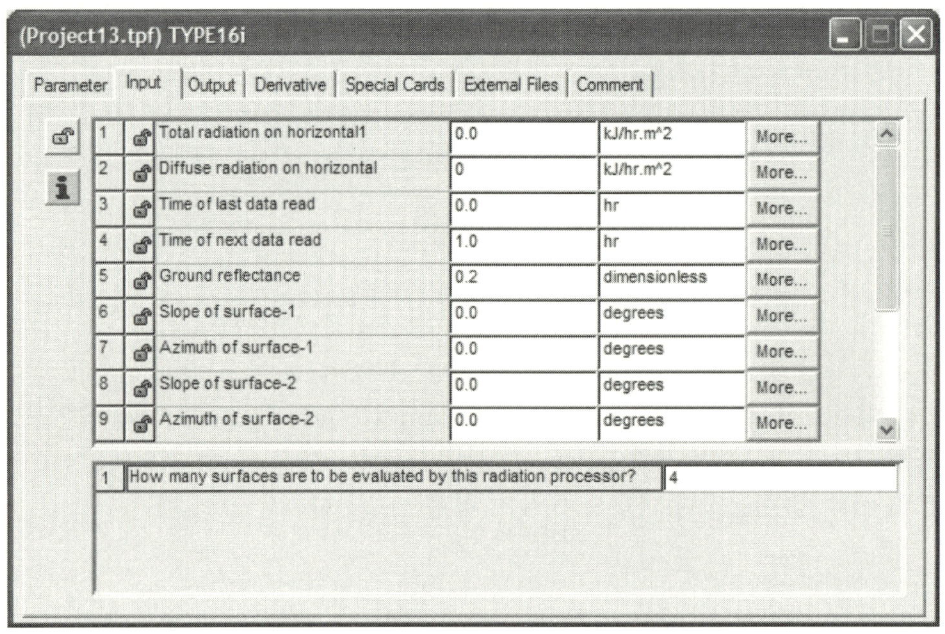

[그림 5-1] Type 16의 Inputs Window

한편, 변수창들은 다음에 설명되는 도구들의 모음을 포함한다.

5-1 Locking and Unlocking Items

변수를 잠그거나 풀기 위해서는 변수명 좌측에 위치한 열쇠 심벌이나 변수명을 직접 클릭하면 된다. 이렇게 하면 이전 설정과 반대로 해당 변수가 설정된다. 즉, 잠겼던 변수는 풀릴 것이고, 풀려있던 변수는 잠기게 된다.

그리고 잠겨진 매개변수들의 값은 사용자가 수정할 수 없도록 [그림 5-2]와 같이 회색으로 표시될 것이다.

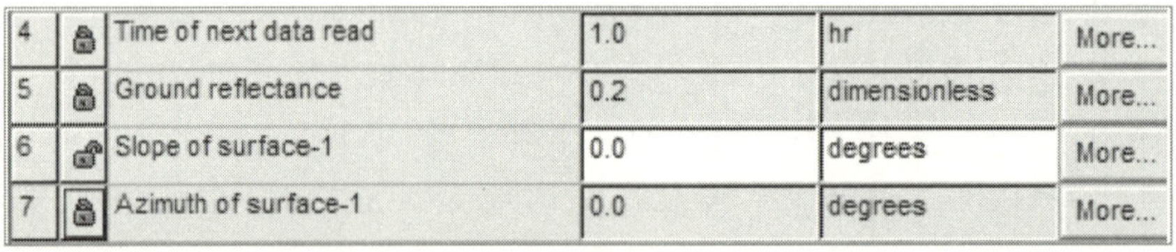

4 Time of next data read 1.0 hr More...
5 Ground reflectance 0.2 dimensionless More...
6 Slope of surface-1 0.0 degrees More...
7 Azimuth of surface-1 0.0 degrees More...

[그림 5-2] Example of Locked and Unlocked Variables

5-2 Locking or Unlocking all the Variables

만약 사용자가 모든 변수들을 잠그고자 할 경우, Lock/Unlock All 버튼을 한 번 클릭하여 이 작업을 수행할 수 있다. 그리고 다시 이 버튼을 클릭하여 모든 변수들의 잠금을 해제할 수 있다.

Parameter, Input 또는 Derivative의 잠금은 TRNSED 모드를 사용할 경우에 중요한 영향을 미치게 된다. 그러므로 이에 대한 상세한 내용을 해당 장에서 자세히 숙지해야 한다.

연결되지 않은 Input의 잠그지 않은 초기값이나 잠기지 않은 Parameter는 TRNSED 형식에서 TRNSYS 입력 파일로 작성될 것이다. TRNSED 형식으로 작성된 이들 변수들은 단지 TRNSED 프로그램 내에서 사용자에 의해 변경될 수 있으며, TRNBuild 내의 매개변수 테이블에 놓여질 수 있다. 그러므로 하나의 Parameter를 잠글 것인지 여부를 결정하는 것은 주의를 기울여야 한다.

변수의 현재값을 변경하기 위해 사용자는 현재값을 포함하고 있는 입력상자를 클릭한 후 새로운 값을 입력해야 한다. [↓] 또는 [Tab] 키를 누르며, 커서가 편집할 다음 값으로 이동하게 될 것이다. 이 값은 변수가 잠기지 않은 경우에만 변경될 수 있다. 변수에 대한 새로운 값은 컴포넌트 모델의 저자에 의해 지정된 범위 내의 값이어야 한다. 이러한 명백한 이유로 Output 창은 이들 입력상자를 포함하지 않는다.

변수의 단위를 변경하기 위해 사용자는 마우스로 현 단위를 클릭하거나 'ALT 키 + [↓] 키'를 선택함으로써 드롭-다운 메뉴를 나타나게 해야 한다. 이 변수에 대한 선택 가능한 모든 단위들이 팝-업 메뉴에 나타나게 될 것이다. 현재의 단위를 선택해야 한다. 새로운 단위를 선택하면 이 상자는 사라지게 된다. 변수의 값은 사용자가 새로이 지정한 단위에 맞춰 변경될 것이다. 사용자는 현 단위체계에서 변수를 지정하는 것을 걱정할 필요가 없다. Simulation Studio program은 변수를 TRNSYS Simulation program에서 요구하는 정확한 단위 모음으로 자동적으로 전환시킬 것이다. TRNSYS 프로그램에 요구되는 단위는 More 버튼을 클릭하여 볼 수 있다. 요구되는 단위는 'Unit' 입력상자 내에 보이는 단위이다.

More 버튼을 클릭하면 변수에 대한 상세한 정보를 포함하는 창이 생성된다. 그리고 [그림 5-3]은 'Variable Detail Window'의 일례를 보여준다.

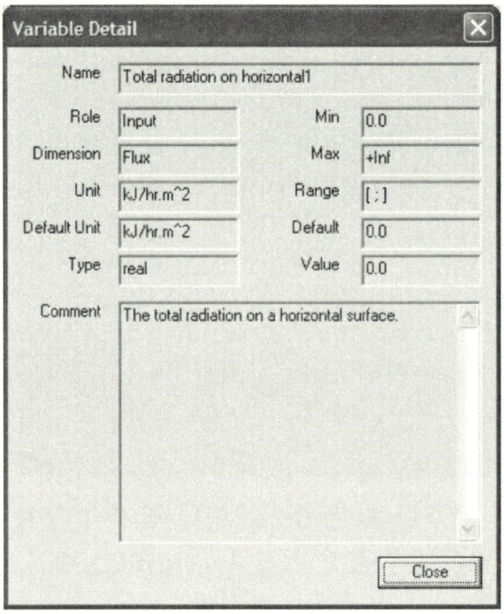

[그림 5-3] Variable Detail Window

이 창은 TRNSYS 변수에 관한 상세한 정보를 얻는 데 우선적으로 사용된다. 만약 사용자가 Inputs의 초기값이나 Parameter에 대한 값으로 TRNSYS Equation Name이나 Constant를 사용하고자 할 경우, Type 버튼을 누르고 변수 유형을 현 상태에서 'String'으로 변경시켜야 한다. 이것은 사용자에게 입력상자의 값으로 상수 또는 방정식명을 입력하도록 허용하게 될 것이다. 시간에 따라 변경되는 방정식으로써 Inputs의 초기값이나 Parameters에 방정식명을 사용할 경우에는 TRNSYS Equation Solver에 문제를 야기할 수 있으므로 세심한 주의가 요구된다.

컴포넌트의 Inputs로서 방정식을 사용하기를 원하는 사용자는 'Equations' 컴포넌트를 사용할 것을 요구하며, 또한, 이 창에서 해당 변수의 단위를 변경할 수 있다.

그 외 보다 상세한 정보는 Proforma에 포함된 'Variable Detail Window'의 설명을 참고하면 된다.

5-3 Special Cards

Special Cards는 사용자에게 컴포넌트에 필요한 몇 가지 추가적인 정보를 지정할 것을 요구한다. 일례로 [그림 5-4]의 Type 65d Online Plotter가 있으며, Y축의 라벨이나 타이틀의 지정을 요구하고 있다. 그리고 추가적인 정보들이 제공되는 입력상자들에 입력되어야 한다.

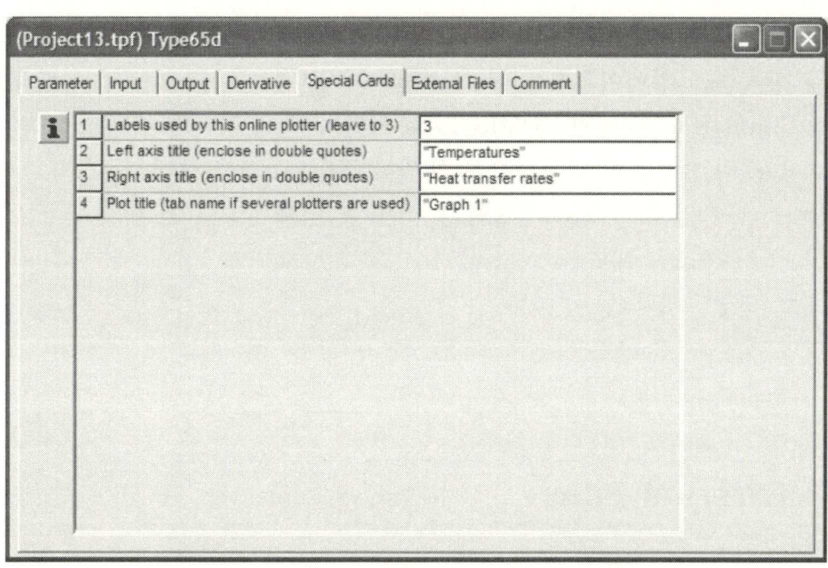

[그림 5-4] Special Cards Example

5-4 Cycles

많은 컴포넌트들에서 Parameters, Inputs, Outputs 또는 Derivatives의 개수는 사용자가 제시된 질문의 답에 의존하여 결정된다. 사용자는 제공되는 입력상자에 지정된 유효 범위 내의 값(숫자)을 입력해야 한다. Cycle의 일례는 다음과 같다.

이 예제의 경우, Type 16 Radiation Processor에 대한 Outputs의 개수는 일사량 계산이 필요한 벽체의 개수에 의존하게 된다. 그리고 Outputs(또는 Inputs, Derivatives, Parameters)의 개수는 이 Cycle의 응답을 반영하여 변경될 것이다. 어떤 경우에는 Cycle의 'Size'(그 속에 포함된 변수의 개수)가 또 다른 Parameter의 값에 의해 결정될 수도 있다.

Type 56 Multi Zone Building Model과 같은 몇 가지 특별한 모델들의 경우, 변수의

명과 개수는 어떤 외부 파일(즉, Building Description File)에 의존한다. 이들 컴포넌트들의 Inputs과 Outputs은 그러한 외부 파일의 항목들에 적용된다. 예를 들어, 만약 사용자가 TRNBuild에서 건물에 추가적인 열적 존을 추가한다면, 추가된 존에 대한 Outputs 항목들이 추가될 것이다. 마우스 우-클릭 메뉴 'Update building variable list'는 이들 항목들을 업데이트하는 데 사용될 수 있다.

Air Flow Simulation Tool인 COMIS(Type 157)와 연계된 경우 Outputs 변수명들은 특정 Parameters의 함수로써 자동적으로 채택될 것이다. 예를 들어, Type 157의 Parameter 8('Output-1')을 '2.3'으로 설정하는 것은 이 컴포넌트의 첫 번째 Output으로 단지 'Output 1'이 아닌 'Fma 2->3 (Coupling flow from COMIS zone 2 to COMIS zone 3 [kg/h]) -1'로 명명되게끔 할 것이다.

5-5 External Files

컴포넌트에서 생성되는 Output의 대부분의 경우 Output data를 포함하는 외부 파일의 이름을 사용자가 직접 지정하는 것이 일반적이다. 이것은 [그림 5-5]와 같이 Simulation Studio 내에 포함되어 있으며, 사용자는 해당 질문에 대한 응답으로 하드 디스크 브라우저 또는 입력상자 내에 요구되는 정보를 입력할 수 있다.

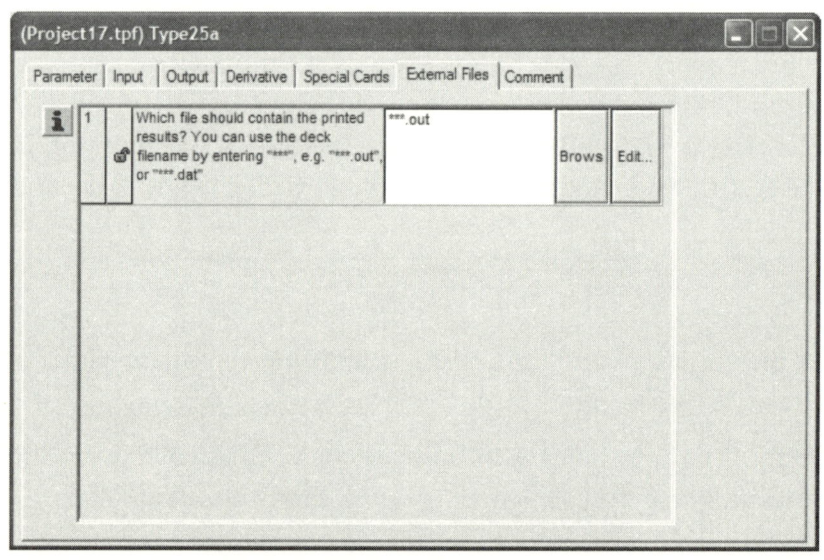

[그림 5-5] Type 25의 외부 파일 지정 예

사용자는 우측의 ▣ 버튼을 클릭하여 하드 디스크 드라이버의 특정 위치에 프로젝트 출력값을 대표할 수 있는 파일명을 지정할 수 있다.

5-6 Comment

Comment는 [그림 5-6]과 같이 Comment 탭 메뉴에서 지정될 수 있다. 이 주석문은 TRNSYS 입력 파일에 포함될 것이다.

또한, Plugin path가 지정될 수 있으며, 이것은 실행 파일 [*.exe]로 컴포넌트 속성을 편집하는 데 사용될 수 있다. 그 외 새로운 Plugins에 관한 자세한 사용법은 제 11 장을 참고하면 된다.

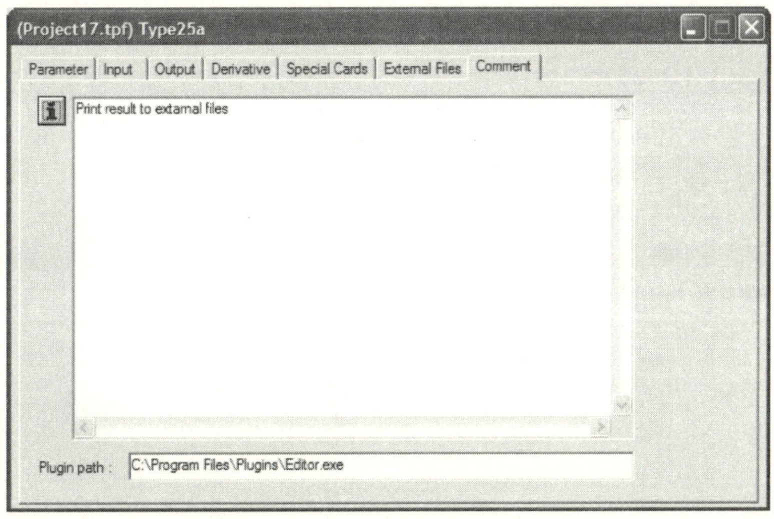

[그림 5-6] Comment tab example

6. Connections

컴포넌트 모델들의 변수들에 대한 값의 지정을 완료하기 위해 사용자는 하나의 컴포넌트에서 또 다른 컴포넌트로의 정보의 흐름을 지정해야 하며, 이는 매우 중요하다. Simulation Studio에서 이 정보의 흐름은 Assembly panel 창에서 두 컴포넌트 사이의 링크에 의해 지시된다. 그러나 Assembly panel에 보이는 링크는 순수하게 정보만을 제공하는 것이므로, 사용자는 두 컴포넌트 사이의 실질적인 정보의 흐름(해당 Output → 해당 Input)을 상세히 지정해야 한다. 그리고 이 작업을 수행하기 위해 'Connections Window'가 사용된다. Connections Window는 두 컴포넌트 사이의 링크를 더블 클릭하거나, 마우스 우-클릭 후 'Edit Connections with …' 메뉴를 통해 열 수 있다.

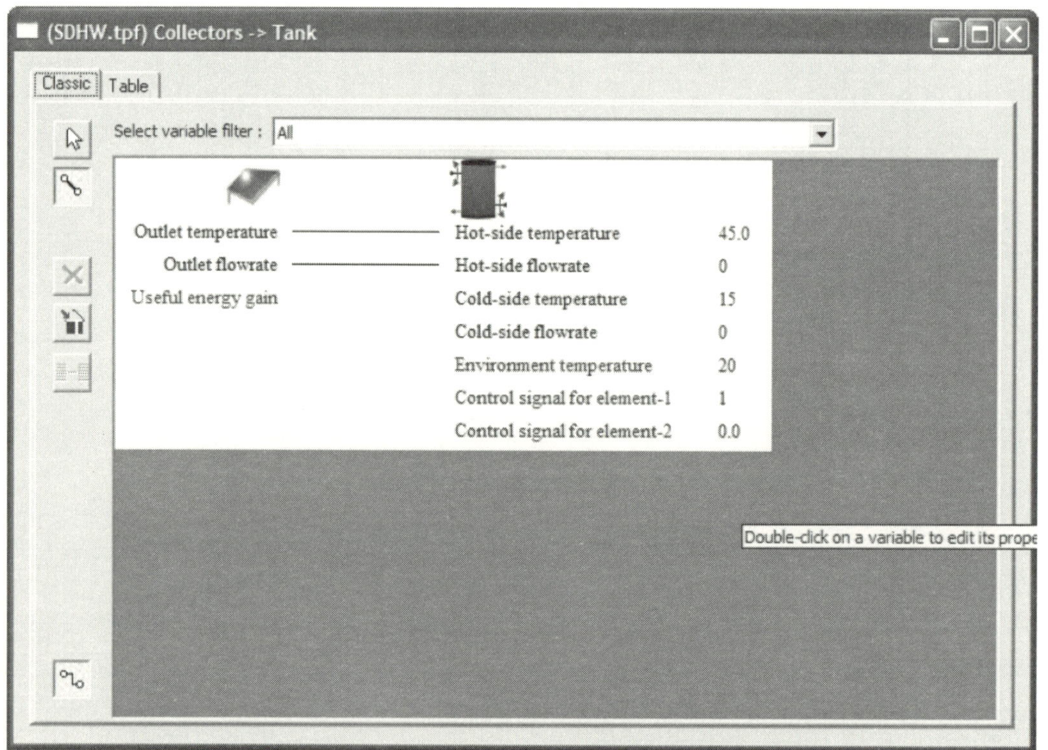

[그림 6-1] Connections Window – Classic tab

Connections Window는 "Classic"과 "Table" 2개의 탭 메뉴를 포함하고 있으며, [그림 6-1]과 [그림 6-2]는 그 일례를 보여주고 있다. 첫 번째 탭 메뉴인 'Classic'은 이전 버전에서 사용된 것이고, 두 번째 탭 메뉴인 'Table'은 2개의 연결된 컴포넌트 사이에 연계된 모든 연결들을 요약하고 있다.

그리고 모든 탭 메뉴는 2개의 변수 열로 구성되며, 첫 번째 열은 해당 컴포넌트의 Outputs을 포함하고, 두 번째 열은 해당 컴포넌트의 Inputs를 포함하고 있다.

[그림 6-1]의 두 컴포넌트의 경우 좌측의 집열기 컴포넌트의 모든 Outputs와 우측의 저장탱크의 모든 Inputs가 순서대로 표시되며, 해당되는 동일한 항목끼리 서로 연결시켜 정보의 흐름을 만들어주면 된다. 이러한 링크의 경우에 컴포넌트의 Outputs는 여러 개의 다른 컴포넌트의 Inputs가 될 수 있으나, 모든 컴포넌트의 Inputs는 단 하나만으로 지정되어야 한다.

한편, 링크가 완료된 변수들은 화면에 검은색으로 표시되고, 이러한 링크가 하나도 지정되지 않은 변수들은 파란색으로 표시되어 쉽게 구분하여 연결을 시도할 수 있다. 끝으로 모든 정보의 흐름은 동일한 단위를 갖는 변수들끼리 연결시켜야 하며, 그렇지 않은 경우 에러가 발생하게 된다.

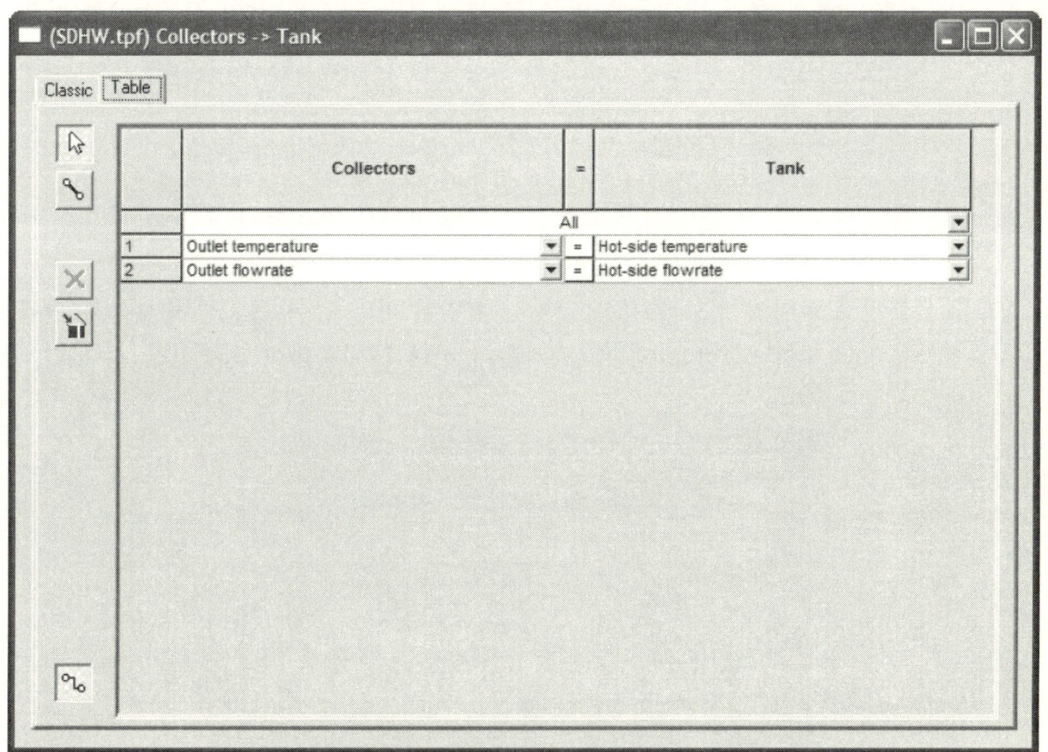

[그림 6-2] Connections Window-Table tab

[그림 6-2]의 Table 탭 메뉴의 경우, 단지 연결된 것만이 표시된다. 바꿔 말하면, 관련된 두 컴포넌트 사이에 이용 가능한 어떠한 연력도 없다면, 테이블에 아무런 행(line)도 나타나지 않을 것이다. 이들 두 컴포넌트에 대한 정보의 흐름을 지정하기 위해 사용자는 좌측의 ✎ 버튼을 클릭하여 라인을 추가하고, Outputs와 Inputs를 지정해야 한다. 그럼 새로운 연력에 대하여 Classic 탭에서도 동일하게 업데이트된다.

6-1 Creating a Connection

두 컴포넌트 사이의 정보의 흐름을 나타내기 위해 링크를 수행할 경우, 일반적으로 화면 좌측에 위치한 링크 아이콘[⚐]을 클릭한다. 그런 다음에는 해당 컴포넌트의 Outputs와 이 값들을 Inputs로 필요로 하는 또 다른 컴포넌트를 차례로 마우스를 이용하여 선택하면 된다.

이렇게 링크된 두 컴포넌트의 경우, 어떠한 자료들의 연결도 되지 않은 상태에서는 [그림 6-3]과 같이 파란색으로 나타나며, 이 링크 선을 클릭한 후 [그림 6-1] 또는 [그림 6-2]와 같은 방법을 통해 변수들을 연결시키면, [그림 6-4]와 같이 검은색으로 바뀌게 된다.

[그림 6-3] 연결 전 링크 모습	[그림 6-4] 연결 후 링크 모습

링크된 컴포넌트 사이의 정보 흐름은 앞에서 설명된 바와 같이 동일한 변수들로 연결되어야 하며, Classic이나 Table 탭 메뉴 가운데 하나를 이용하여 연결시킬 수 있다.

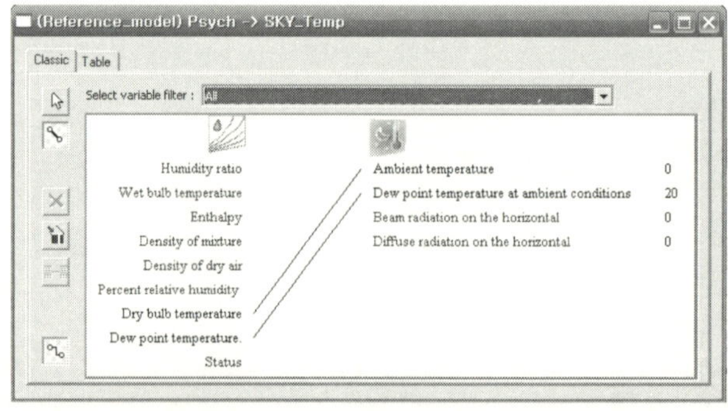

[그림 6-5] 링크된 컴포넌트의 변수 연결 예

6-2 Selecting a Connection

[그림 6-5]와 같이 두 컴포넌트 사이의 변수들을 정확히 연결(connection)시킨 경우
에는 아무런 문제가 없으나, [그림 6-6]과 같이 잘못 연결시킨 경우 해당 연결을 삭제할
필요가 있으며, 이때 이 연결을 선택하게 된다.

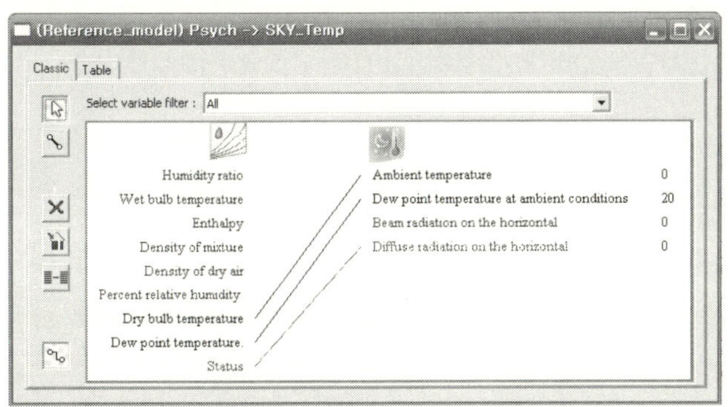

[그림 6-6] 잘못 연결된 변수의 선택 예

6-3 Deleting a Connection

Connection Window의 Delete Connection 버튼[✕]은 사용자가 선택한 해당 링크를
삭제할 수 있도록 한다.
이때 사용자는 ⬚ 모드에서 해당 링크를 선택하게 되고, 그렇게 하면 [그림 6-6]과 같
이 선택된 링크와 변수들은 붉은색으로 표시되고, ✕ 버튼을 클릭하여 링크를 삭제하게
된다.

6-4 Get Information on a Variable

Only Available in the Classic Tab :
Classic 탭 메뉴에서 특정 Input 또는 Output을 마우스로 더블 클릭하면 해당 컴포넌
트의 Input 또는 Output이 화면에 나타나며, [그림 6-7]은 그 예를 나타낸 것이다.

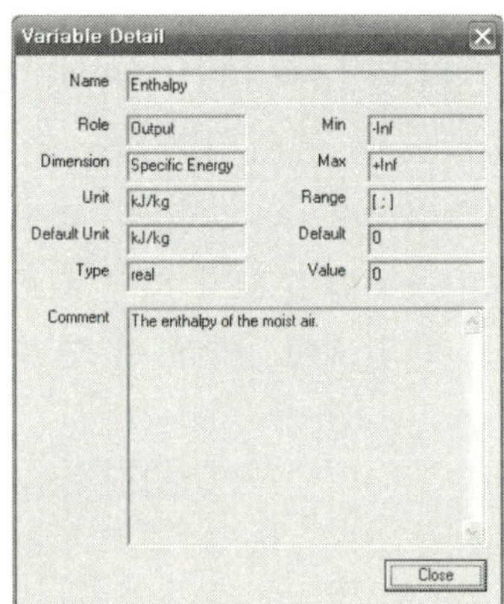

[그림 6-7]   [그림 6-8]

  사용자는 해당 변수에 대한 보다 상세한 정보를 얻고자 할 경우, 변수 우측의 More... 버튼을 클릭하면, [그림 6-8]과 같은 해당 변수에 대한 상세한 정보를 포함하는 'Variable Detail' 창이 화면에 나타난다.

6-5 Deleting all Connections

  사용자는 창의 좌측의 'Delete all Connections' 버튼[]을 클릭함으로써 모든 연결을 삭제할 수 있으므로 주의하여 이 버튼을 사용해야 한다. 이 버튼을 선택하면 [그림 6-9]의 팝업 창이 화면에 나타나고, 확인 버튼을 누르면 지정된 모든 연결이 삭제된다.

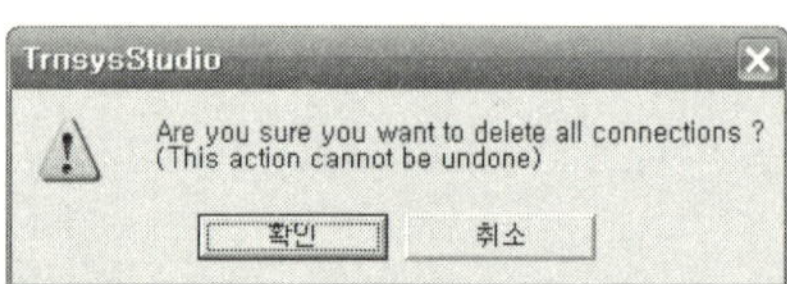

[그림 6-9]

6-6 Link Positioning

  일반적으로 링크의 라인 형식을 결정하는 것은 Assembly panel에서 해당 링크를 선택한 후, 마우스를 우-클릭을 하면 [그림 6-10]과 같은 메뉴가 나타나며, 여기서 사용자는 'User-defined path'를 선택하여 임으로 지정하거나 기본값으로 링크 형식을 결정할 수 있으며, [그림 6-11]은 간단한 예를 보여준다.

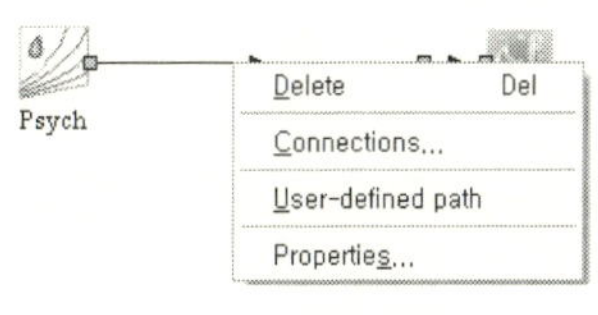

[그림 6-10]

1. User-defined Positions for Links

사용자가 링크 위치를 임의로 지정하고자 할 때에는 [그림 6-10]의 'User-defined path'를 선택하면 된다. 이렇게 선택을 하게 되면 마우스로 해당 링크를 선택하여 자유롭게 이동시킬 수 있다.

이 경우 링크 선들은 수평과 수직 형태를 갖지 않게 된다. 또한, 해당 컴포넌트들을 이동함에 따라 링크 선들 또한 바뀌게 된다. 그러나 'User-defined path'의 선택을 취소하게 되면 본래의 기본값으로 되돌아간다.

2. Default Positions for Links

만약 Link Position 버튼이 선택되면 이것은 Simulation Studio program에 알려 두 컴포넌트 사이의 링크의 경우, 링크된 하나의 컴포넌트가 이동하게 되고, 기본 위치가 자동적으로 재설정되게 된다. 이 모드에서 두 컴포넌트 사이의 모든 링크 선들은 90°의 각도를 유지하여 설정되게 된다.

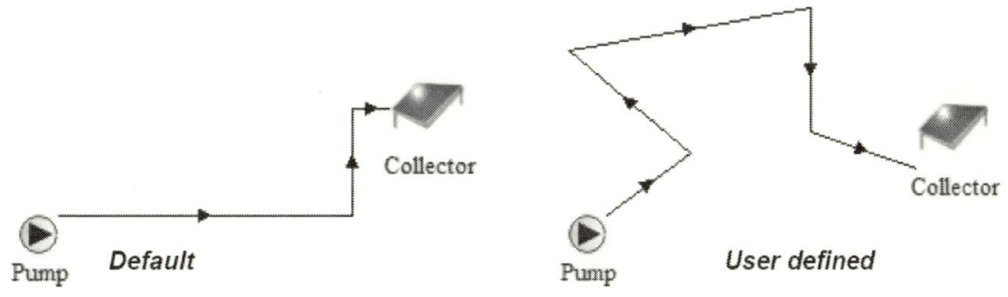

[그림 6-11] 두 컴포넌트 사이의 링크 선들의 형식

7. Equations

TRNSYS의 매우 유용한 특징은 컴포넌트가 아닌 입력 파일 내에서 방정식을 지정할 수 있는 능력이다. 이러한 방정식들은 다른 컴포넌트 출력 수치값 또는 이전에 지정된 방정식의 결과값의 함수가 될 수 있다. 그리고 만약 이러한 방정식들이 시간 독립인 경우 Input 또는 Derivative의 초기값 또는 Parameter로서 또는 다른 컴포넌트의 입력값으로 사용될 수 있다. 이 Equations 이용에 관한 보다 많은 정보는 TRNSYS 매뉴얼을 참고하면 된다. Simulation Studio에서 방정식들의 이용은 특별한 Equations 컴포넌트를 사용함으로써 보다 쉽게 성취된다. 이 Equations 컴포넌트는 Assembly panel에 위치되거나 어떤 다른 컴포넌트와 같이 저장될 수 있다.

Equations 컴포넌트는 Unit, Type 문에 의해 생성된 입력 파일 내에서는 표시되지 않을 것이다. 오히려 이 컴포넌트에 포함된 정보가 TRNSYS 입력 파일 내의 Equations 문(statement)에 위치하게 될 것이다. 사용자는 Control Cards 창에서 Equations의 위치를 지정할 수 있다. Equations의 서로 다른 blocks은 입력 파일 내의 어느 곳이든 위치 가능하고, 다른 컴포넌트들처럼 정렬될 수 있다.

열린 Assembly panel에 Equations를 추가하기 위해서는 Assembly/Insert New Equation을 선택한다. Assembly panel에 위치하게 되면, Equations 컴포넌트는 마치 일반적인 컴포넌트와 같이 모든 다른 컴포넌트의 Inputs & Outputs와 링크될 수 있다. 이 'Equa' 아이콘을 더블 클릭하면 Equations를 생성하는 데 사용되는 대화상자가 나타날 것이다. 이 창은 [그림 7-1]과 같이 보일 수 있다.

이 창은 다음의 내용들을 포함한다.

- TRNSYS에서 지정된 전용 연산기호(SIN, AND, GE 등) 버튼
- 마우스로 클릭할 수 있는 숫자 키패드
- Equations에서 사용되는 변수 목록 또는 Equations 컴포넌트에서 지정된 Outputs
- Equations에 입력되는 변수 목록(좌측 상단)
- 현재 Equation에서 지정되고 있는 변수를 보여주는 상자(좌측 중앙)
- 실제 Equation을 포함한 상자(우측 중앙)
- TIME(the current simulation time)
- START(the simulation start time defined in the control cards)

- STOP(the simulation stop time defined in the control cards)
- STEP(the simulation timestep defined in the control cards)

Equations 컴포넌트에서 지정된 변수들은 Equations 모델의 출력값으로 간주될 수 있다. 마찬가지로 Equations에 입력값으로 지정된 변수들은 이 'Equa' 컴포넌트의 입력값으로 보이게 될 것이며, 다른 컴포넌트의 출력값과 링크될 수 있다.

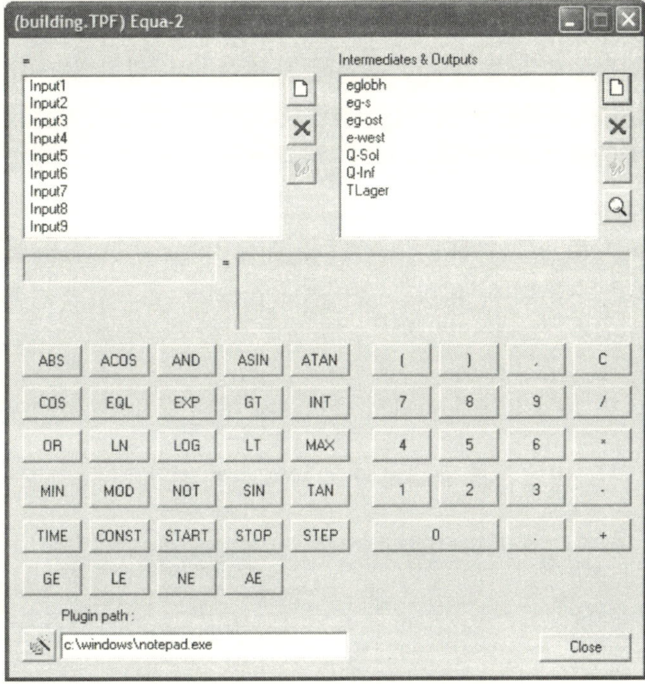

[그림 7-1] Equation Window

다음의 단계들은 방정식을 입력하는 방법을 나타낸다.

(1) 이 방정식들의 입력값과 출력값이 되는 변수명들을 결정한다.

(2) 'Add a new input variable' 버튼을 클릭한다. 이것이 새로운 입력변수에 대한 새 이름을 지정하는 최선의 방법으로 일반적으로 입력변수를 가장 잘 표현할 수 있는 이름으로 설정하는 것이 좋다. 이 컴포넌트 내의 방정식들은 저장될 수 있으며, 보다 기억하기 쉬운 이름으로 저장하면 쉽게 향후 새로운 프로젝트에서 사용할 수 있을 것이다.

(3) 일단 입력상자에 필요한 모든 입력값들이 지정되면 우측 상단의 출력변수들에 대해서도 동일한 작업을 수행한다. 다시 'Add a new output variable' 버튼을 클릭하여, 출력변수에 대한 적당한 이름을 입력한다.

(4) 다음 단계는 출력변수와 하나 또는 그 이상의 입력변수들 사이의 관계를 지정하는 것이다. 그러므로 출력변수를 클릭하여 선택한 다음 'Select the output for edition' 버튼을 클릭한다.

(5) 이제 원하는 출력변수가 좌측 중앙의 상자에 보이게 되며, 사용자는 방정식 입력을 위한 몇 가지 옵션들을 가지고 있다.

- TRNSYS special operator 버튼을 Equation box에 적절히 배치한다.
- 입력 또는 이전에 지정된 출력변수를 선택하여 'Place in Equation' 버튼으로 방정식 내에 위치시킨다.
- Equation box에 이들의 상호관계에 대하여 타이핑하며, 이것은 Simulation Studio에서 모니터링된다. 만약 입력/출력 또는 연산기호를 인식하지 못하면, 이 변수명이 붉은색으로 표시된다. 변수명이 이 상자에 타이핑될 때 완전히 입력되기 전까지는 붉은색으로 표시될 것이다.
- Equation 창을 닫고 다른 컴포넌트들과의 Inputs/Outputs를 연결하기 위한 링크 작업을 수행한다. 이러한 점에서 Equation 컴포넌트는 다른 일반적인 컴포넌트와 같다.

[그림 7-2]는 이러한 과정을 통해 하나의 출력값에 대한 방정식이 완성된 것을 보여준다.

주의 : 사용자는 이들 방정식을 관리하기 위해 하단의 Plugin path를 지정할 수 있다.

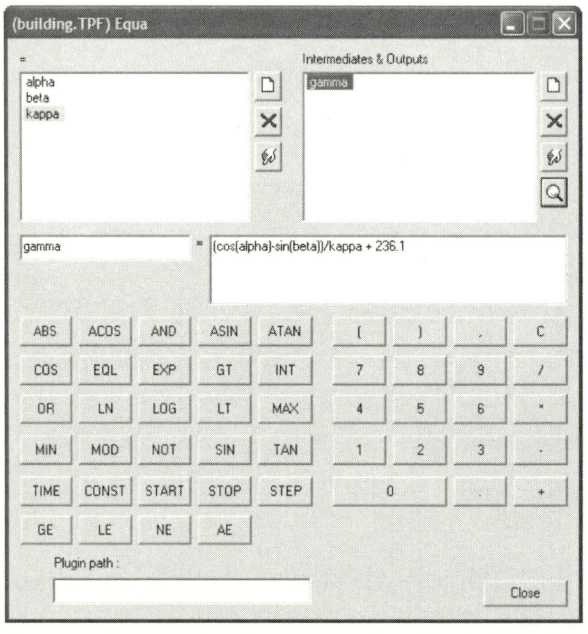

[그림 7-2] Complete Equation in Equation Window

8. Main Window

메인 윈도우는 사용자가 Simulation Studio program을 실행시킬 때 처음 보게 되는 창이다. 다른 MS Windows 프로그램들과 같이 메인 윈도우는 일련의 풀-다운 메뉴들, 몇 가지 도구모음 그리고 하나 또는 그 이상의 활성화된 창들로 구성된다. 처음 시작되면 메인 윈도우에는 아무 것도 없다. 일반적으로 사용자가 새로운 프로젝트를 생성하거나 기존의 프로젝트를 열게 되면 Assembly panel이 메인 윈도우에 보이게 될 것이다. 게다가 Simulation Studio의 다른 필요한 모든 특징들과 다른 TRNSYS 도구들이 Simulation Studio의 메인 윈도우로부터 접근될 수 있다. 이러한 특징들 가운데 몇 가지는 그들 자신만의 창에서 열리는 독립된 프로그램을 실행시킬 수 있다. 메인 Simulation Studio 창에는 [그림 8-1]에서 보이는 것과 같이 화면의 상단을 가로지르는 몇 가지 드롭-다운 메뉴들이 있다. 현재의 운용 상태에 따라서 이들 창들은 이용 가능하거나 'grayed-out'이 된다. 이제부터 이와 관련된 메뉴와 그 하부 메뉴들에 관하여 살펴보도록 한다.

8-1 The File Menu

File 메뉴는 메뉴 바의 좌측에 위치한 첫 번째 메뉴 옵션이다. 이 File 메뉴는 열기(opening), 저장하기(saving), Simulation Studio components, projects 그리고 text files을 인쇄하기(printing) 등을 제공한다. 또한, 이 메뉴는 Simulation Studio components와 libraries의 가져오기(importing)는 물론 'Proformas as HTML'로 가져가기(exporting) 또는 'Fortran code from the Proformas'를 생성하기(generating)에 대한 항목들을 포함한다.

끝으로 TRNSYS에 대한 옵션 설정과 중요한 구성 또한 File 메뉴 내에 포함되어 있다. File 메뉴 명령들은 다음의 [그림 8-1]과 같으며, 다음 절부터 각 항목에 대한 설명이 정리되어 있다.

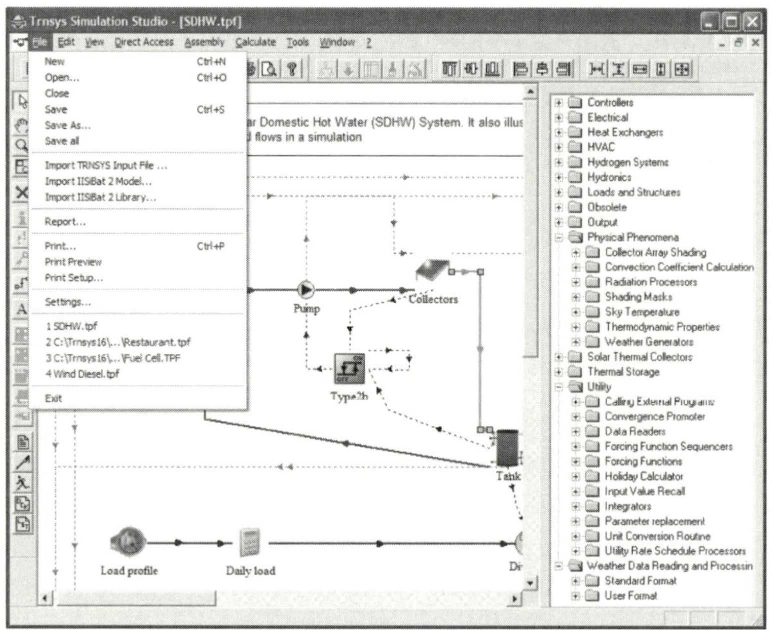

[그림 8-1] File Menu

1. File/New

New 명령은 Simulation Studio에서 New Empty Project, Component, Multi-zone Building Project, Simplified Building Project 또는 Solar hot water Project를 생성한다. New 메뉴 항목은 [그림 8-2]의 마법사 대화상자(Wizard Dialog Box)에서의 선택에 따라 다른 종류의 작업이 발생한다.

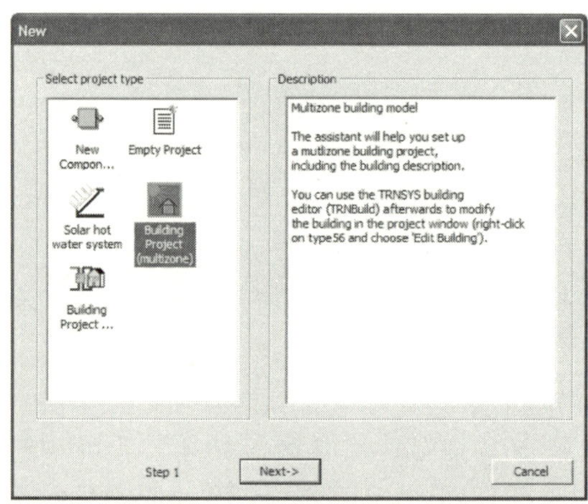

[그림 8-2] Wizard Dialog Box

사용자가 선택할 수 있는 각 작업에 관한 자세한 설명은 생략하기로 한다.

2. File/Open

Open 명령은 [그림 8-3]과 같이 기존 프로젝트나 컴포넌트 파일은 Simulation Studio에 불러온다. New 명령과 같이 사용자가 선택하는 항목에 따라 다른 작업이 수행된다.

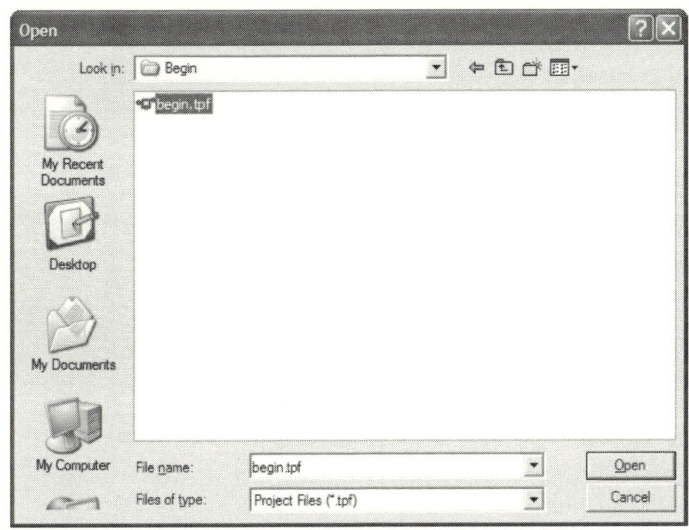

[그림 8-3] The Open Dialog Window

3. File/Close

Close 명령은 현재 활성화된 TRNSYS 프로젝트를 닫는다. 여러 개의 TRNSYS 프로젝트가 Assembly panel에서 연속적으로 열려질 수 있다. 이때 Close 명령은 현재 창에서 활성화된 프로젝트만을 닫는다. 만약 사용자의 프로젝트가 저장되지 않은 경우에는 이 파일을 저장할 것인지 여부를 묻게 될 것이다.

4. File/Save

Save 명령은 현재 진행(작업) 중인 프로젝트를 디스크에 저장한다. 예를 들면, 현재 [TEST.TPF]란 이름의 프로젝트가 진행 중일 때, Save 명령은 파일 [TEST.TPF]을 덮어쓰기할 것이다. 그리고 단축키 [Ctrl+S]를 이용하여 프로젝트를 저장할 수 있다.

5. File/Save As

Save As 명령은 [그림 8-4]의 Save As 대화상자를 화면에 나타낸다. 이것은 현재 작업 중인 프로젝트를 새 이름으로 저장할 때 사용하는 것으로, 저장하고자 하는 확장자를 결정하고, 새 이름을 입력하면 된다.

또한, 이 명령은 완성된 프로젝트에 대한 다양한 민감도 분석 등에 활용할 경우 매우 유용하게 사용될 수 있다.

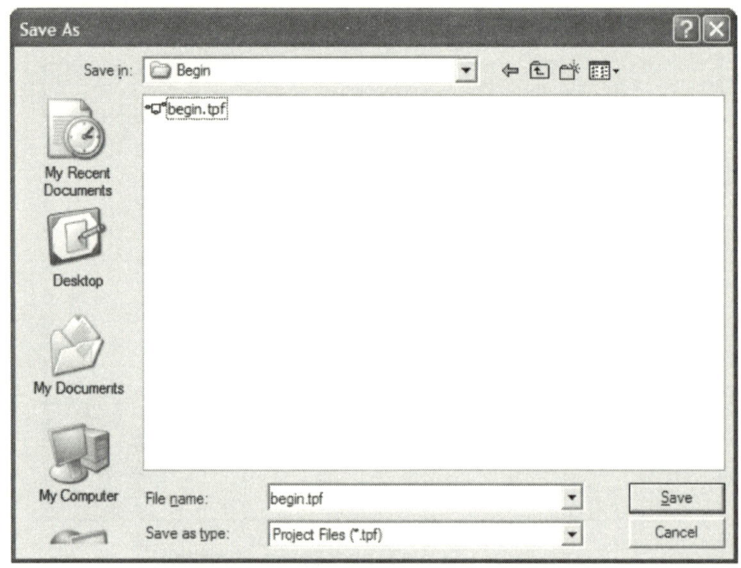

[그림 8-4] Save File As Dialog Box

6. File/Save all

Simulation Studio 내에 하나의 프로젝트와 여러 개의 컴포넌트 Proforma를 여는 것은 일반적인 것으로, Save all 명령은 현재 열려진 프로젝트와 Proforma를 모두 저장한다.

7. File/Import TRNSYS Input File …

Import TRNSYS Input File 명령은 모든 사용자가 Simulation Studio로 기존의 TRNSYS 입력 파일을 가져오는 것을 가능하게 한다. 이 입력 파일(deck file)은 TRN-Edit 또는 텍스트 에디터로부터 생성될 수 있다.

일반적으로 Simulation Studio는 입력 파일에 대한 시각적인 프로젝트로 새로운 Assembly 창을 생성할 것이다. 입력 파일 내의 각 컴포넌트에 대하여 Simulation Studio는 적절한 Proforma를 선택하고, 새로운 Assembly panel에 Proforma 아이콘을 위치시키며, 다른 컴포넌트와의 링크를 생성하고 입력 파일 내의 값에 기초한 초기값과 매개변수들을 채울 것이다.

만약 입력 파일의 컴포넌트가 현재 TRNSYS 16 컴포넌트와 일치하지 않는다면, Simulation Studio는 입력 파일의 제한된 정보를 이용하여 일반적인 Proforma를 생성할 것이다. 몇 가지 표준 컴포넌트들은 TRNSYS 16으로 변경되었다. 그러므로 Simulation Studio는 TRNSYS 15의 표준 컴포넌트였던 것에 대한 일반화된 Proforma를 사용할 수 있다. 사용자는 Edit/Replace 메뉴를 사용하여 컴포넌트의 TRNSYS 16 버전이 갖는 일반적인 컴포넌트들로 대체할 수 있다.

맵핑을 포함한 'ModelConfFile.conf' 파일은 Simulation Studio Proforma가 불러오는 입력 파일에서 Unit-Type 조합의 각 순간에 대하여 사용될 것을 결정하는 것을 규정한다. 입력 파일 판독 능력(input-file-reading capability)을 위한 추가적인 컴포넌트의 추가를 위해, 각 컴포넌트에 대한 Proforma는 Simulation Studio Data Directory에 이미 존재할 필요가 있다. 그리고 사용자는 파일에 부가적인 기입사항을 추가할 필요가 있으며, Simulation Studio는 TRNSYS 입력 파일에서 해당 Type 번호에 직면할 때 새로운 Proforma 사용을 인식할 것이고 이것을 처리하게 된다.

8. File/Import IISiBat 2 Model ⋯

Import IISiBat 2 Model 명령은 사용자가 Simulation Studio에서 구 버전의 IISiBat 2 Proforma를 가져올 수 있도록 한다. 열기 대화 상자가 나타나며, 사용자는 IISiBat 2 Proforma 파일들로 사용된 확장자 [*.OBJ]를 갖는 어떤 파일을 선택할 수 있도록 되어 있다. 그렇게 하면 선택된 이들 파일들은 Simulation Studio Proforma 형식으로 표시될 것이다.

그리고 새로운 Proforma가 적절하게 처리되는지 확인하는 검토를 하는 것은 매우 중요하다.

9. File/Import IISiBat 2 Library ⋯

Import IISiBat 2 Library 명령은 사용자가 Simulation Studio에 구 버전의 IISiBat 2 Library를 가져오도록 한다. 이것은 Import IISiBat 2 Model 명령과 유사하지만, 한

번에 많은 Proforma를 가져올 수 있으며, IISiBat 2 내에 존재하는 Library Structure
로 디렉토리 구조를 생성한다.

열기 대화 상자가 나타나고 사용자는 IISiBat 2 Library (그리고 Proforma) 파일들을
사용한 확장자 [*.OBJ]를 갖는 파일을 선택할 수 있도록 한다. 그럼 선택된 이들 파일은
Simulation Studio Proforma 형식으로 나타난다. 새로운 Proforma가 적절하게 처리
되는지 확인하기 위한 검토 작업은 매우 중요하다.

10. File/Report

Report 명령은 사용자가 모든 프로젝트 속성(Parameters, Connections, 사용된 Com-
ponents 등)을 요약한 보고서를 생성할 수 있도록 한다. 목적 파일명을 선택할 대화상자
가 나타나고, 기본 에디터에서 이 파일이 편집된다. 이 명령은 프로젝트가 현재 활성창에
있으면 단지 볼 수만 있다.

11. File/Export as HTML

Export as HTML 명령은 현재의 Proforma를 인터넷에서 사용하기에 적합하거나 MS
워드에서 불러올 수 있는 HTML 형식으로 출력한다. Proforma의 모든 영역들이 넓은
도표 형식의 문서로 포함된다.

이 파일 생성을 추가하기 위해 Simulation Studio는 파일을 열기 위한 사용자의 웹
브라우저를 시작한다. 이 특징은 사용자가 Simulation Studio 내에서 우선 문서화되는
이들 컴포넌트에 대한 출력된 문서 생성을 쉽게 하도록 하기 위함이다. 이 명령은 컴포
넌트 Proforma가 현재 활성화된 경우에는 단지 볼 수만 있다.

12. File/Export as …

Export as … 명령은 현재의 Proforma 창에 대한 TRNSYS Type의 골격(skeleton)을
생성한다. 바꿔 말하면, 사용자는 빈 Proforma에 모든 Parameter, Input 그리고 Output
정보를 입력할 수 있다.

이 명령이 선택되면 Simulation Studio는 Call 문, Parameters와 Inputs의 판독 등을
포함한 TRNSYS Type에 대한 모든 기본 문법을 포함하는 파일을 생성한다. 이 파일에
유일하게 없는 코드는 입력과 출력에 관련된 실제 방정식들이다. 이 특징은 Simulation
Studio Proforma에서 상세히 작성한 사용자 컴포넌트에 대한 프로그램 코드를 보다 쉽게

생성할 수 있도록 하기 위함이다. 이 명령은 컴포넌트 Proforma가 현재 창에 활성화된 경우에는 단지 볼 수만 있다.

> **주의** : 서브 메뉴 Fortran/C++는 사용자에게 Fortran 또는 C++ 중 어떤 코드로 생성할 것인지를 결정하도록 한다.

13. File/Print

Print 명령은 현재 활성화된 Assembly 창의 내용을 File/Print Setup에서 제공하는 정보를 이용하여 인쇄하도록 한다. 이 메뉴 항목은 Assembly panel에 아무것도 존재하지 않으면 제거된다. 프린터 출력은 프린터 또는 Print Setup에서 결정된 파일로 지시되며, [그림 8-5]는 이 명령을 실행한 예를 보여준다.

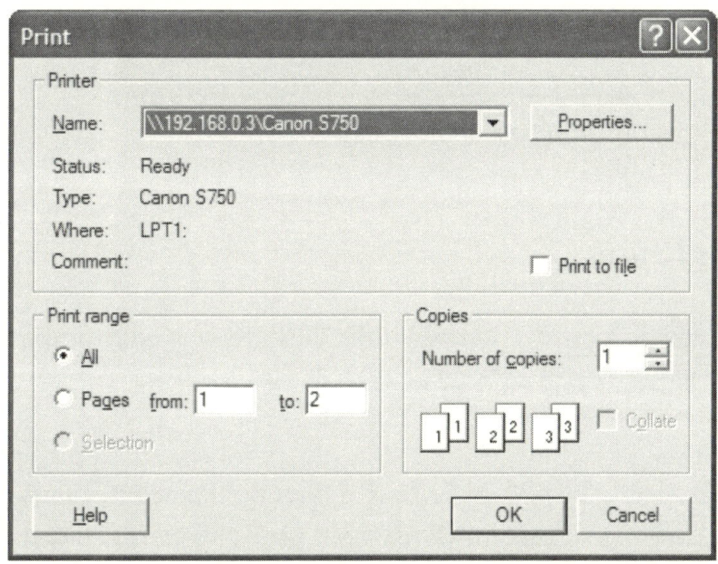

[그림 8-5] Print Dialog Box

14. File/Printer Setup

이 명령은 사용자 프린터기를 Simulation Studio에서 운영하기 위한 구성을 한다. [그림 8-6]은 Printer Setup Box의 예를 보여준다.

Printer Setup은 표준 윈도우즈 프린터 설정상자로 사용자가 이용 가능한 기기를 선택하고, 이와 관련된 다양한 속성들을 설정하면 되므로 자세한 내용을 생략하도록 한다.

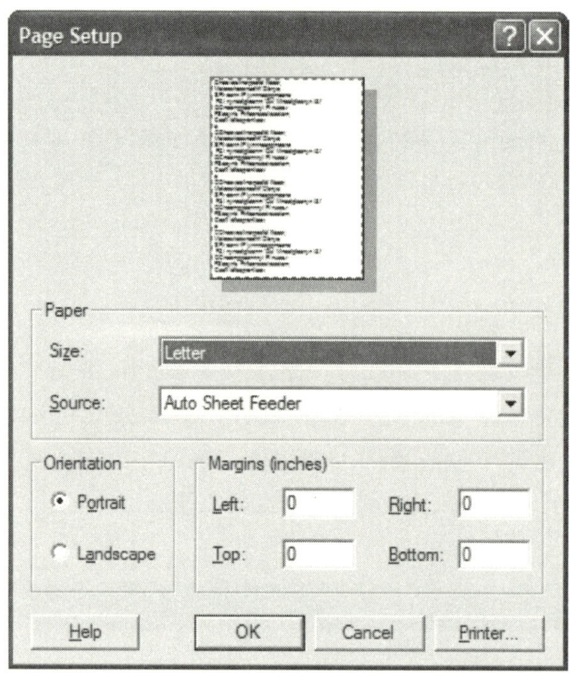

[그림 8-6] Printer Setup Box

15. File/Settings

이 명령은 사용자에게 Simulation Studio와 TRNSYS configuration을 변경할 수 있도록 허락하는 것으로 다음의 설정 메뉴 Tabs가 이용 가능하다.

(1) File/Settings/Control Cards

이 Tab은 사용자가 [그림 8-7]과 같이 Default Deck Filename, Default Simulation Times 등의 Control Cards 창에 대한 기본값들을 설정할 수 있도록 한다. Control Cards 창에서 설정되는 모든 값들은 여기서 기본값 설정을 가질 수 있다. Assembly/Control Cards 메뉴를 사용하여 현재 프로젝트에 대한 설정을 변경할 수 있다.

이 창의 하단에서 만약 TRNSYS 입력 파일 내에 TRNSED 명령이 생성되어야 할 것인지를 선택할 수 있다. TRNSED 명령을 포함한 입력 파일은 TRNSED 프로그램의 도움으로 시뮬레이션 프로젝트로부터 독자적 응용을 생성하는 데 사용될 수 있다. 'Write TRNSED commands' 선택은 사용자에게 TRNSED에서의 입력 파일을 허락하지만, 이 옵션은 많은 상수들(constants)을 생성하게 될 것이다. 이러한 초과되는 상수들은 시뮬레이션의 계산 속도를 떨어뜨리는 원인이 될 수 있다. 또 다

른 옵션인 'Don't write TRNSED commands'는 보다 명료한 입력 파일을 생산하
며, 이 옵션이 기본값으로 설정되어 있다.

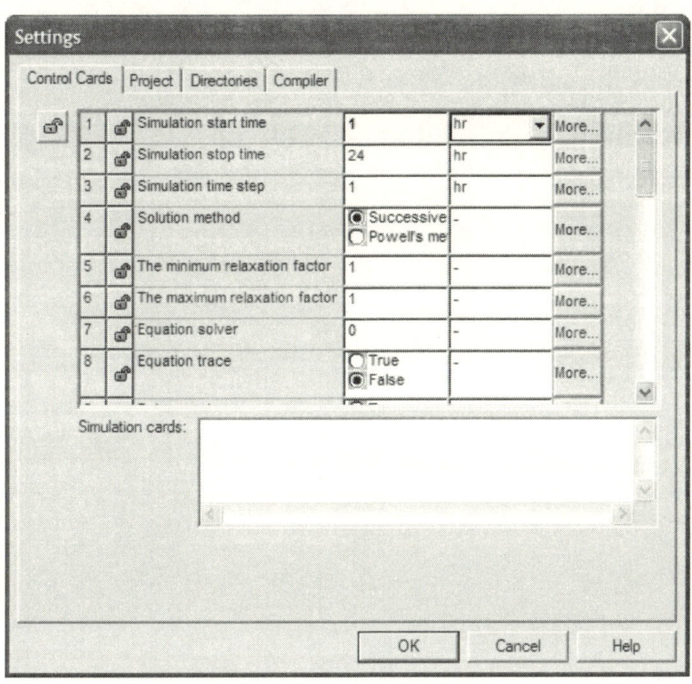

[그림 8-7] Control Cards Settings tab

또 다른 변수는 TRNSYS 입력 파일 내에 Simulation Studio Meta-commands의
쓰기를 조절한다. 만약 이 값이 'True'이면 Simulation Studio Meta-commands는
TRNSYS 입력 파일에 추가될 것이다. 이들 명령들은 명령어처럼 TRNSYS에 의해
처리된다. 즉, 이들은 시뮬레이션에 어떠한 영향도 미치지 않을 것이다. 그러나 이
들은 Simulation Studio가 File/Import 기능을 이용하여 TRNSYS 입력 파일로부
터 시뮬레이션 프로젝트를 보다 나은 쪽으로 재구성될 수 있도록 한다. 이것은 수정
된 TRNSYS 입력 파일을 다시 불러올 때 유용하다.

만약 Meta-commands가 불러오는 파일에 존재하지 않으면, Simulation Studio
는 EXE 디렉토리 내의 ModelConfFile.conf 파일을 이용하여 Proforma에 Unit 선
언을 배치한다.

(2) File/Settings/Project

이 Tab에서의 설정은 [그림 8-8]과 같이 링크에 대한 선, 색, 지정 등과 같은
Colors를 설정하며, 표준 Layers에 대한 설정 등이 있다. 그리고 이들 Layers는
현재의 프로젝트 뿐만 아니라 미래 프로젝트에서 이용 가능하다. 새로운 Layer를

추가하기 위해 텍스트상자에 원하는 Layer 이름을 입력하면, [Add] 버튼이 활성화
되고 이를 클릭하면 된다. 프로젝트 데스크탑의 크기가 좌측 하단의 Project size
상자에서 지정될 수 있으며, 추가적인 컴포넌트에 대한 공간을 추가하기 위해 증가
될 수 있다.

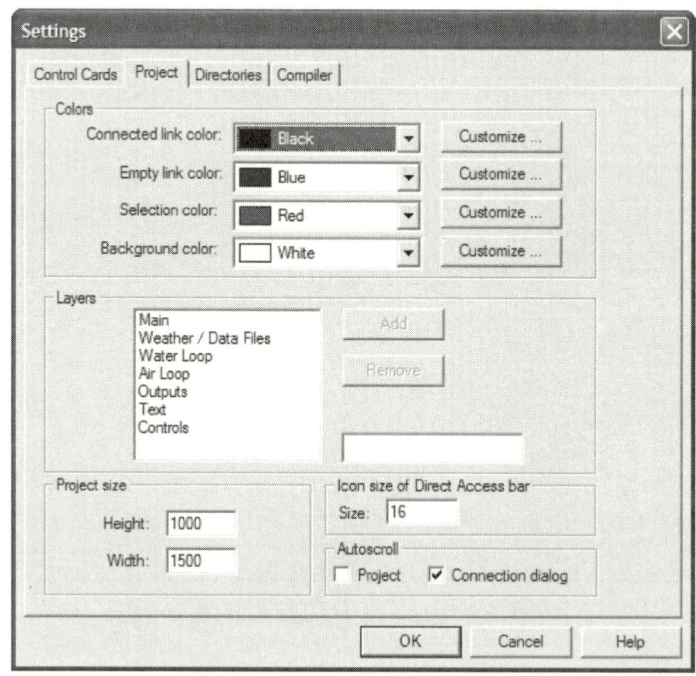

[그림 8-8] Project Settings tab

Direct Access Toolbox의 아이콘 크기 또한, 우측 하단의 Icon size of Direct
Access bar에서 설정될 수 있다. 그리고 사용자가 Direct Access Toolbox에서 새로
운 아이콘 사이즈를 이용하기 위해서는 Simulation Studio를 재시작해야만 한다.

Autoscroll은 우측 하단의 체크상자를 이용하여 Project 또는 Connection dia-
log에 대하여 이용 가능/불가능하게 할 수 있다.

(3) File/Settings/Directories

이 Directories Tab은 [그림 8-9]와 같이 사용자에게 Simulation Studio 내의
다양한 응용 프로그램에 대한 경로 지정은 물론 응용 도구들의 실행과 설정에 대한
파일명과 디렉토리를 선택할 수 있도록 허락한다. 예를 들면, 사용자는 Text
Editor의 경우 기본값인 Notepad 대신에 사용자가 원하는 다른 에디터 프로그램을
설정할 수 있으며, 이 경우 우측의 [Browse] 버튼을 클릭하고, 해당 프로그램의 실
행 파일을 설정하면 된다.

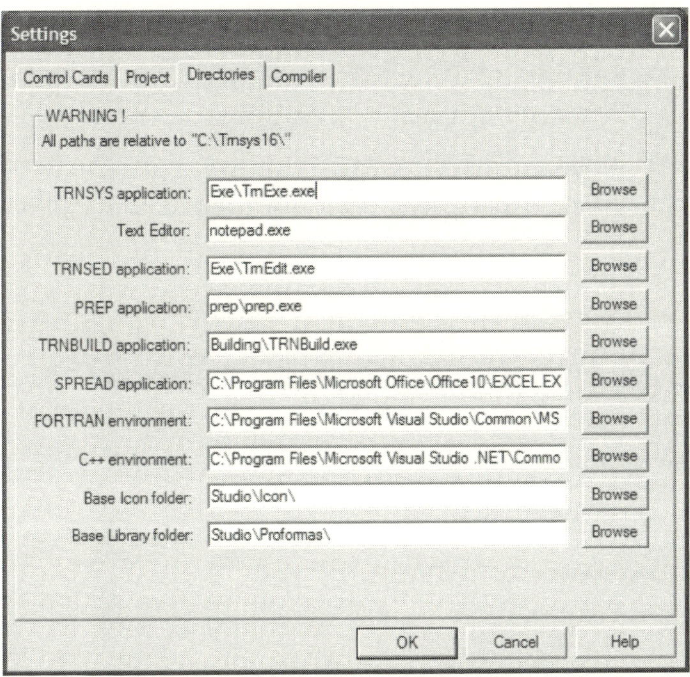

[그림 8-9] Directories Settings tab

- **TRNSYS application** : The TRNSYS simulator used to run simulations (TrnExe.exe), for example.

- **Text Editor** : The text editor used throughout the system ; if this line is left blank, the MS Windows Notepad will be used. Users are free to specify any text editor here or even a word processor.

- **TRNSED application** : The program file of the TRNSED front end program.

- **PREP application** : The program file of the PREP program.

- **TRNBuild application** : The program file for the buiding edition.

- **PREBID application** : The program file for the PREBID program.

- **SPREAD application** : The program file for the spreadsheet application used throughout the system ; users may replace the default spreadsheet program delivered with Simulation Studio by any spreadsheet program such as Microsoft Excel.

- **FORTRAN environment** : The program file for the Fortran Development tool used and provided separately by the user.

- **C++ environment** : The program file for the C++ Development tool used and provided separately by the user.

- **Base Icon folder** : The directory in which the component icons are located ; this allows users to switch between different sets of component icons such as the DIN standard icons
- **Base Library folder** : The directory in which the component models are stored ; the direct access tree will use this directory to construct its structure.

(4) File/Settings/Compiler

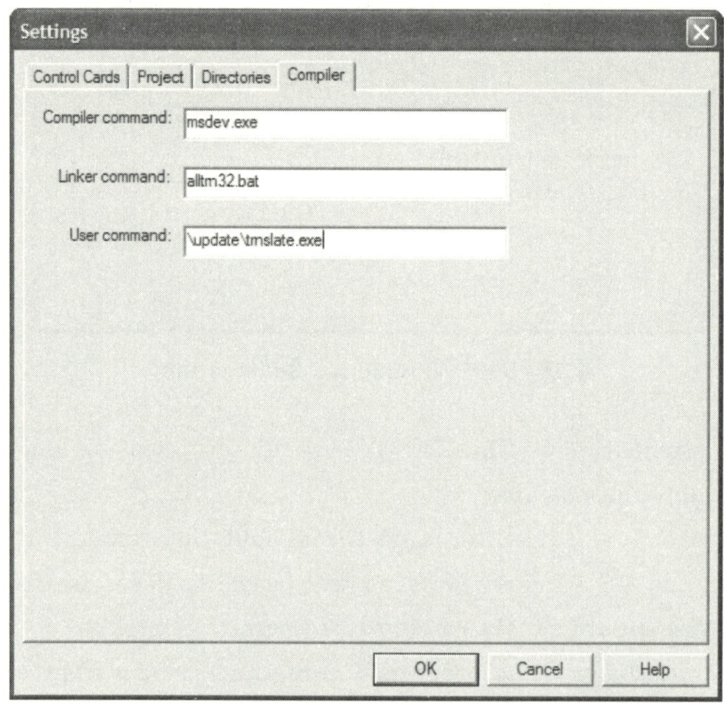

[그림 8-10] Compiler Information Setting tab

이 Compiler 옵션 Tab은 사용자가 적당한 명령행을 지정할 수 있도록 허락하며, Simulation Studio 메뉴 명령인 Tools/Rebuild TRNSYS와 Tools/Execute User command가 선택될 때 실행될 것이다. 전체 경로와 파일 확장자가 포함된 전체 명령행은 [그림 8-10]과 같이 이 영역들 내에 입력되어야 한다. Rebuild TRNSYS 명령은 'Linker command'로 명명된 상자 내의 명령행을 실행한다. 이것은 TRNSYS DLL(TRNDll.dll)을 다시 설정하려는 의도의 명령이다. User command 영역은 Simulation Studio로부터 batch 파일 또는 어떤 원하는 프로그램을 실행하기 위한 편리한 방법으로써 의도된 것이다. 만약 원할 경우에는 Rebuild TRNSYS command가 목적을 위해 사용될 수 있다.

16. File/Exit

Exit 명령은 Simulation Studio 프로그램을 종료하고 사용자의 MS Windows로 복귀시킨다. 만약 프로젝트가 저장됨이 없이 수정되었다면, 프로그램을 종료하기 전에 저장을 위한 길잡이(prompt)가 Simulation Studio에 의해 나타날 것이다.

8-2 The Edit Menu

Edit 메뉴는 Assembly panel 내에 아이콘과 활성창 밖으로나 안으로 텍스트를 잘라내고, 복사하고, 붙여넣고 하는 등의 명령을 제공한다. 다음은 Edit 메뉴 명령에 대한 설명과 기능에 관한 것이며, [그림 8-11]은 Edit 메뉴 항목을 보여주고 있다.

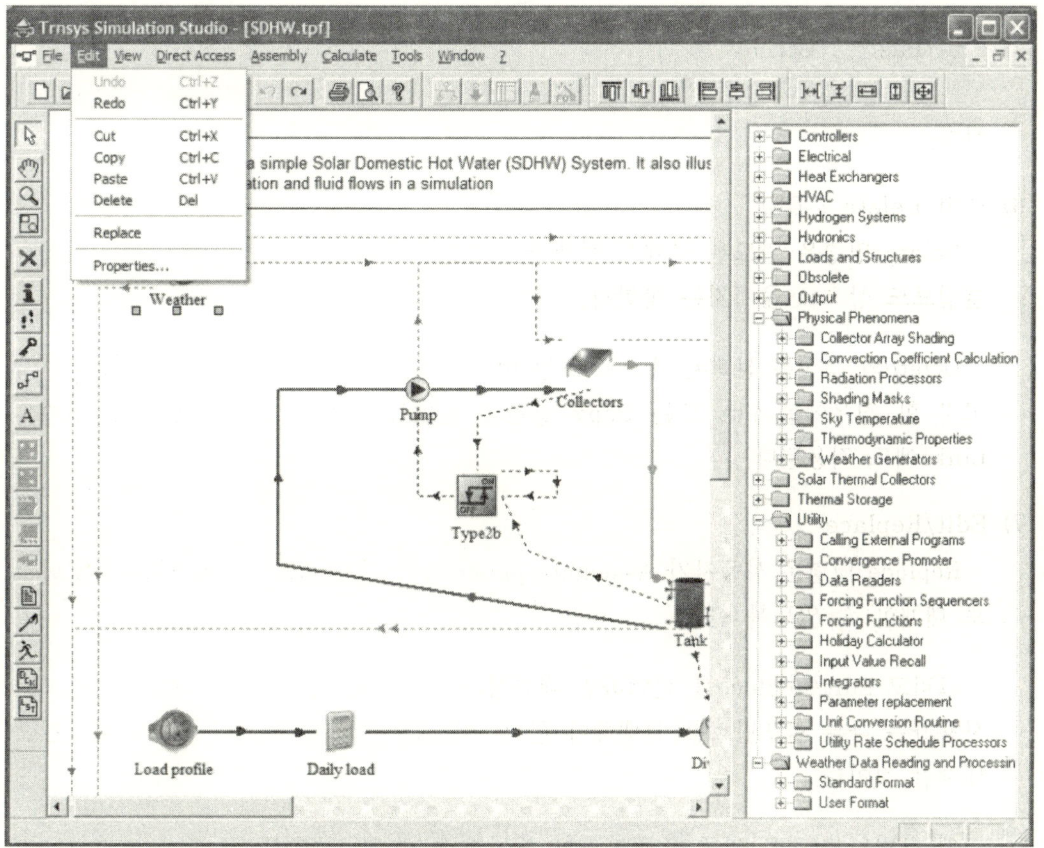

[그림 8-11] Edit Menu

(1) Edit/Undo : Ctrl+Z

Undo 명령은 Assembly panel에서 수행되는 바로 이전의 작업으로 되돌아가도록 하며, Component Proforma에서 작업하는 동안에는 활성화되지 않는다.

(2) Edit/Redo : Ctrl+Y

사용자가 Undo 명령을 사용할 때 필요한 작업까지 되돌려 놓았을 경우에 이 Redo 명령을 통해 다시 복귀시킬 수 있다.

(3) Edit/Cut : Ctrl+X

Cut 명령은 선택된 텍스트 또는 활성창의 아이콘을 제거할 것이고, 이것을 Edit/Paste 명령을 통해 원하는 위치에 옮겨 놓을 수 있다.

(4) Edit/Copy : Ctrl+C

Copy 명령은 선택된 텍스트나 아이콘을 남겨둔 채 Edit/Paste 명령을 통해 원하는 위치에 옮겨 놓을 수 있다.

(5) Edit/Paste : Ctrl+V

Paste 명령은 이전에 선택한 텍스트나 아이콘을 현재 커서 위치의 활성창에 삽입한다.

(6) Edit/Delete : DEL

Delete 명령은 윈도우 상에서 선택한 텍스트 또는 아이콘을 제거하지만, 이것은 클립보드 상으로 옮기지는 못한다.

Delete의 특징은 선택된 텍스트 또는 아이콘들을 붙여넣을 수 없으며, 이렇게 하고자 할 경우에는 Cut 또는 Copy 명령을 선택해야 한다. 또한, Delete 명령은 Links에도 적용된다.

(7) Edit/Replace

Replace 명령은 사용자가 Assembly panel 상의 현재 컴포넌트를 다른 컴포넌트로 대체할 수 있도록 한다.

그리고 Edit/Replace를 선택하면 대화상자를 생성할 것이다. 이 대화상자로부터 사용자는 다른 컴포넌트를 선택해야 한다. 이 새로운 컴포넌트는 기존 컴포넌트를 대체할 것이다.

이 방법의 장점은 기존의 링크들이 깨어지지 않고, 사용자는 컴포넌트 상호간의 링크 작업을 다시 할 필요가 없어진다는 것이다.

(8) Edit/Properties …

  Properties … 명령은 현재 선택된 컴포넌트에 대한 'Component Properties' 창
을 연다. 이 창은 [그림 8-12]와 같으며 사용자는 텍스트 속성에서부터 아이콘의
크기와 위치까지 컴포넌트 아이콘의 모든 양상을 수정할 수 있다.

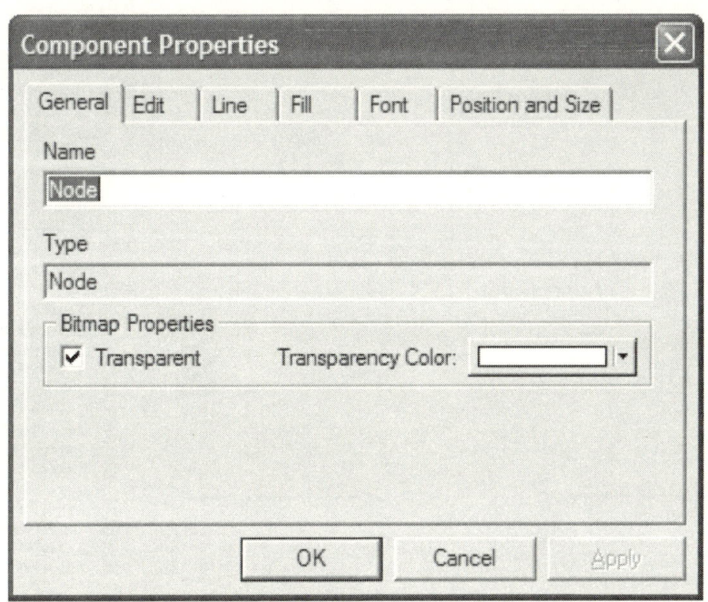

[그림 8-12] Component Properties 대화상자

8-3 The View Menu

  View 메뉴는 사용자에게 Assembly panel 내의 도구모음(Toolbars), Layers 보기 등
을 조정할 수 있도록 하는 명령을 포함한다.

  그리고 [그림 8-13]은 이 View 메뉴 명령을 간단히 보여주고 있다.

(1) View/Page Bounds

  Page Bounds 명령은 출력되는 페이지 범위(경계)를 보이거나 감추게 하는 것이
다. 경계의 크기는 Print Setup information으로부터 가져온다. 페이지 경계는
Assembly panel을 출력하기 전에 컴포넌트들의 배열이 중요하다.

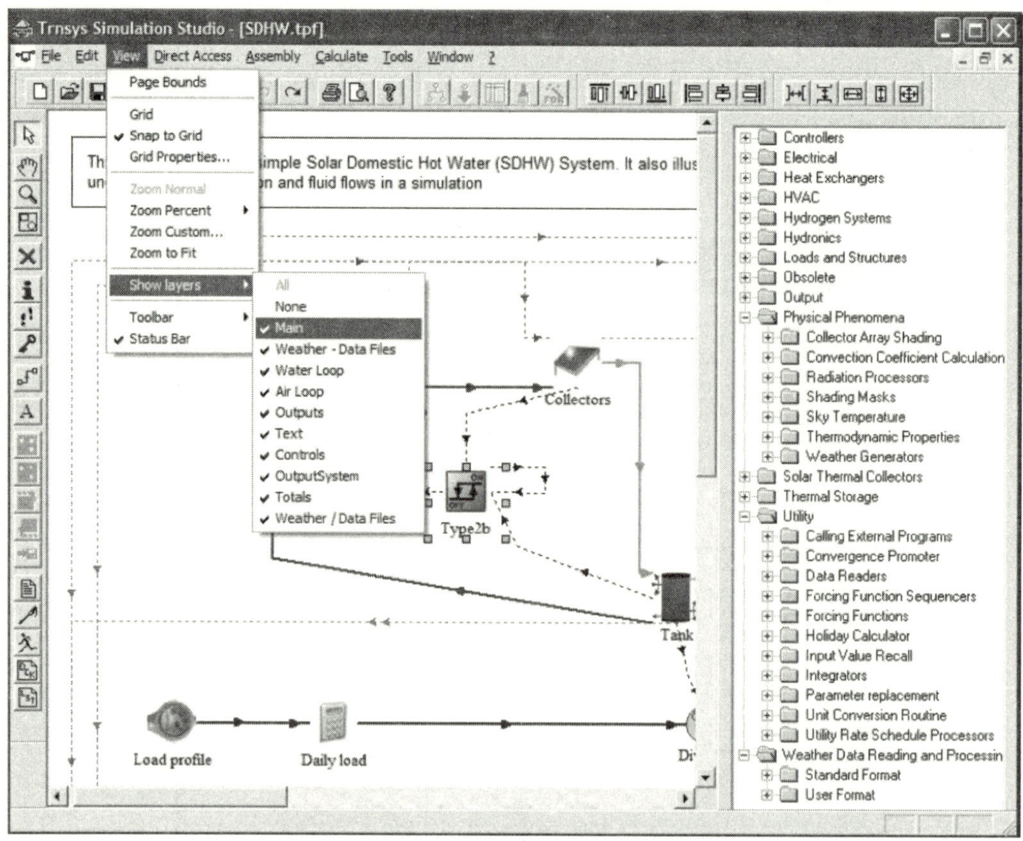

[그림 8-13] View Menu

(2) View/Grid

Simulation Studio는 Assembly panel 내에 컴포넌트 아이콘들과 링크들의 배열을 위한 내장된 그리드(built-in grid)를 갖는다. 이 명령은 그리드를 시각적 표시를 켜거나 끄는 것으로 메뉴 항목 옆의 체크 표시가 있게 되면 그리드가 'on' 된다.

(3) View/Snap to Grid

이 명령은 그리드 포인트로 컴포넌트와 링크를 강제로 위치시킬 것인지를 결정하는 것이다.

만약 '✔(체크)'이면, 컴포넌트와 링크는 단지 그리드 상의 점들 위로만 이동 또는 위치될 수 있으며, 그렇지 않으면(off 상태이면) Assembly panel의 어느 곳에든지 위치될 수 있다.

(4) View/Grid Properties ⋯

이 명령은 사용자가 그리드 간격과 다른 그리드 메뉴 항목들인 'Show Grid'와 'Snap to Grid'을 포함하는 모든 Grid 속성들을 수정할 수 있도록 하는 대화상자를 여는 것이다.

(5) View/Zoom Normal

Assembly panel은 확대 또는 줌될 수 있다. Zoom Normal 메뉴 항목은 Assembly panel 내의 아이템들의 크기를 기본 크기로 조정한다.

(6) View/Zoom Percent ⋯

Zoom Percent ⋯ 메뉴는 50%, 75%, 100% 그리고 200%를 포함한 몇 가지 기본 %의 줌값을 갖는 서브 메뉴를 연다.

(7) View/Zoom Custom

Zoom Custom 메뉴는 사용자가 정확히 원하는 배율의 %를 입력할 수 있도록 하는 작은 대화상자를 연다.

(8) View/Zoom to Fit

Zoom to Fit 메뉴는 현재 속성을 유지한 채 Assembly panel의 가시적인 창 내에 모든 아이템들이 위치되도록 확대 또는 축소한다.

(9) View/Show Layers ⋯

이 명령은 사용자가 현재 보이는 컴포넌트 레이어들을 선택할 수 있도록 한다. 각 컴포넌트는 하나 또는 몇 개의 레이어에 속하며, 이들 레이어들 중 하나만이 단지 표시된다. 이 메뉴 항목을 사용하기 위해 서브 메뉴로부터 레이어를 선택한다.

레이어의 이름이 선택되면, 이것이 보일 것이다. 한번에 모든 레이어를 켜거나 끄는 것이 가능하다.

(10) View/Toolbars

명령은 다른 창들과 관련되는 도구모음을 보이거나 감추게 하며, 풀-다운 메뉴에서 이용 가능한 동일한 명령들을 빠르게 접근할 수 있다. 선택된 값들은 Simulation Studio의 다음 사용 시 적용되기 위해 저장될 것이다.

(11) View/Status Bar

이 명령은 창의 아래에 위치하는 상태 바(Status Bar)를 나타내거나 감추는 것을 조절한다.

8-4   Direct Access Menu

Direct Access 메뉴는 사용자가 빠르고 쉽게 TRNSYS 컴포넌트 모델을 찾을 수 있도록 하며, 이들은 Assembly panel의 우측에 위치시킨다. 이 도구의 사용을 위해 사용자는 Direct Access\Insert Model을 클릭해야 한다. 기존 컴포넌트 폴더들이 보이는 대화상자는 [그림 8-14]와 비슷하게 나타난다.

모델을 선택하면 대화상자는 사라지고, 커서가 (+)로 변경될 것이다.

컴포넌트 모델이 위치하게 될 Assembly panel Window의 한 지점으로 커서를 이동한 후 클릭한다.

Direct Access\Refresh Tree는 메인 윈도우 우측의 Direct Access Tree를 갱신한다. 사용자는 새로운 컴포넌트가 Library Directory에 추가될 때마다 이 메뉴를 사용해야 한다. 일단 이 메뉴가 클릭되면 이 Tree는 새로운 컴포넌트를 보게 될 것이다.

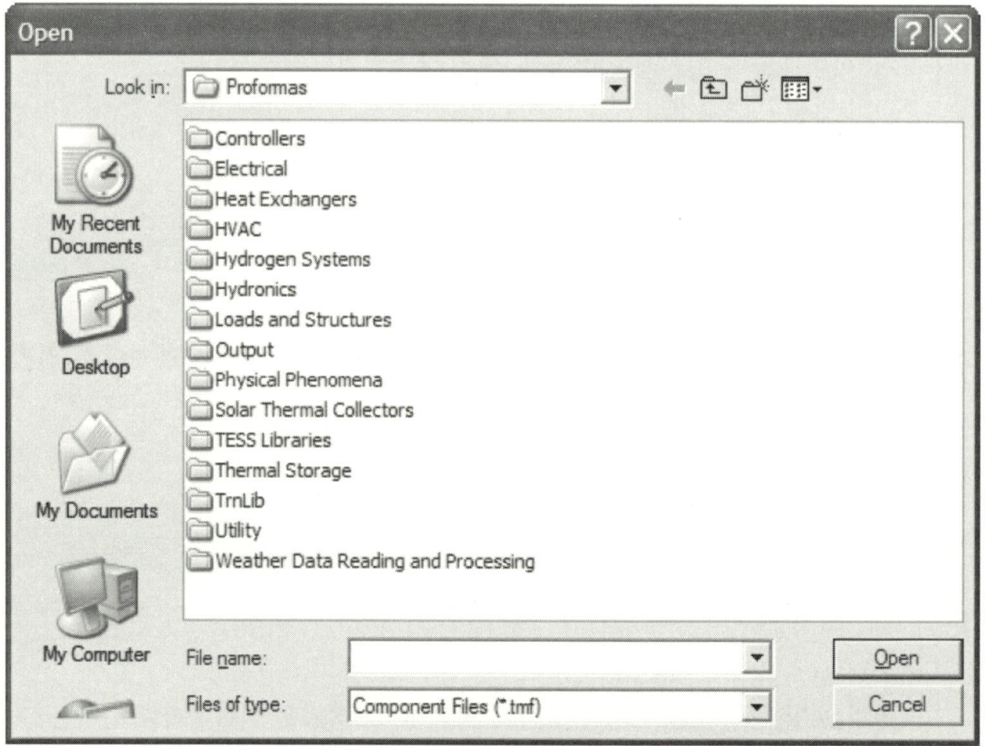

[그림 8-14]   Direct Access Tool

8-5 Assembly Menu

Assembly 메인 메뉴는 Assembly panel과 이 대화상자 창 내에 사용되는 명령들에 접근할 수 있도록 한 것으로 [그림 8-15]와 같다. 일반적으로 이것은 컴포넌트 작업, 매크로 생성 및 해제 그리고 General Control Cards의 접근을 포함한다.

(1) Assembly/Insert New Equation

Equations는 매우 일반적으로 사용되지만 실제 컴포넌트가 아니기 때문에, Equations는 이들 자신만의 메뉴 항목을 이용하여 Assembly panel에 추가된다. 이 메뉴 항목은 Equation 아이콘을 Assembly panel에 위치시킨다.

그리고 사용자는 새로운 Equations를 생성하기 위해 이 아이콘을 더블 클릭할 수 있다. 일단 새로운 Equations가 생성되면, 다른 컴포넌트들이 Equation 컴포넌트와 링크될 수 있다.

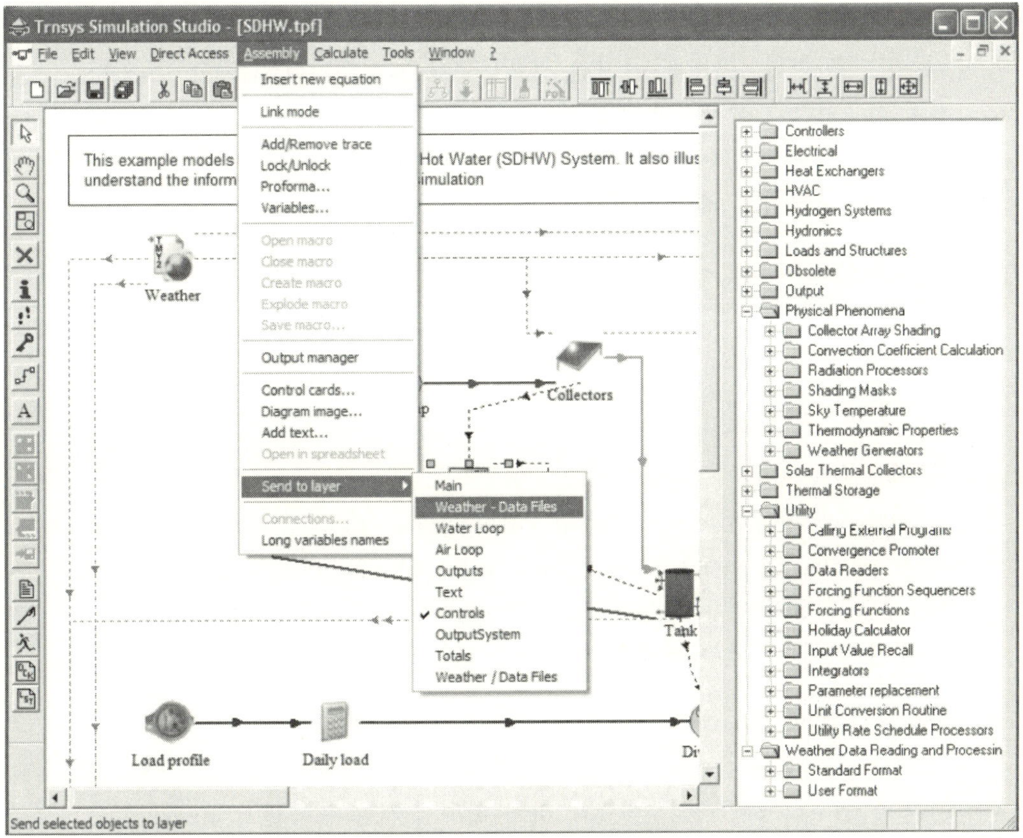

[그림 8-15] Assembly Menu

(2) Assembly/Link mode

이 명령은 두 컴포넌트 사이의 입출력 링크를 생성하는 데 사용된다. 사용자는 커서를 Link mode로 전환시킬 수 있는 이 도구를 클릭할 수 있다. 그런 다음 사용자는 첫 번째 컴포넌트를 클릭한 후, 두 번째 컴포넌트를 클릭한다.

또한, 사용자는 Assembly panel에 존재하는 컴포넌트를 클릭할 때 우측 마우스 메뉴 항목인 'Start Link'을 사용하여 링크를 생성할 수 있다.

(3) Assembly/Add-Remove Trace

이 명령은 TRNSYS Trace feature에 현재 선택된 모든 컴포넌트들을 추가한다. 게다가 작은 feet symbol이 이 컴포넌트에 대한 Trace를 'on'이라는 것을 보이기 위해 아이콘 근처에 나타난다. 컴포넌트에 대한 Trace를 'off'하기 위해서는 컴포넌트를 선택하고, Trace feature을 변경할 이 명령을 클릭한다. Trace에 대한 설정들은 Control Cards 창에도 포함된다.

(4) Assembly/Lock-Unlock

Lock-Unlock 메뉴 명령은 사용자가 Assembly panel의 특정 컴포넌트들을 잠글 수 있도록 한다. 이렇게 잠겨진 컴포넌트들은 지우거나 수정할 수 없다.

전체 컴포넌트가 잠겨지면 내부적으로 모든 매개변수와 입력값들이 잠겨진다. 이것은 만약 TRNSED 명령이 TRNSYS 입력 파일에 작성될 예정이라면, 이들은 이 컴포넌트에 포함되지 않을 것임을 의미한다.

(5) Assembly/Proforma …

Proforma 명령은 컴포넌트에 대한 일반적인 Proforma를 포함한 창을 열게 된다. 일반적인 Proforma는 모델에 대한 정보를 포함하고, 사용자가 컴포넌트의 소스코드에 접근할 수 있도록 한다.

(6) Assembly/Variables …

Variables 명령은 컴포넌트에 대한 Parameters, Inputs, Outputs, Derivatives, Special Cards, External Files 그리고 Comments를 포함한 창을 열게 된다.

이것을 이용하기 위해서 사용자는 먼저 관심있는 컴포넌트를 선택할 것이고, 이 창을 열기 위해 이 메뉴 명령을 클릭하면 된다.

(7) Assembly/Open Macro

이 명령은 사용자가 Macro 컴포넌트에 이미 포함되어진 몇 가지 컴포넌트들에 접근할 수 있도록 허락한다. 이렇게 하기 위해서 사용자는 먼저 Macro 컴포넌트를 선택해야 하며, 그런 다음에는 이 메뉴 명령을 클릭하거나 Macro 모델을 더블 클릭하면 된다.

그렇게 하면 Macro가 새로운 Assembly panel에 열릴 것이며, 컴포넌트들을 수정할 수 있다.

(8) Assembly/Close Macro

이 명령은 현재 Macro 컴포넌트의 내용들을 보여주고 있는 Assembly panel을 닫는다.

(9) Assembly/Create Macro

이 명령은 사용자가 몇 개의 컴포넌트를 모아 Macro 컴포넌트로 만들 수 있도록 한다. 이렇게 하기 위해 사용자는 Shift 키를 누른 채 각 컴포넌트를 클릭함으로써 몇 가지 컴포넌트를 선택한 후, 이 메뉴 명령을 클릭한다.

선택된 컴포넌트들은 하나의 Macro 항목으로 압축되며, 사용자에 의해 이름이 입력된다.

(10) Assembly/Explode Macro

이 명령은 기존의 Macro 컴포넌트를 원래의 여러 개의 컴포넌트들로 분리하는 것이다.

(11) Assembly/Save Macro …

이 명령은 Macro 컴포넌트를 또 다른 프로젝트에서 사용할 수 있도록 저장한다. 일반적으로 Base Library Folder directory tree 내에 Macro 컴포넌트를 저장하는 것은 좋은 방법이다.

그렇게 하면 Direct Access tool 내에서 이 Macro 모델을 이용할 수 있다.

(12) Assembly/Output manager

이 명령은 [그림 8-16]과 같은 Output manager 대화상자를 열며, 사용자가 모든 출력값을 파일 또는 플로터에서 관리할 수 있도록 허락한다.

좌측에는 모든 프로젝트 컴포넌트가 tree 구조로 보이며, 우측에는 모든 프로젝트 프린터와 플로터가 보인다.

컴포넌트 절점을 클릭하면 프린터나 플로터로의 입력변수와 컴포넌트의 출력변수들이 나타날 것이다. 표시된 속성들과 이용 가능한 버튼들이 선택된 출력 컴포넌트의 유형에 의존하여 업데이트된다.

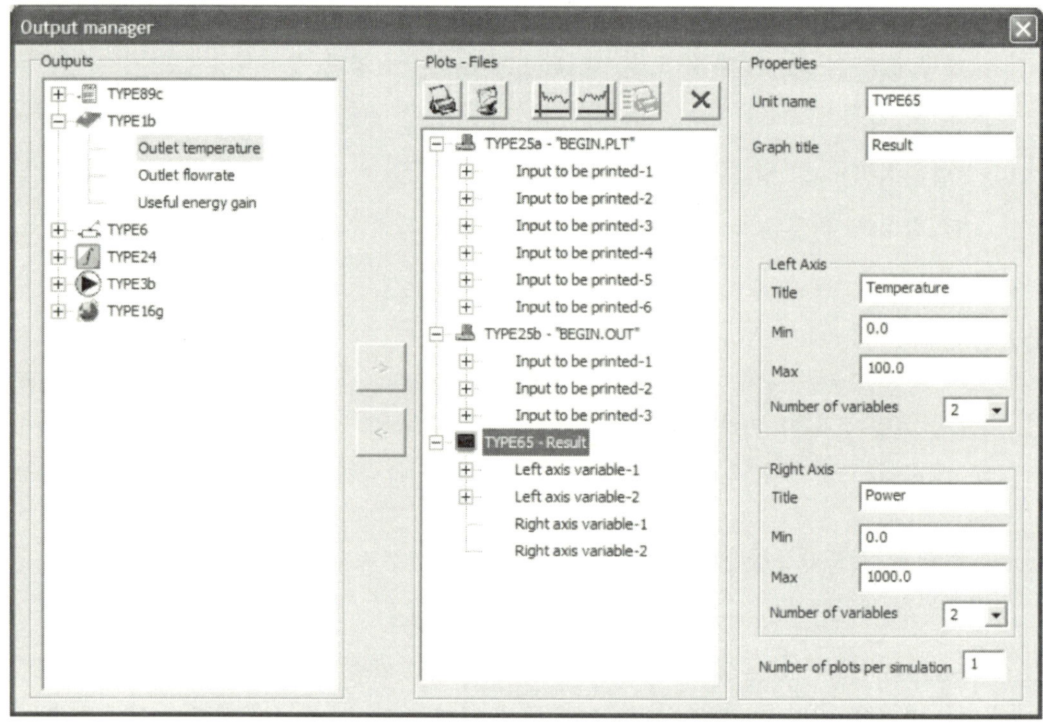

[그림 8-16] Output manager 대화상자

㉮ Connect Button

　　타당한 출력과 입력을 선택한 후, 이 버튼을 클릭하면 두 컴포넌트 사이에 새로운 연결이 추가될 것이다.

㉯ Remove Connection Button

　　기존 연결을 제거하기 위해 타당한 출력과 입력으로 연결된 변수들을 선택한 후, 이 버튼을 클릭함으로써 이용 가능하다.

㉰ Add Plotter/Printer Button

　　프린터와 플로터가 Add Printer 또는 Add Plotter 버튼을 클릭함으로써 추가될 수 있다.

㉱ Printers and Plotters Properties

　　프린터와 플로터의 속성들이 대화상자의 우측에서 수정될 수 있다.

- **Plotter 속성** : unit name, graph title, left axis properties, right axis properties 그리고 number of plots.
- **Printer 속성** : unit name, file name, print interval 그리고 number of input variables.

㉮ Add Variable Button

　　Add Left Variable과 Add Right Variable 버튼을 이용하여 좌측 또는 우측의 변수들을 추가할 수 있다. 프린터에 변수를 추가하는 것은 Add Printer Variable 버튼을 클릭함으로써 가능하다.

(13) Assembly/Control Cards …

　　Control Cards … 명령은 [그림 8-17]과 같은 Control Cards 창을 연다. 여기에는 시뮬레이션의 시작과 정지 시간, 오차값 그리고 컴포넌트 순서에 대한 기법 등과 같은 항목들이 포함된다.

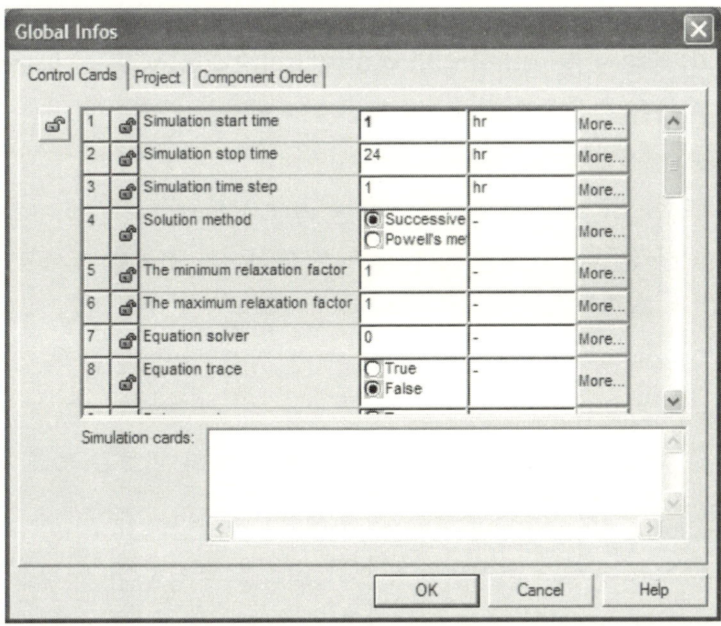

[그림 8-17] Control Cards 창

(14) Assembly/Diagram Image …

　　이 명령은 사용자가 활성화된 프로젝트 파일과 관련된 아이콘을 수정할 수 있도록 한다. 아이콘 비트맵이 Microsoft Paint에 열릴 것이다.

(15) Assembly/Add Text …

　　이 명령은 프로젝트에 Comments를 사용자가 추가할 수 있도록 허용해 Assembly panel에 텍스트를 추가한다. 이것은 프로젝트를 출력할 때와 전체적인 특징을 파악할 때 매우 유용하다.

　　이 옵션을 사용하기 위해 Add Text 명령을 클릭한 후, Assembly panel을 클릭한다. 그렇게 하면 사용자가 텍스트를 기입할 수 있는 박스를 추가한다. 이 텍스트 문자는 현재 보이고 있는 모든 레이어에 추가될 것이다.

(16) Assembly/Open in Spreadsheet

이 명령은 사용자가 시각적인 효과를 위해 Spreadsheet 프로그램에서 Type 25 또는 Type 65 Output File의 출력값을 자동적으로 불러들일 수 있도록 한다.

출력 파일과 관련된 아이콘을 선택한 후, 이 명령을 클릭하면 된다. 그렇게 하면 Spreadsheet 프로그램이 시작되고 이 파일이 열릴 것이다.

(17) Assembly/Send to Layer …

컴포넌트는 동시에 여러 개의 레이어에 속할 수 있다. 이 명령은 사용자가 컴포넌트가 현재 속해 있는 레이어에서 새로운 레이어로 이동할 수 있도록 한다.

이 메뉴 항목을 이용하기 위해, 또 다른 레이어가 추가되어야 하는 하나 또는 그 이상의 컴포넌트를 선택한다.

그런 다음에는 이 메뉴 항목을 클릭하고 측면에 나타나는 서브 메뉴로부터 레이어의 이름을 선택한다. 컴포넌트들에 새로운 레이어가 추가될 것이고, 링크들은 각각 이동되거나 확대될 것이다. File/Settings 메뉴에서 추가적인 레이어들이 지정될 수 있다는 것도 주목해야 한다.

(18) Assembly/Connections …

이 명령은 마치 더블 클릭한 것과 같이 현재 선택된 링크를 열게 한다.

(19) Assembly/Long Variable Names

이 명령은 Macros에서 표시되는 변수의 이름을 수정한다. 이것을 변경하기 위해, 현 Assembly panel의 Macro 모델의 Variable 탭 중 하나를 연다.

그런 다음에는 변수명을 수정하기 위해 이 메뉴 항목을 Check/Uncheck하면 된다.

8-6 Calculate Menu

Calculate 메뉴는 TRNSYS 프로그램의 실행은 물론 Fortran 처리를 위한 유틸리티를 선택할 수 있도록 한다. [그림 8-18]에서 보이는 Calculate 메뉴를 본 절에서 다루도록 한다.

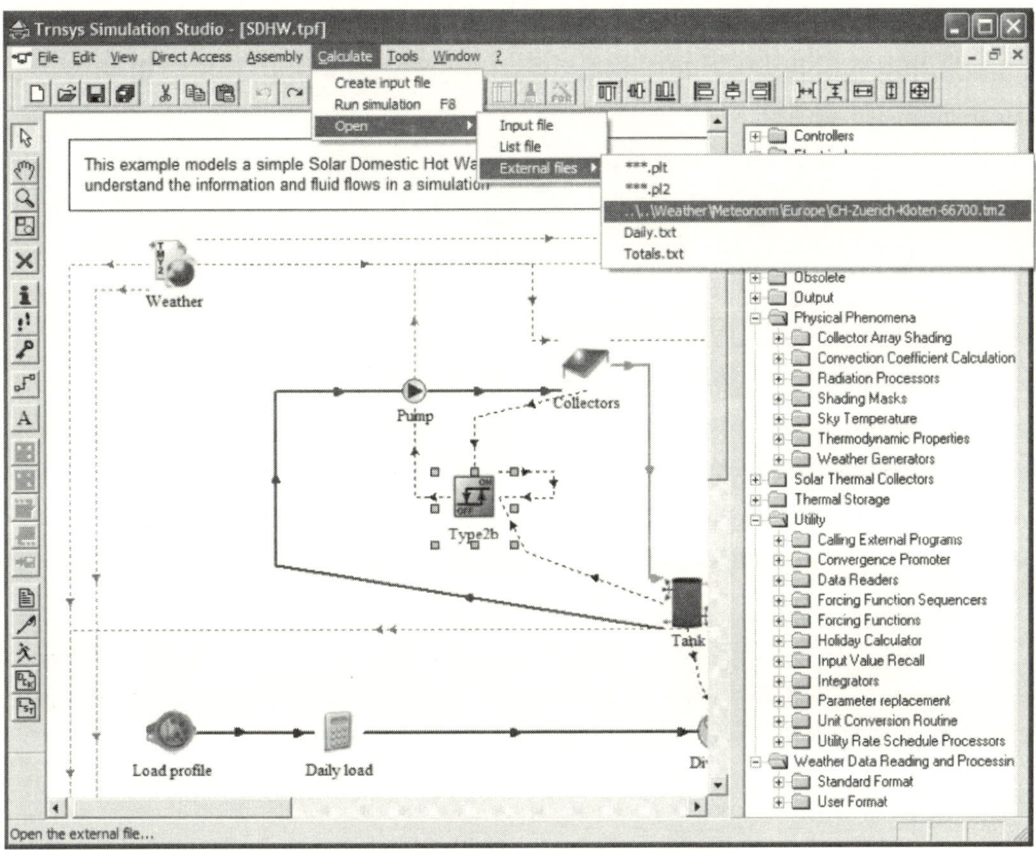

[그림 8-18] Calculate Menu

(1) Calculate/Create Input File

Create Input File 명령은 TRNSYS 입력 파일을 생성하지만 시뮬레이션을 시작하지는 않는다.

(2) Calculate/Run Simulation

Run Simulation 명령은 File/Settings 메뉴에서 저장되는 설정으로 TRNSYS 시뮬레이션 프로그램을 호출한다.

Run Simulation 명령은 Assembly panel이 활성창인 경우에만 이용 가능하다. 또한, F8키를 이용하여 시행될 수 있다.

계산을 완료하면 TRNSYS는 사용자에게 계산이 완료되었음을 알릴 것이며, 사용자가 프로그램을 떠날 것인지를 물을 것이다.

'Yes'를 클릭하면 사용자는 출력값이 보이고, 결과들이 나타나는 Simulation Studio program으로 되돌아갈 것이다.

(3) Calculate/Open …

이 명령은 사용자가 현재 프로젝트와 관련된 텍스트 파일들에 보다 쉽게 접근할 수 있도록 허락한다.

● Calculate/Open/Input Text File

Input Text File 명령은 에디터 프로그램에 TRNSYS 입력 파일(input file)을 여는 기능을 한다. 보이는 입력 파일은 Assembly panel 프로젝트로부터 생성된 것 가운데 하나가 될 것이다.

● Calculate/Open/List Text File

List Text File 명령은 TRNSYS 목록 파일(list file)을 여는 기능을 한다. 보이는 목록 파일은 Assembly panel 프로젝트에서 시뮬레이션을 실행함으로써 생성되는 것 가운데 하나가 될 것이다.

● Calculate/Open/External Files

External Files 명령은 작업 중인 TRNSYS 프로젝트와 관련된 다른 파일을 열 때 사용된다. Simulation Studio는 데이터 파일이나 출력 파일들과 같이 관련된 파일들이 있다면 프로젝트 내에서 이 컴포넌트들을 찾는다. 이 파일들의 목록이 External Files의 하부 메뉴에 보이게 되며, 에디터 프로그램(Microsoft Notepad 등)을 이용하여 열고자 할 경우 사용자는 이들 파일을 선택할 수 있다.

8-7　Tools Menu

Tools 메뉴는 다양한 TRNSYS Utility programs를 선택할 수 있도록 한다. Tools 메뉴 명령은 [그림 8-19]와 같으며, 본 절에서 이에 관하여 자세히 다루도록 한다.

(1) Tools/Text editor

이 명령은 출력 파일들 등을 편집하는 데 사용될 수 있는 사용자 지정 텍스트 편집 프로그램을 시작한다.

(2) Tools/Unit dictionary

이 명령은 사용자가 Unit dictionary 내의 항목들을 보거나 수정할 수 있도록 한다. Unit dictionary는 모든 차원과 단위를 포함하며, 사용자는 새로운 차원 또는 단위를 생성하거나 수정할 수 있다.

이에 관한 보다 상세한 설명은 부록에서 다루도록 한다.

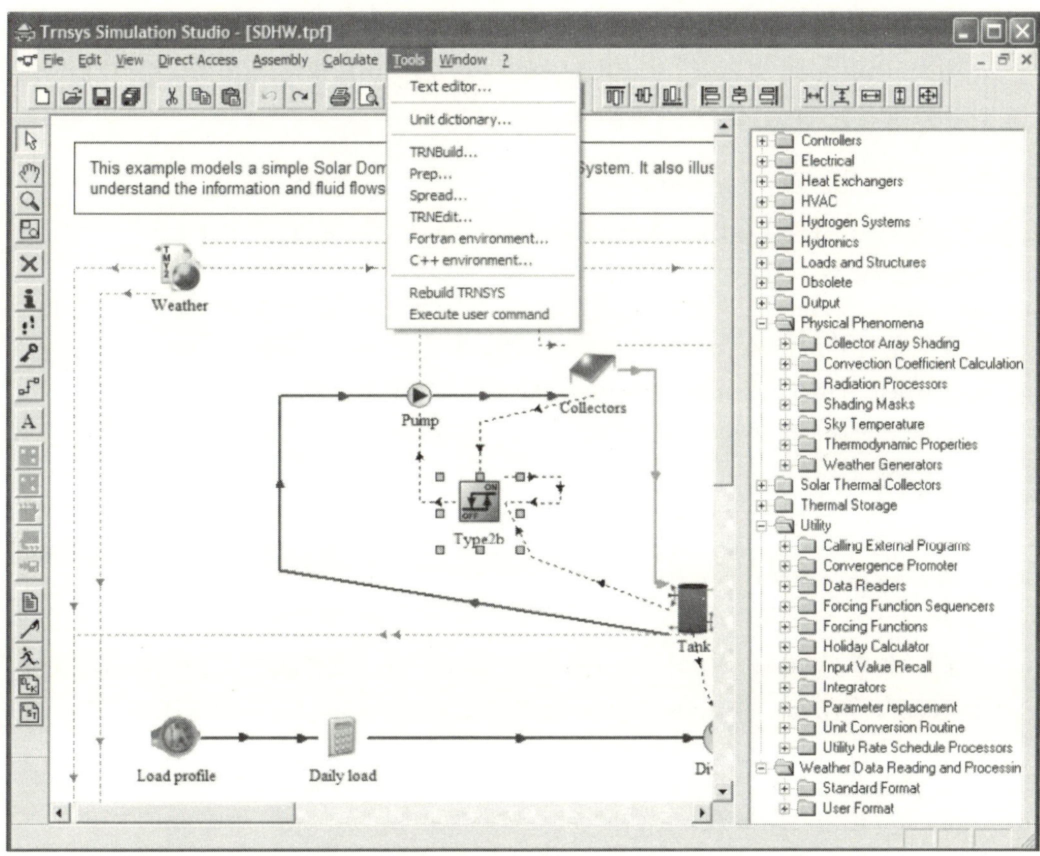

[그림 8-19] Tools Menu

(3) Tools/TRNBuild

이 명령은 멀티 존 건물 모델인 Type 56을 이용하기 위한 TRNBuild 프로그램을 시작한다.

(4) Tools/Prep

이 명령은 단일 존 모델에서 사용되는 wall/roof/partition transfer function generator인 Prep 프로그램을 호출한다.

(5) Tools/Spread

이 명령은 TRNSYS에서 사용되는 스프레드시트 프로그램을 호출한다. 기본값으로 MS Excel이 지정되어 있다.

(6) Tools/TRNEdit

이 명령은 수정된 형태를 갖는 TRNSYS 입력 파일들을 표시하기 위한 유틸리티 프로그램인 TRNEdit를 호출한다.

TRNEdit는 non-TRNSYS users들에게 제한된 시뮬레이션을 허락하기 위하여 TRNSYS 시뮬레이션을 공유하는 데 사용된다.

(7) Tools/Fortran environment

이 명령은 특정 Fortran Compiler program이 될 수 있는 Fortran Compiler program을 호출한다.

예를 들면 Compaq Visual Fortran 6.0이 될 수 있다. 기본값은 '\Program Files\Microsoft Visual Studio\Common\MSDEV98\BIN\DFDEV.EXE'으로 Compaq Visual Fortran의 기본 설치 경로와 컴파일러이다.

(8) Tools/C++ environment

이 명령은 특정 C++ Compiler program이 될 수 있는 C++ Compiler program을 호출한다.

예를 들면 Visual Studio 7.0이 될 수 있으며, 기본값은 '\Program Files\Microsoft Visual Studio\Common\MSDEV98\BIN\DFDEV.EXE'으로 Visual Studio 7.0의 기본 설치 경로와 컴파일러이다.

(9) Tools/Rebuild TRNSYS

이 명령은 사용자가 새로운 TRNSYS DLL을 생성하도록 한다. 이 명령은 File/Settings/Compiler 설정에서 Rebuild command으로써 입력되는 command line statement를 실행한다.

(10) Tools/Execute user command

이 명령은 사용자가 프로그램으로부터 어떤 적합한(legitimate) command line statement을 실행하도록 허락한다.

적합한 명령이 File/Settings/Compiler input box에 경로명과 파일 확장자를 포함하여 입력되어야 한다.

8-8 Windows Menu

이 Windows 메뉴는 Simulation Studio 내에 존재하는 다양한 창을 열거나 조작하기 위한 명령들을 포함한다.

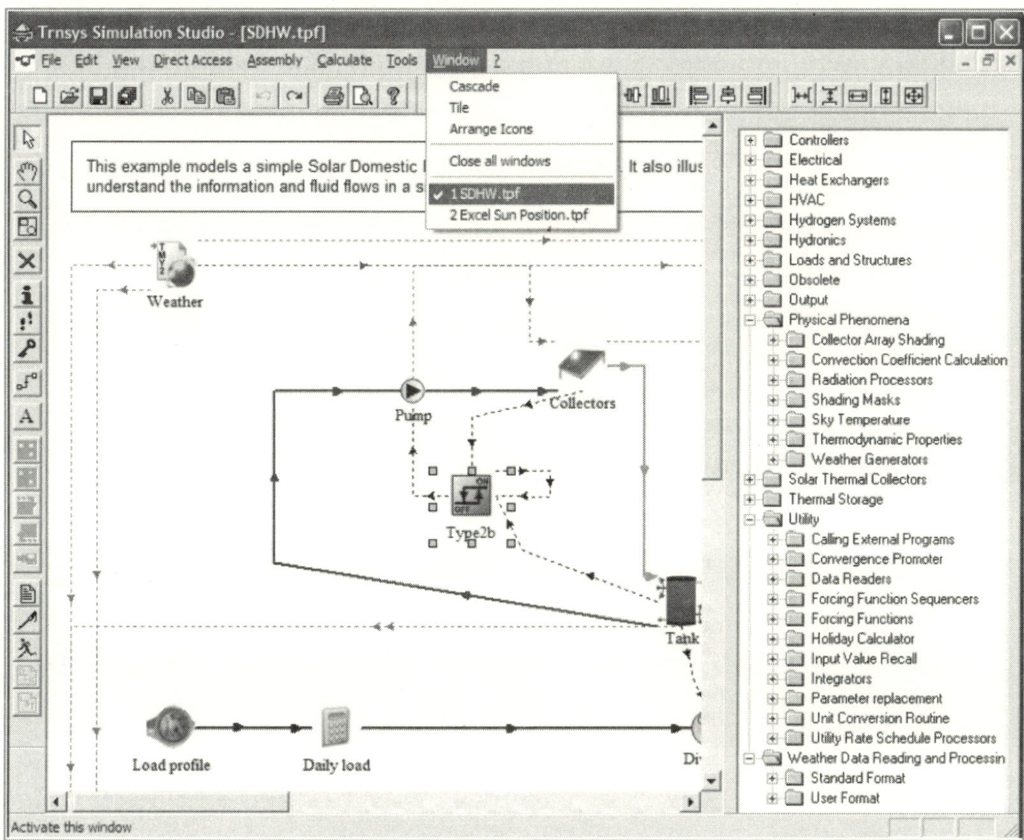

[그림 8-20] Windows Menu

본 절에서는 [그림 8-20]과 같은 이 메뉴 명령들에 관하여 다루도록 한다.

(1) Windows/Cascade

Cascade 옵션은 사용자가 각 파일의 타이틀 바를 볼 수 있도록 모든 열려진 파일들을 쌓아서 나타낼 것이다.

(2) Windows/Tile

Tile 명령은 모든 파일이 윈도우즈 환경의 일정 부분을 차지할 수 있는 형식으로 모든 열려진 파일들을 표시할 것이다.

(3) Windows/Arrange Icons

창들이 Simulation Studio에서 최소화되면 이들은 화면의 하단에 나타난다. 이 명령은 엄격한 순서로 최소화된 창 아이콘들을 정렬한다.

(4) Windows/Close all Windows

이 명령은 메인 창에 열려진 모든 창들을 닫는다.

만약 저장되지 않은 파일이 있으면 Simulation Studio는 이 창을 닫기 전에 저장할 것인지를 묻게 될 것이다.

(5) Windows/List of recent files

최근에 활성화된 창들의 목록이 이 메뉴의 하단에 포함된다. 이 메뉴를 통해 이들 창들의 어떤 것이라도 다시 열릴 수 있다.

8-9 Help Menu

이 Help 메뉴는 특정 도움말 창으로부터 on-line 도움말로 접근할 수 있도록 한다.

이 도움말 시스템은 Simulation Studio와 TRNSYS 프로그램들에 대한 많은 정보들을 제공한다.

[그림 8-21]은 이러한 도움말 메뉴를 보여주며, 본 절에서는 이들 명령들에 대하여 다루도록 한다.

(1) Studio/Help

이 명령은 Simulation Studio Help file을 보여준다. 이것은 pdf 문서이며, Acrobat Reader를 통해 볼 수 있다.

(2) TRNSYS/Help

이 명령은 TRNSYS Help file을 보여준다. 이것은 pdf 문서이며, Acrobat Reader를 통해 볼 수 있다.

(3) About …

이 명령은 Simulation Studio에 대한 [그림 8-22]와 같은 'About 창'을 보여준다. 이것은 Simulation Studio에 대한 정보, Simulation Studio의 등록된 사용자에 대한 버전 정보를 포함한다.

단지 이 창에서 가리키는 사람 또는 그룹만이 Simulation Studio의 사용이 허락되는 것이다.

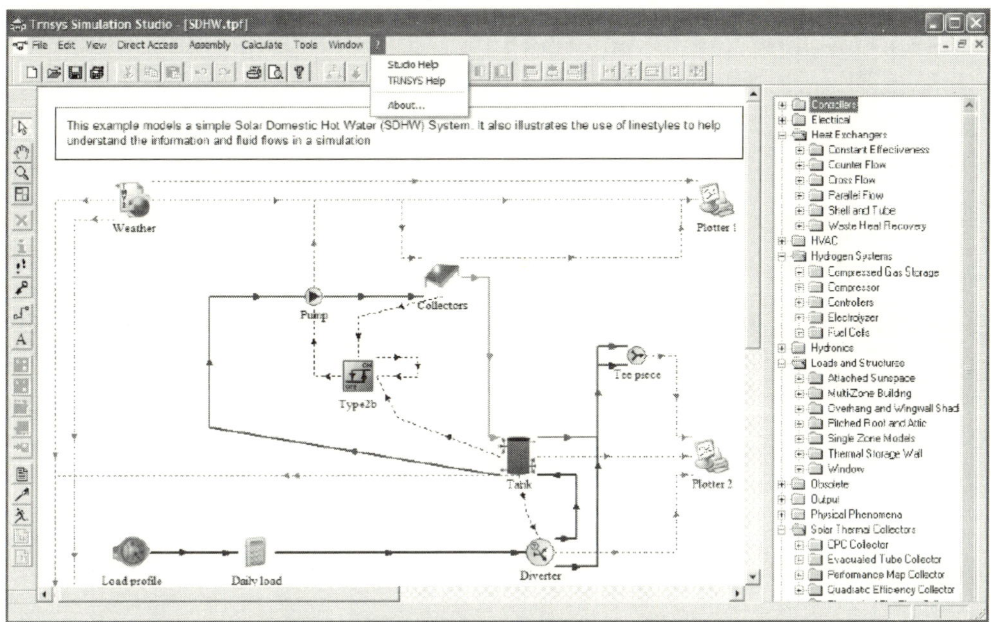

[그림 8-21] Help Menu

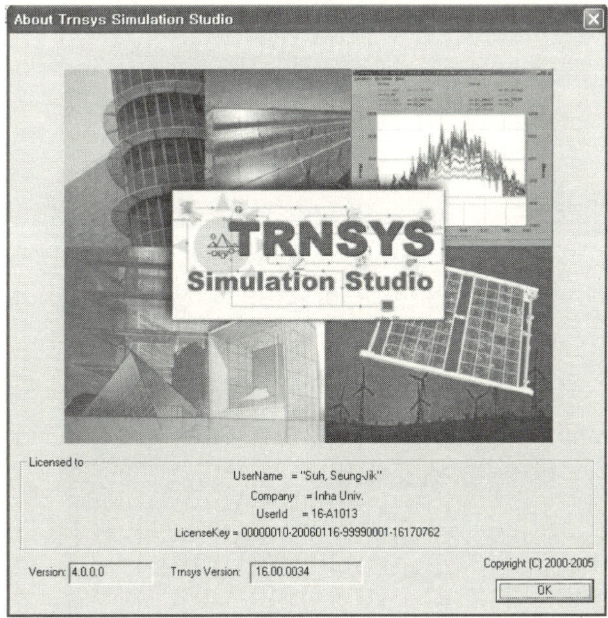

[그림 8-22] Simulation Studio About Window

이것으로 메인 메뉴들에 대한 모든 설명을 마친다. 다음 장에서는 Simulation Studio program의 다양한 특징들에 대한 개별적인 내용들을 중심으로 자세히 다루고 있다.

9. Unit Dictionary

Unit Dictionary 윈도우는 사용자가 Simulation Studio 프로그램에 대한 차원과 단위[1]를 지정하고 정보를 얻을 수 있도록 한 곳이다.

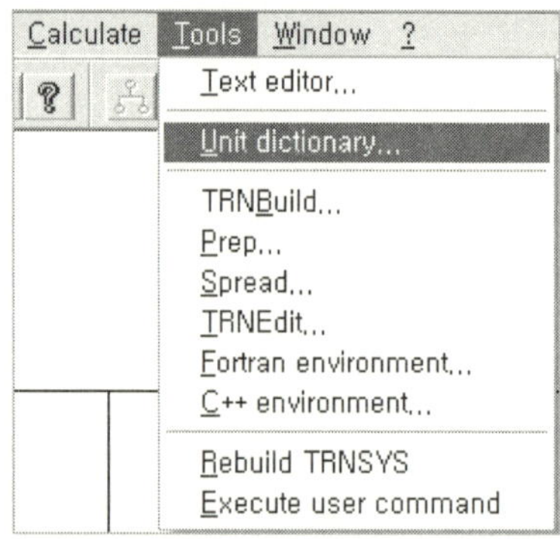

[그림 9-1] Unit Dictionary 메뉴의 위치

[그림 9-1]과 같이 메인 Simulation Studio 윈도우에서 Tools/Unit Dictionary 메뉴를 클릭함으로써 접근이 가능하다. Unit Dictionary는 [그림 9-2]와 같이 'Dimensions' 목록상자와 창의 우측에 위치한 몇 가지 버튼으로 구성되어 있다. Dimensions 목록상자는 차원과 현재의 단위 사전이 포함된 기준 단위를 포함한다. Dimensions 목록상자는 Unit Dictionary 프로그램에 포함되어 있는 차원의 이름들은 물론 그들의 기본 SI 단위를 포함한다. Simulation Studio 프로그램은 Unit Dictionary에 영향을 미치는 어떠한 변화를 주더라도 재부팅할 필요는 없다.

---

1) 차원(dimension)과 단위(unit) : 차원은 길이, 시간, 면적, 온도 등과 같이 측정할 수 있는 양을 말하며, 기본차원과 유도차원으로 구분된다. 유도차원은 기본차원의 조합에 의하여 유도되는 차원이다. 기본차원과 유도차원의 관계는 자연법칙 또는 정의에 의하여 결정되며, 기본차원의 수는 가능한 한 최소로 하고 또 측정이 편리한 양으로 정한다.
단위는 각 차원의 양을 측정하는 기준이다. 기본차원의 단위를 기본단위라고 하고, 유도차원의 단위를 유도단위라고 한다. 각각의 물리적 양은 하나의 차원만을 갖지만 여러 가지 다른 단위를 가질 수 있다. 미터, 피트, 해리, 척 등은 모두 길이의 단위이다. 물리적 양의 크기를 나타낼 때에는 항상 단위를 포함하여야 한다.

User Dictionary의 메뉴는 Unit Dictionary 프로그램에 포함된 다양한 응용을 시작할 것이다. Unit Dictionary 함수들에 대한 자세한 설명은 다음과 같다.

차원 가운데 하나를 선택하고 Edit 버튼을 클릭하면, [그림 9-3]과 같은 Dimension properties 창이 화면에 나타난다.

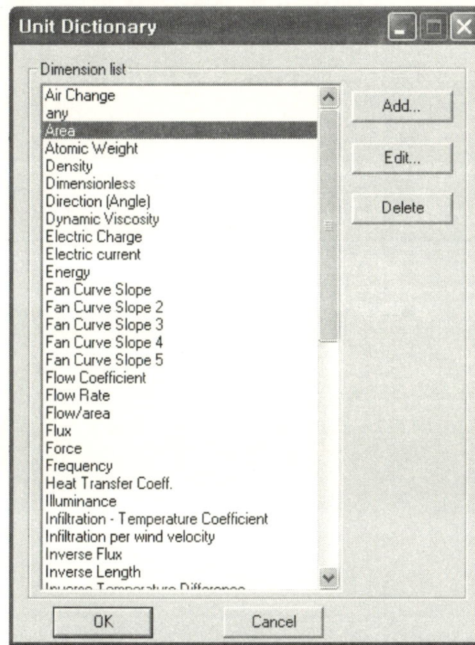

[그림 9-2] Unit Dictionary Window

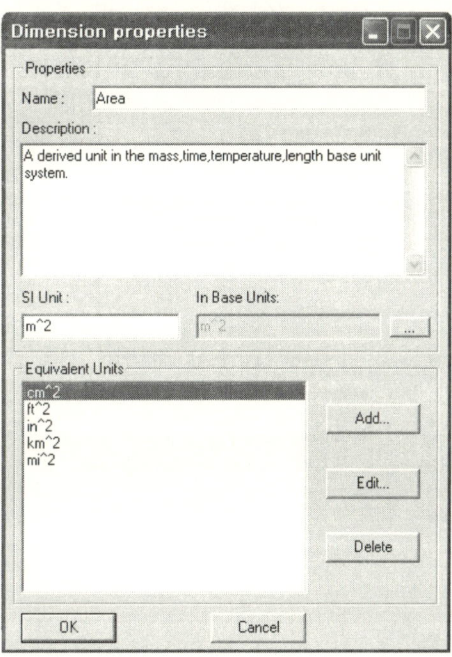

[그림 9-3] Dimension properties Window

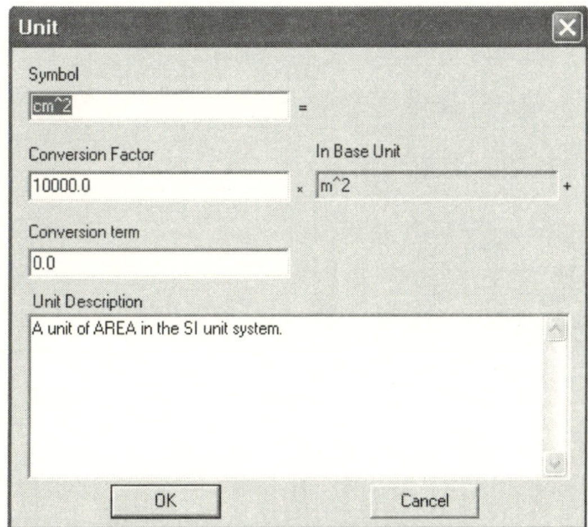

[그림 9-4] Unit Definition Window

이 창은 사용자가 차원의 이름, 차원의 기호(symbol)를 수정할 수 있도록 하고, 기준 단위에서의 차원을 설명할 수 있도록 하며, 이 차원에 대한 관련 단위들을 추가/수정/삭제할 수 있도록 한다.

관련된 단위 가운데 하나를 선택한 후, 우측의 Edit 버튼을 클릭하면, [그림 9-4]와 같은 Unit Definition 창이 생성될 것이다. Unit Definition 창은 사용자에게 단위명과 단위 기호를 수정할 수 있도록 하며, 이 단위를 기본 SI 단위에서 전환하는 데 사용되는 (×, +) 인자를 제공할 수 있도록 한다.

9-1 새로운 차원의 생성

메인 Unit Dictionary 창([그림 9-2])에서 Add 버튼을 클릭하면, [그림 9-5]의 Dimension properties 창이 화면에 생성된다.

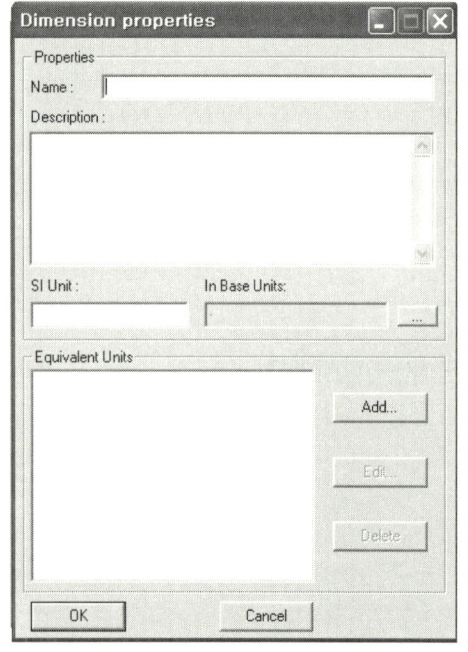

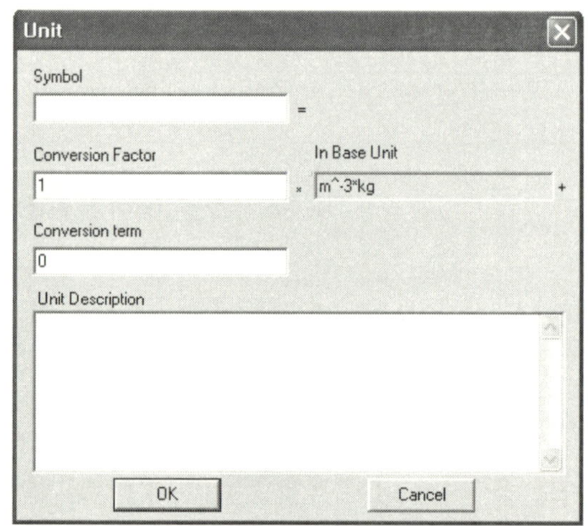

[그림 9-5] Dimension properties 창   [그림 9-6] 해당 차원의 새로운 Unit 생성 창

그렇게 하면 사용자는 이 새로운 차원을 편집할 수 있고, 여기서 생성된 차원은 하단 좌측의 [OK] 버튼을 클릭하여 이 창을 닫게 되면, 메인 윈도우에 자동적으로 추가될 것이다.

9-2 새로운 단위의 생성

[그림 9-3]의 Dimensions 창에서 Add 버튼을 클릭하면, [그림 9-6]과 같이 관련된 차원에서의 새로운 단위를 생성할 창이 화면에 생성된다. 사용자는 새롭게 추가하고자 하는 차원에 대한 단위를 SI 단위로 환산할 수 있는 관계식을 이용하여 작성한 후, 하단의 [OK] 버튼을 클릭하면, 자동으로 Dimension definition 창에 추가되는 것을 확인할 수 있다.

9-3 차원 또는 단위의 삭제

Unit Dictionary에서 차원이나 단위를 삭제하는 것은 매우 간단하다. [그림 9-2]나 [그림 9-3]에서 삭제하고자 하는 차원이나 단위를 선택한 다음, 화면 우측에 위치한 Delete 버튼을 클릭한 후, Yes 버튼을 클릭하면 해당 차원이나 단위는 삭제된다. 그러나 기준 단위나 차원을 삭제하는 것은 불가능하다. Simulation Studio 의도에 의한 기준 단위와 차원은 다음과 같다.

- Temperature : ˚K
- Mass : kg
- Atomic Weight : mol
- Length : m
- Time : s
- Illumination : cd
- Electric Current : A

만약 사용자가 기준 단위나 차원을 삭제할 수 있었다면, 이것은 기존의 단위나 차원이 사용되거나 Unit Dictionary 프로그램에서 추가될 가능성이 더 이상 존재하지 않는 것이다. 그러므로 기준 단위와 차원의 삭제는 허용되지 않는다.

9-4 Unit Dictionary 예제

Unit Dictionary에 이전에 추가되지 않은 새로운 차원/단위를 이용하여, 사용자가 이 차원/단위로 지정되길 원하는 모델 생성을 희망할 경우, 다음의 각 단계를 통해 Unit Dictionary에 새로운 차원/단위를 추가할 수 있다.

(1) Unit Dictionary를 시작한다.
(2) Unit Dictionary 창에서 Add 버튼을 마우스로 클릭하면, [그림 9-7]과 같은 새로운 차원에 관한 특징을 설정할 수 있는 창이 화면에 나타난다.
(3) 원하는 차원의 이름과 이에 대한 설명을 입력한다. 일례로 압력의 경우에는 [그림 9-8]과 같다.

　　이름은 'Pressures', 새로운 차원에 대한 설명은 'Pressure is a measure of the force per unit area'와 같이 입력한다.
(4) 다음으로 이 차원에 대한 표준 SI 단위를 입력한다.
(5) 대부분의 SI 단위가 정의되어 있으므로 'kiloPascals'와 같이 입력한다.

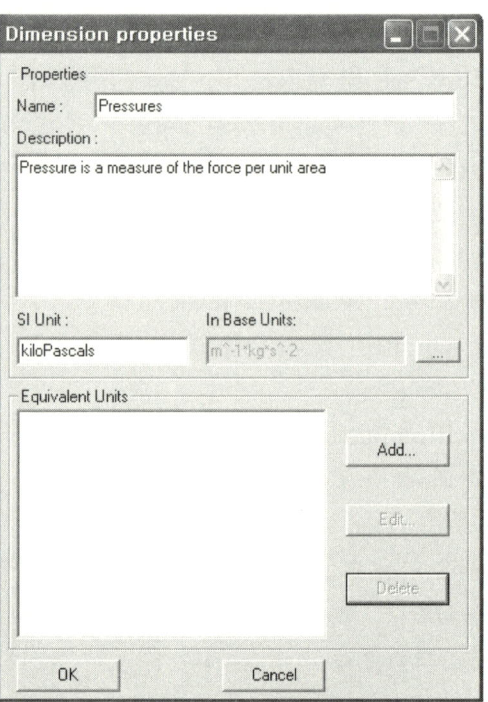

[그림 9-7] 차원 설정 전	[그림 9-8] 차원 설정 후

(6) 중앙 우측의  버튼을 클릭한 다음, 기본 단위를 입력하는 다음의 창([그림 9-9])이 나타나면, 'm^-1 * kg * s^-2'와 같이 입력한 후, [OK] 버튼을 클릭한다.

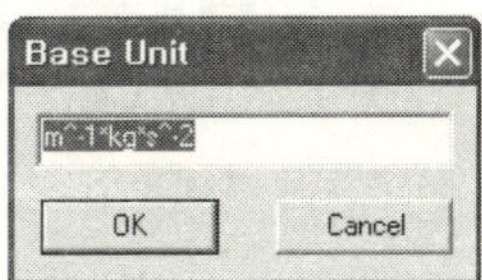

[그림 9-9]

(7) 프로그램은 자동적으로 원하는 형식으로 텍스트를 배열할 것이다. 기준 단위에 대한 정확한 기호를 사용하여야 하며, 그렇지 않을 경우 프로그램은 이 새로운 차원을 받아들이지 않을 것이다.

(8) 이 단계에서 새로운 차원은 Unit Dictionary에 추가되며, 이상의 과정을 통해 입력된 화면의 예가 [그림 9-8]이다. 다음 단계는 이 'kiloPascal'이란 새로운 단위를 추가하는 방법에 대한 상세한 설명이다.

(9) [그림 9-8]의 우측의 Add 버튼을 클릭한 후, [그림 9-10]과 같이 각 입력상자를 작성한다.

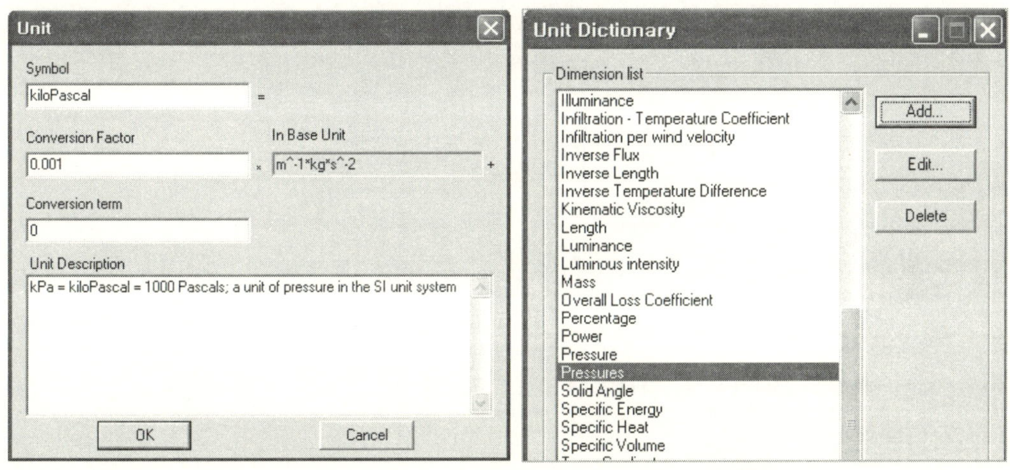

[그림 9-10]   [그림 9-11]

(10) [그림 9-10]과 같이 모든 것의 입력이 완료되면, 하단의 [OK] 버튼을 클릭한다. 그렇게 하면 [그림 9-11]과 같이 새롭게 'Pressures'라는 차원이 추가된 것을 확인할 수 있다.

10. Appendix 1 : 마우스 우-클릭 메뉴

마우스 우-클릭 메뉴 명령들에 관한 설명은 앞에서 자세히 다루고 있어 생략하도록 한다.

10-1 Assembly panel의 컴포넌트 아이콘에 대한 우(右) 클릭

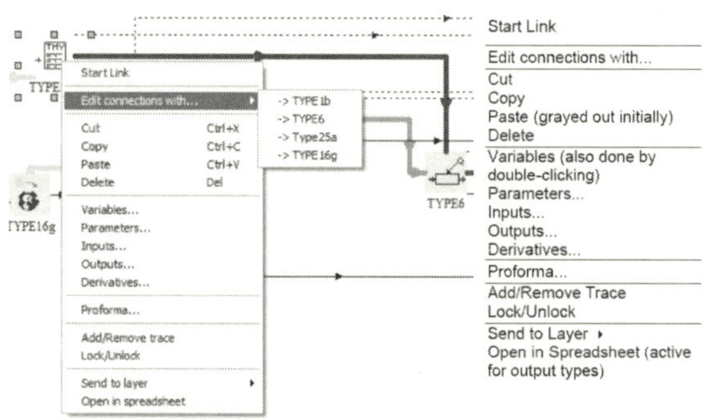

10-2 Assembly panel의 매크로에 대한 우(右) 클릭

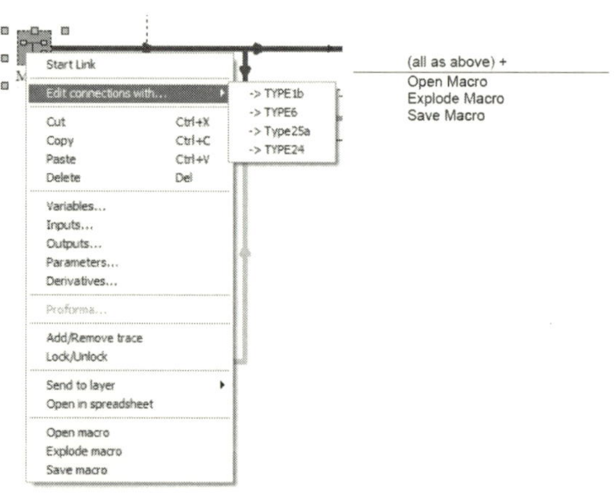

10-3   Assembly panel의 빈 공간에 대한 우(右) 클릭

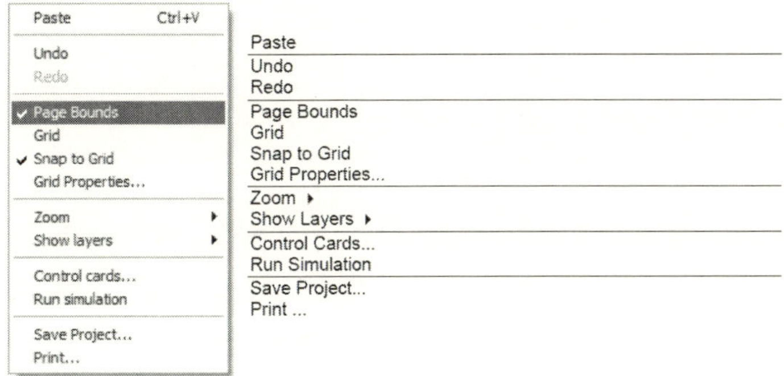

Paste
Undo
Redo
Page Bounds
Grid
Snap to Grid
Grid Properties...
Zoom ▸
Show Layers ▸
Control Cards...
Run Simulation
Save Project...
Print ...

10-4   Assembly panel의 링크에 대한 우(右) 클릭

Delete
Connections... (also done by double-clicking)
User-defined Path (with a check box)

11. Appendix 2 : Plug-in 사용법

Simulation Studio 플러그 인(Plug-in) 기법은 사용자가 컴포넌트 특성을 편집하기 위해 Simulation Studio에서의 사용자 자신에게 친숙한 응용을 추가할 수 있도록 한다. 단지 사용자 응용을 생성하고 Simulation Studio에서 사용자 실행 파일의 이름을 쓰는 것이다. 그렇게 하면 과거의 고전적인 대화상자 대신에 사용자의 응용이 시작된다.

11-1 The Plug-in Technology

대화상자를 포함한 실행 파일을 쓰면, 사용자가 어떤 프로그램 언어를 사용하여 표시할 것인지를 포함한 실행 가능한 대화상자를 쓴다. 이 실행의 설치 디렉토리는 Simulation Studio 설치 디렉토리에 무관하며, 실행명 또한 Type 명과 무관하다.

사용자는 DLL 파일 대신에 EXE 파일 형식을 선택하고, EXE 파일의 사용은 사용자에게 보다 많은 유연성을 부여하기 때문이다. 그리고 지정된 API와 일치할 필요는 없으며, 수많은 매개변수들을 갖는 하나의 기법을 호출할 필요가 없다. 더욱이 EXE 파일은 어떠한 프로그램 언어(예를 들어 C++, java 또는 Visual Basic 등)에서도 쉽게 읽혀질 수 있으나, JAVA와 같은 언어에서는 DLL를 작성하는 것보다 훨씬 어려울 수도 있다. 이 실행은 초기화되기 위하여 교환 파일(exchange file)로부터 값을 읽을 것이며, 동일한 교환 파일에 수정된 값을 기록할 것이다.

실행 파일명은 각각의 Type의 사례에 대한 고유한 값으로 자동적으로 생성될 것이다. 이것은 실행에 대한 인수(argument)로써 통과될 것이다. 그래서 사용자는 단지 전체 경로를 포함한 교환 파일명을 포함하는 인수 argv (1)에 대한 EXE의 주된 기법을 검토해야 할 것이다. 그리고 교환 파일명이 서로 다를 수 있으므로 동시에 두 유닛들을 편집하는 데 아무런 문제가 없어야 한다.

11-2   Simulation Studio Settings

새로운 옵션이 Simulation Studio의 'Control Cards'에 추가되었다. 메뉴에서 File/ Settings을 클릭한다. 그렇게 하면 [그림 11-1]과 같은 'Settings' 창이 화면에 나타난다.

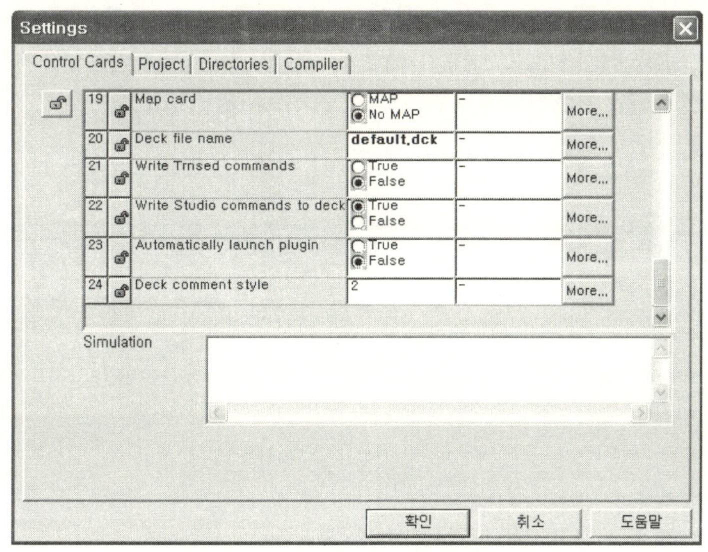

[그림 11-1]   Plug-in Control Card

'Automatically launch Plug-in'이라 불리는 23번째 옵션이 기본값으로 'false'로 설정된다. 만약 사용자가 컴포넌트를 더블 클릭할 때 자동적으로 수행되는 자신의 Plug-in을 원한다면, 이 옵션을 'True'로 설정하면 된다. 모든 경우에서 만약 플러그-인 이름이 유효하지 않다면, 과거의 대화상자가 기본값으로서 오픈된다.

또한, 이 옵션은 각각의 프로젝트에 대하여 설정될 수 있다. 그렇게 하면 프로젝트가 오픈될 때, Assembly/Control Cards를 클릭한다. 사용자는 이 값(True 또는 False)이 프로젝트에서 저장되고 각 프로젝트에 대하여 다를 수 있는 것을 제외하고는 이전과 동일한 옵션으로 변경할 수 있다.

11-3   How to connect your Plug-in to Simulation Studio

사용자가 컴포넌트를 더블 클릭할 때 Simulation Studio에서 사용자 플러그-인을 수행하기 위해서는, 사용자는 플러그-인 실행 파일명을 지정해야 한다.

　사용자는 Proforma 내부나 컴포넌트 특성에서 이름을 지정한다. 만약 사용자가 Pro-forma에서 이름을 지정하면, 이 Proforma에 근거한 각 컴포넌트는 이 이름을 인식할 것이다.

1. Specify the Plug-in path name in the Proforma

　먼저 Proforma 창을 오픈한다. 그런 다음에는 'Description' tab으로 이동하면 [그림 11-2]와 같다.

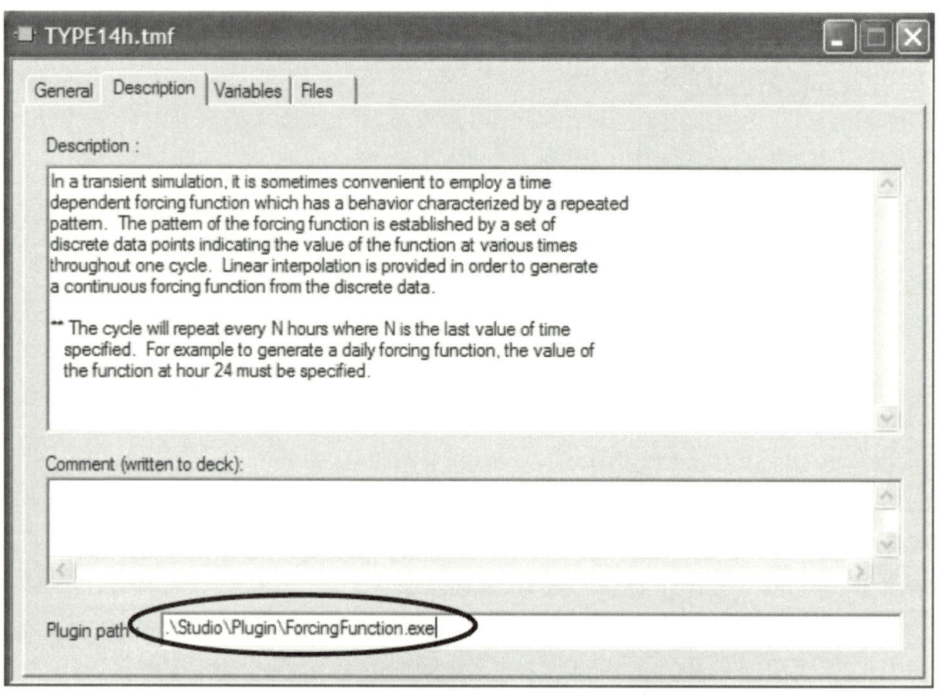

[그림 11-2] Plug-in path 지정 예 1

　'Plug-in path' 편집상자에 전체 경로를 포함한 사용자의 Plug-in의 이름을 기입한다. 만약 이 경로가 '.'으로 시작되면, Simulation Studio는 TRNSYS 16의 설치 디렉토리에서 이 Plug-in을 찾을 것이며, 자동적으로 이 이름을 찾게 된다.

　그리고 사용자가 사용자 프로젝트에서 이 Proforma에 기초한 컴포넌트를 추가하려고 하면, 실행을 위한 Plug-in 응용 프로그램명을 알게 될 것이다.

2. Specify the Plug-in path name in the Component properties

[그림 11-3]과 같이 컴포넌트 properties를 연다. 'Comment' tab에 새로운 편집상자가 나타난다. 여기에 'Plug-in path' 편집상자에 전체 경로를 포함한 사용자의 Plug-in의 이름을 기입한다.

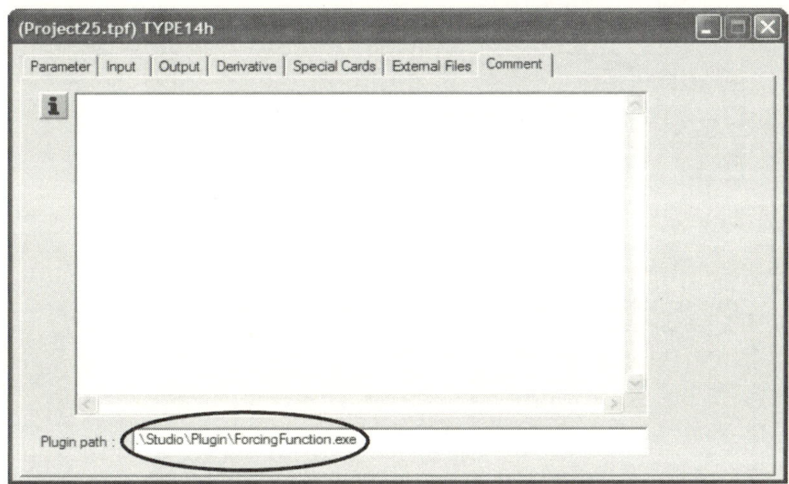

[그림 11-3] Plug-in path 지정 예 2

11-4 How to launch the Plug-in

이용 가능한 두 가지 방법이 있다.

1. If the option "Automatically launch Plug-in" is set to "False"

사용자가 컴포넌트를 더블 클릭하면, 과거의 대화상자가 실행된다. 만약 어떠한 Plug-in도 Proforma에 지정되어 있지 않으면, 과거의 대화상자는 평범하게 보인다. 만약 Proforma에 Plug-in 이름이 지정되었다면, 대화상자는 [그림 11-4]와 같이 보인다. 이때 [그림 11-4] 좌측 하단의 새로운 버튼을 클릭하면, [그림 11-5]와 같은 'Comment' Tab에 Plug-in 이름이 나타난다.

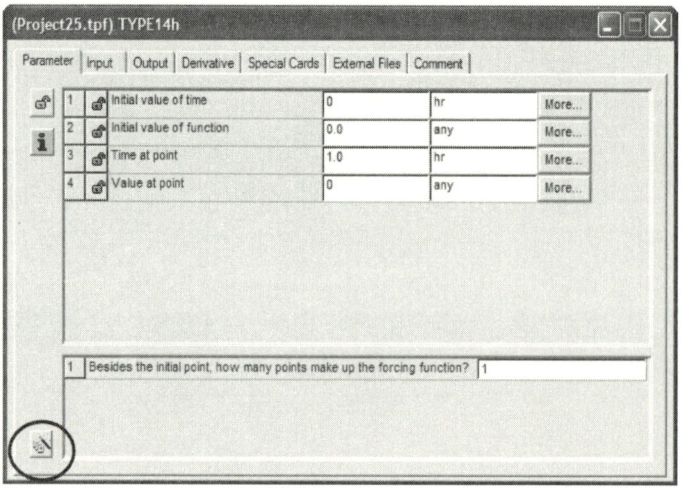

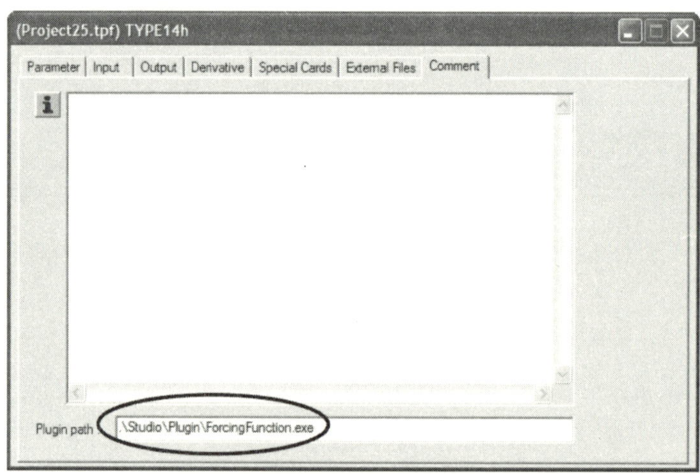

[그림 11-4] Plug-in launch button

[그림 11-5] Plug-in path 지정

그러나 이 Plug-in 이름이 유효하지 않으면, [그림 11-4]의 버튼은 나타나지 않는다. 즉, 이 이름으로 지정된 파일이 하드 드라이브에 존재하지 않는 것이다.

그래서 사용자가 이 Plug-in 이름을 수정하고, 사용자가 다른 tab으로 이동하게 되면, 파일명은 검사되어 이 파일명이 유효한지에 따라 버튼이 나타나거나 사라지게 된다.

여기서, 사용자는 평소와 같이 작업한 후 대화상자를 닫거나, 컴포넌트의 모든 값들을 포함한 파일명을 가져올 Plug-in을 실행하기 위한 New 버튼을 클릭할 수 있다.

일단 Plug-in이 실행되면 과거의 대화상자는 닫힌다. 이 예제의 경우 [그림 11-6]과 같이 'Type 14h' 컴포넌트의 값들을 갖는 파일이 열리고, 'FunctionEditor.exe'가 실행
된다.

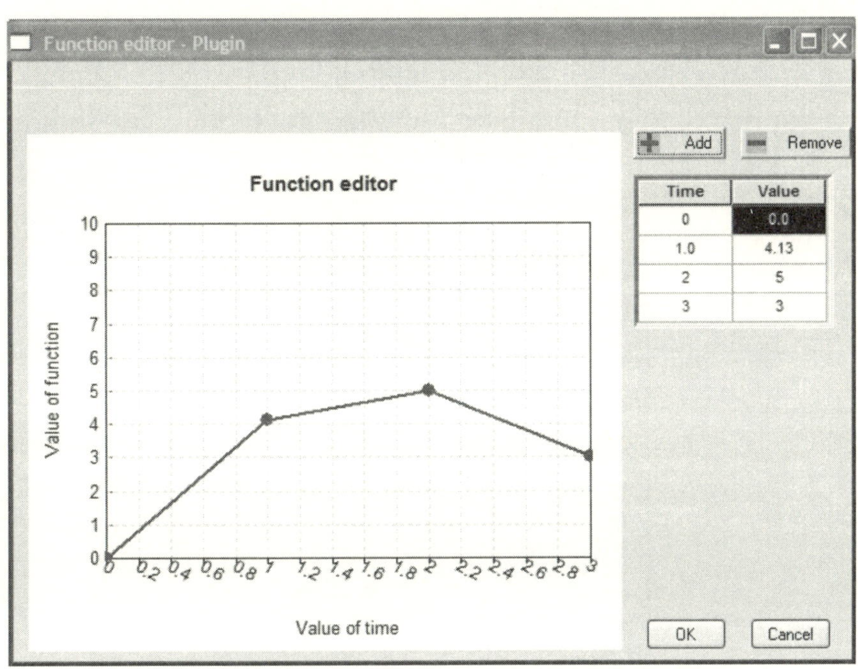

[그림 11-6]   Function editor as a Plug-in example

Plug-in 창은 아이콘화, 최소화, 크기 재조정이 될 수 있다. 만약 사용자가 이미 열려
진 Plug-in 창을 갖는 컴포넌트를 더블 클릭하면, 심지어 아이콘화 되거나 숨겨져 있더
라도 모든 열려진 창들 앞에 표시된다.

Plug-in 창은 항상 Simulation Studio의 상단에 보인다. 이제 사용자는 Plug-in을
닫을 때, 교환 파일(exchange file)로부터 Simulation Studio에 의해 이 값들을 다시
읽을 수 있다. 이것은 Plug-in에 의해 수정된 새로운 값을 고려하기 위함이다.

2. If the option "Automatically launch Plug-in" is set to "True"

이 거동은 Plug-in 이름이 Proforma, 컴포넌트 생성이나 컴포넌트 Properties에서
지정되었다는 점만 제외하고는 이전과 거의 동일하다. 컴포넌트를 더블 클릭하면, 이 과
거의 대화상자는 열리지 않고, Plug-in이 직접 실행된다.

11-5 Plug-in with Equations

Equation에 대하여 Plug-in을 지정하기 위해, Equation properties를 연다. 이것은 'Plug-in path'라고 불리는 편집창을 갖는 다음 [그림 11-7]처럼 보인다. 사용자는 Plug-in 경로를 입력할 수 있으며, 일례로 'notepad.exe'가 사용될 수 있다. 이 이름이 유효하면, 즉 파일이 하드 드라이브에 존재하면, 새로운 버튼이 [그림 11-7]과 같이 나타난다.

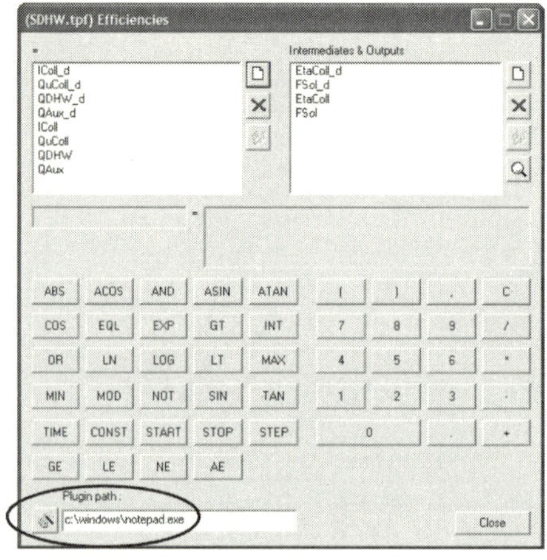

[그림 11-7] Equation Plug-in path

그리고 지정된 Plug-in을 실행하기 위해 이 버튼을 클릭한다. 만약 notepad가 Plug-in으로 사용되면, 이것은 [그림 11-8]과 같이 보인다.

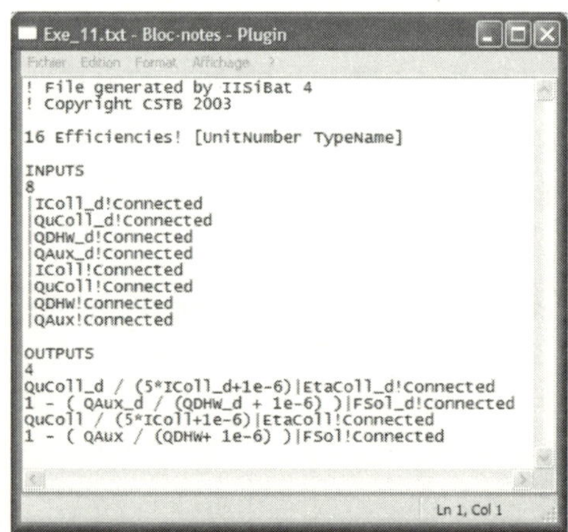

[그림 11-8] Notepad as Equation Plug-in

교환 파일은 간단한 텍스트 파일로써 notepad에서 열리게 된다. Equations는 이 notepad에서 수정될 수 있다.

만약 Simulation Studio의 'Automatically launch Plug-in' 옵션이 'True'이면, 사용자가 Equation을 더블 클릭할 때의 과거의 대화상자 대신에 이 Plug-in이 직접 실행된다.

11-6   The exchange file

교환 파일은 Plug-in에서 매개변수로써 통과되는 파일로 Plug-in이 컴포넌트의 값들을 읽도록 허용한다. 이 교환 파일은 Plug-in이 닫힐 때, Simulation Studio에서 다시 읽고 삭제된다. 이 파일의 항목은 만약 Plug-in이 컴포넌트나 Equation에 관련되면 다소 다르다.

11-7   The exchange file for component

```
! File generated by Simulation Studio 4
! Copyright CSTB 2003
TypeNumber UnitNumber TypeName ! [TypeNumber UnitNumber TypeName]
INPUTS
Number_Of_Cycles ! [Number of cycles]
Number_of_cycle_1_repetition First_Var_Cycle_1 Last_Var_Cycle_1 !
[CycleRepetition FirstVar LastVar]
Number_of_cycle_2_repetition First_Var_Cycle_2 Last_Var_Cycle_2 !
[CycleRepetition FirstVar LastVar]
◆
Number_of_cycle_n_repetition First_Var_Cycle_n Last_Var_Cycle_n !
[CycleRepetition FirstVar LastVar]
Number_Of_Inputs ! [Number of variables]
Input_1 ! Name_1 | Unit_1 | Min_1 | Max_1 | ConnectionState
Input_2 ! Name_2 | Unit_2 | Min_2 | Max_2 | ConnectionState
◆
Input_n ! Name_n | Unit_n | Min_n | Max_n | ConnectionState
(Idem for PARAMETERS and DERIVATIVES)
EXTERNAL_FILES
Number_Of_FileName
File_Name_1 ! Question_1
File_Name_2 ! Question_2
```

```
◆
File_Name_n ! Question_n
SPECIAL_CARDS
Number_Of_Cards
Card_1 ! Question_1
Card_2 ! Question_2
◆
Card_n ! Question_n
COMMENT
Number_Of_Comment_Line
Comment_Line_1
Comment_Line_2
…
Comment_Line_n
```

'Input_1 ! Name_1 | Unit_1 | Min_1 | Max_1 | ConnectionState' 행에서 Input_1 과 Unit_1의 값은 Proforma 기본값으로써 전환된 값들이다.

예를 들면, 한 입력이 Proforma에서 [℃]로써 주어진 온도이고, 이 타입에서 [˚K]으로 주어진 온도이면, 이것은 교환 파일에서 [℃]로 전환될 것이다. 이 전환은 Inputs, Outputs, Parameters 그리고 Derivatives의 경우도 동일하다.

Cycles의 경우 만약 'Number_of_cycle_n_repetition'이 질문 또는 매개변수값에 대한 답이면 중요하지 않다. 만약 Cycle이 질문에 의해 조절된다면, 교환 파일에서 이것을 읽지 않고, 이 실행에서 질문 명을 사용할 수 있는 사용자에게 잘 알려져야 한다.

'!'은 교환 파일이 Plug-in 대화상자를 닫은 후에 다시 읽게 될 때, 행의 마지막에 Simulation Studio에서 고려되어 읽는 값을 의미한다.

집열기의 경우 교환 파일은 다음과 같이 보일 수 있다.

```
! File generated by Trnsys Simulation Studio
! Copyright CSTB 2004
1 5 Collectors ! [TypeNumber UnitNumber TypeName]
INPUTS
0 ! [Number of cycles]
9 ! [Number of variables]
20 ! Inlet temperature|C|-Inf|+Inf|Connected
100 ! Inlet flowrate|kg/hr|0.0|+Inf|Connected
10 ! Ambient temperature|C|-Inf|+Inf|Connected
0 ! Incident radiation|kJ/hr.m^2|0.0|+Inf|Connected
0 ! Total horizontal
radiation|kJ/hr.m^2|0.0|+Inf|Connected
```

```
0 ! Horizontal diffuse
radiation|kJ/hr.m^2|0.0|+Inf|Connected
0.200000 ! Ground reflectance|-|0.0|1.0|NotConnected
45 ! Incidence angle|degrees|-360|+360|Connected
0 ! Collector slope|degrees|-360|+360|Connected
PARAMETERS
0 ! [Number of cycles]
11 ! [Number of variables]
1 ! Number in series|-|1|+Inf
5 ! Collector area|m^2|0.0|+Inf
4.190000 ! Fluid specific heat|kJ/kg.K|0.0|+Inf
1 ! Efficiency mode|-|1|3
40 ! Tested flow rate|kg/hr.m^2|0.0|+Inf
0.800000 ! Intercept efficiency|-|0.0|1.0
13 ! Efficiency slope|kJ/hr.m^2.K|-Inf|+Inf
0.050000 ! Efficiency curvature|kJ/hr.m^2.K^2|-Inf|+Inf
2 ! Optical mode 2|-|2|2
0.200000 ! 1st-order IAM|-|0.0|1.0
0 ! 2nd-order IAM|-|-1.0|+1.0
DERIVATIVES
0 ! [Number of cycles]
0 ! [Number of variables]
EXTERNAL_FILES
0
SPECIAL_CARDS
0
COMMENTS
0
```

Equation에 대한 교환 파일은

```
! File generated by IISiBat 4
! Copyright CSTB 2003
UnitNumber EquationName ! [UnitNumber TypeName]
INPUTS
Number_Of_Inputs
| Name_1 ! ConnectionState
| Name_2 ! ConnectionState
◆
| Name_n ! ConnectionState
OUTPUTS
Number_Of_Outputs
Output_1 | Name_1 ! ConnectionState
Output_2 | Name_2 ! ConnectionState
◆
Output_n | Name_n ! ConnectionState
```

'!' 다음의 모든 것들은 건너뛰게 되며, Simulation Studio는 이것을 뒤에 추가할 것이며, 이 파일은 실행에서 통과된다.

Equation의 경우 교환 파일은 다음과 같이 보일 수 있다.

```
! File generated by IISiBat 4
! Copyright CSTB 2003
16 Efficiencies! [UnitNumber TypeName]
INPUTS
8
|IColl_d!Connected
|QuColl_d!Connected
|QDHW_d!Connected
|QAux_d!Connected
|IColl!Connected
|QuColl!Connected
|QDHW!Connected
|QAux!Connected
OUTPUTS
4
QuColl_d / (5*IColl_d+1e-6)|EtaColl_d!Connected
1 - ( QAux_d / (QDHW_d + 1e-6) )|FSol_d!Connected
QuColl / (5*IColl+1e-6)|EtaColl!Connected
1 - ( QAux / (QDHW+ 1e-6) )|FSol!Connected
```

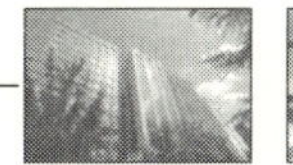

12. Appendix 3 : How to use the Wizard

12-1　Description

Simulation Studio를 시작하기 위해 메인 윈도우의 　버튼을 클릭하거나 File/ New를 선택하면, [그림 12-1]의 새로운 프로젝트 유형에 관한 선택을 할 수 있는 마법 사가 실행된다.

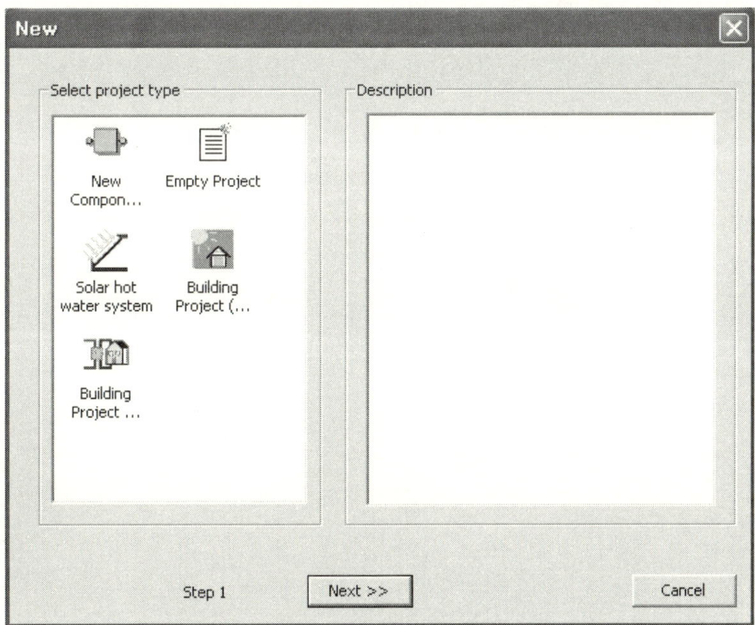

[그림 12-1]

New Compon... : 새로운 컴포넌트의 작성

Empty Project : 새로운 프로젝트의 시작

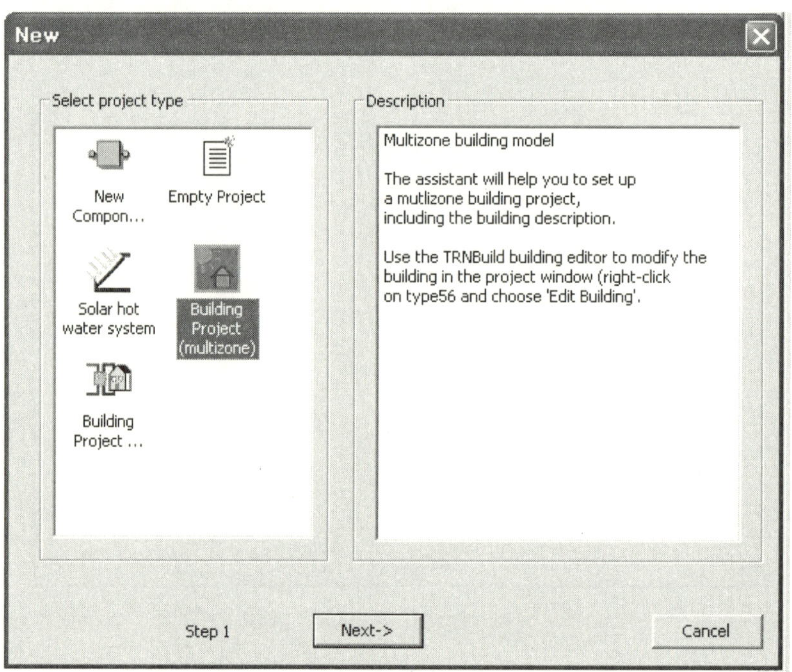

Solar hot water system : Solar water system 분석 ; SDHW1.tpf

Building Project (... : 멀티 존 모델의 분석

Building Project ... : 단일 존 모델의 분석 ; SimpleBuilding.tpf

12-2 Multi-zone Building Project step by step

1. Step 1/10 : Selecting the project Type

[그림 12-2] Selecting the project Type

일단 [그림 12-2]에서 Building Project(multi-zone)를 선택한 후, 아래의 Next-> 버튼을 클릭하여 다음 단계로 넘어간다.

2. Step 2/10 : Drawing the floor plan

모델에 존을 추가하기 위해서는 [그림 12-3] 좌측에 위치한 격자에 마우스 왼쪽 버튼을 클릭하면 된다. 각각의 빈 블록은 존을 나타낸다. 동시에 마법사는 자동으로 추가되는 존들 상호간의 인접성을 계산할 것이며, 우측에 그 목록들이 표시된다.

일단 평면이 그려지면, 아래의 Next-> 버튼을 클릭하여 다음 단계로 넘어간다.

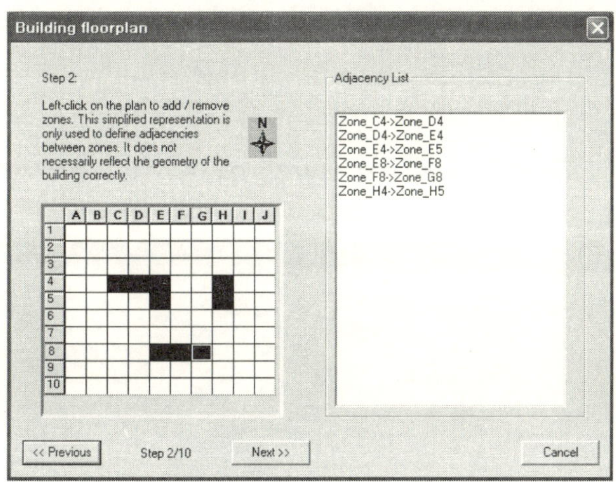

[그림 12-3]   Drawing the floor plan

3. Step 3/10 : Setting Zone properties

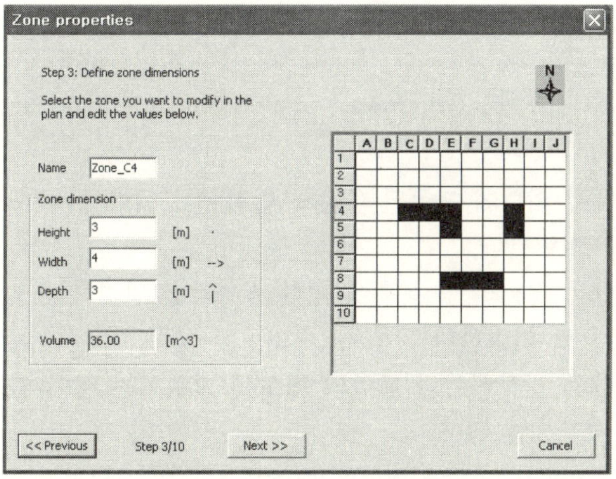

[그림 12-4]   Zone properties

　　우측 격자에서 존을 선택하면 [그림 12-4]와 같이 각 존의 크기를 입력할 수 있는 화면이 표시되며, 여기에는 Name, Height, Width, Depth 그리고 Volume이 있다. 사용자는 이 값들을 지정해야 하며, 실의 체적(volume)은 자동적으로 계산된다.

　　건물의 높이는 모든 천장에 대하여 동일하게 된다. 만약 폭(width)을 수정하면, 같은 열에서의 모든 셀의 폭이 수정된다. 만약 실 깊이(depth)가 수정되면, 같은 행에서의 모든 셀이 수정된다. 보다 복잡한 형상은 나중에 TRNBuild를 통해 수정해야 한다.

　　일단 모든 존에 대한 크기 지정이 완료되면, 아래의 Next-> 버튼을 클릭하여 다음 단계로 넘어간다.

4. Step 4/10 : Setting Windows, orientation and location

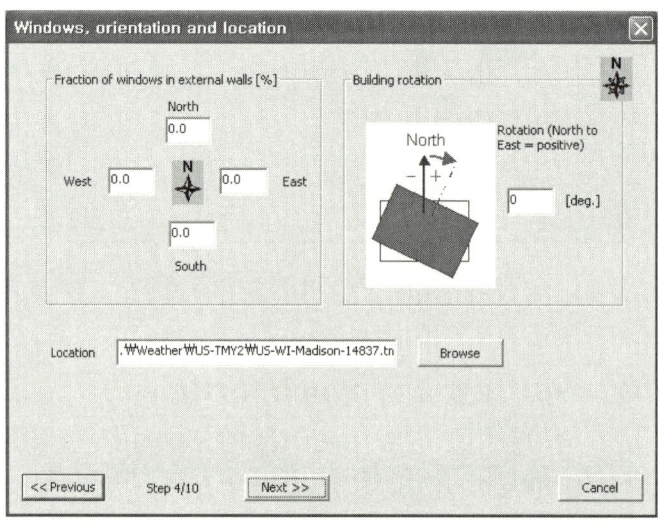

[그림 12-5] Windows, location and orientations

　　[그림 12-5] 좌측에는 외벽에 포함된 창문의 면적비를 입력하는 곳이 있으며, 각 방위에 대한 적절한 값을 입력한다.

　　[그림 12-5] 우측에는 건물의 정 북측에 대한 방위각을 입력하는 곳이 있으며, 동측은 (+), 서측은 (-) 값으로 입력한다.

　　[그림 12-5] 하단에는 기상데이터 파일의 경로를 지정하는 곳이 있으며, 원하는 기상데이터를 선택하여 지정하면 된다.

　　일단 모든 값들에 대한 지정이 완료되면, 아래의 Next-> 버튼을 클릭하여 다음 단계로 넘어간다.

5. Step 5/10 : Infiltration and ventilation

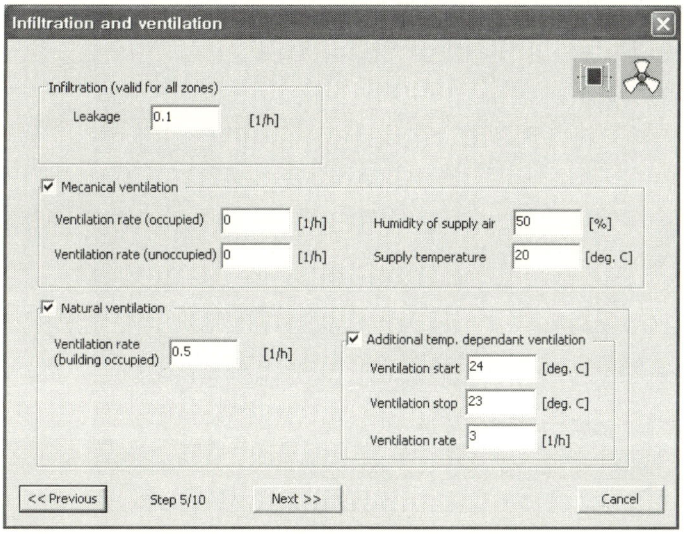

[그림 12-6]   Infiltration and ventilation

좌측 상단에는 모든 존들에 대한 침기량(infiltration)이 [1/h]의 단위의 누기(leak-age)로써 지정되어야 한다. 기계 환기와 자연 환기는 상응하는 체크상자를 체크함으로써 추가될 수 있다.

선택에 따라 화면에 나타나는 상자들이 결정되고, 이 값들이 지정되어야 한다. 이러한 옵션들이 활성화되면, 요구되는 컴포넌트들이 추가되어 보다 복잡한 시뮬레이션 프로젝트를 생성하게 될 것이다.

기계 환기의 경우 환기율 [1/h]로서 지정되며, 재실자가 있을 때와 없을 때로 구분하여 값을 입력해야 한다. 지정되는 이 기간에 대한 기본 스케줄이 적용되고, 나중에 TRNBuild에서 채택될 수 있다. 또한, 공급되는 공기의 습도는 [%]로, 공기의 온도는 [℃]로 지정된다.

끝으로 하단의 자연 환기 특징에 대해서도 지정이 가능하며, 하단 좌측에는 자연 환기율 [1/h] 값이 입력될 수 있으며, 하단 우측에는 추가적으로 예속되는 온도에 관해 지정할 수 있다. 만약 이 옵션이 체크되면 'Ventilation start'로 지정된 온도에 도달하면 추가적인 환기가 시뮬레이션될 것이다. 반면에 'Ventilation stop' 온도값 이하로 온도가 내려가면 이 추가 환기는 멈추게 될 것이다.

일단 모든 값들에 대한 지정이 완료되면, 아래의 Next-> 버튼을 클릭하여 다음 단계로 넘어간다.

6. Step 6/10 : Heating and cooling

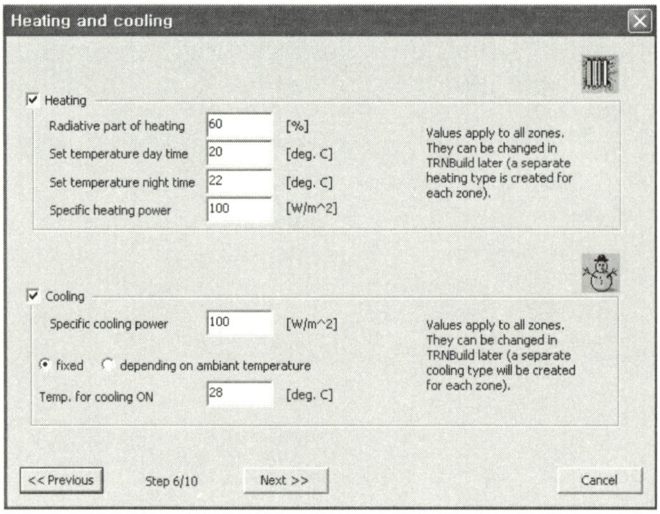

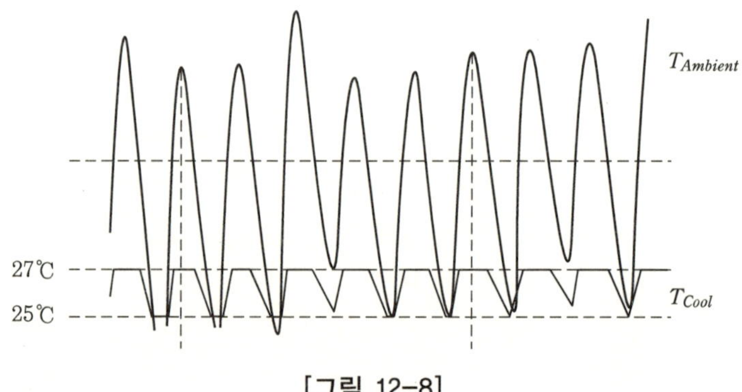

[그림 12-7] Heating and cooling

이 단계에서는 [그림 12-7]과 같이 PREBID에서 설정되는 냉난방 기기의 특성이 지정될 수 있다. 비록 여기서 지정되는 이 설정들이 모든 존들에 적용되지만, 독립된 냉난방 유형들이 지정될 수 있다. 이것은 나중에 사용자가 TRNBuild에서 각 존에 대한 냉난방 특성을 쉽게 채택할 수 있도록 한다.

냉방설정온도는 사용자에 의해 지정되거나 외기 온도에 대하여 지정될 수 있다. 특히 외기 온도에 의해 지정될 경우, 냉방이 시작되는 온도는 방정식 $[T_{Cool} = (T_{Ambient} + 49) / 3]$ 을 이용한 외기 온도에 따르게 될 것이나, [그림 12-8]과 같이 27℃를 초과하거나 25℃ 미만으로 떨어지지는 않는다. 이 방정식은 나중에 Simulation Studio의 Assembly panel 에서 수정될 수 있다.

[그림 12-8]

일단 모든 값들에 대한 지정이 완료되면, 아래의 [Next->] 버튼을 클릭하여 다음 단계로 넘어간다.

7. Step 7/10 : Gains and lighting

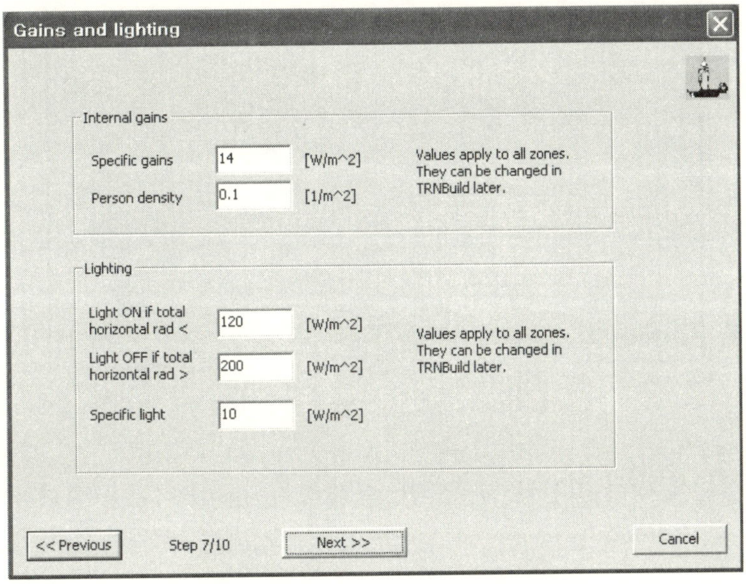

[그림 12-9]   Gains and lighting

이 단계에서는 [그림 12-9]와 같이 재실자와 조명에 의한 내부 발열을 지정할 수 있다. 수평면 전일사량에 기초한 단순한 조명 제어 전략이 자동적으로 지정된다. 이 제어 전략은 나중에 Simulation Studio의 Assembly panel에서 수정될 수 있다.

일단 모든 값들에 대한 지정이 완료되면, 아래의 [Next->] 버튼을 클릭하여 다음 단계로 넘어간다.

8. Step 8/10 : Fixed shading

이 단계는 건물의 주요 방위에 대한 고정식 차양 장치에 관하여 지정하는 곳이다.

사용자는 이 장치를 설치하고자 하는 방위를 먼저 선택한 후, 'Active' 체크상자를 체크하면, [그림 12-10]과 같이 창문의 높이와 폭을 지정하는 입력상자가 나타나고, 해당하는 값을 입력한다. 또한, 이 창문에 수평 또는 수직 차양을 추가적으로 설치하고자 할 경우에는 아래의 체크상자를 체크한 후, [그림 12-10]에서 보이는 각 요소들에 대한 값을 입력하면 된다.

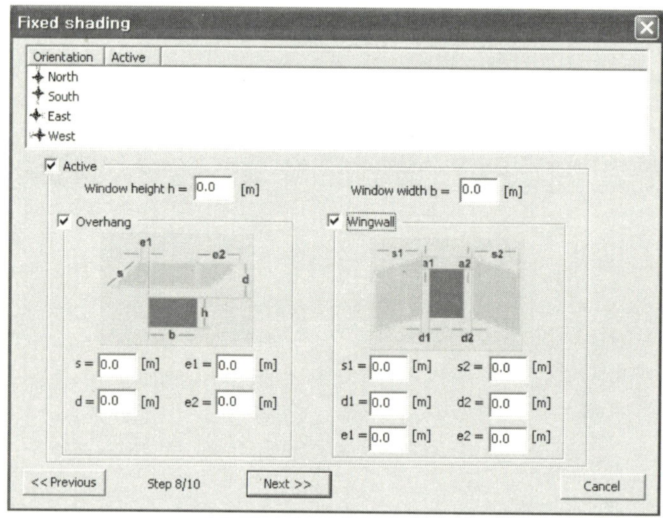

[그림 12-10] Fixed shading

일단 모든 값들에 대한 지정이 완료되면, 아래의 Next-> 버튼을 클릭하여 다음 단계로 넘어간다.

9. Step 9/10 : Movable shading

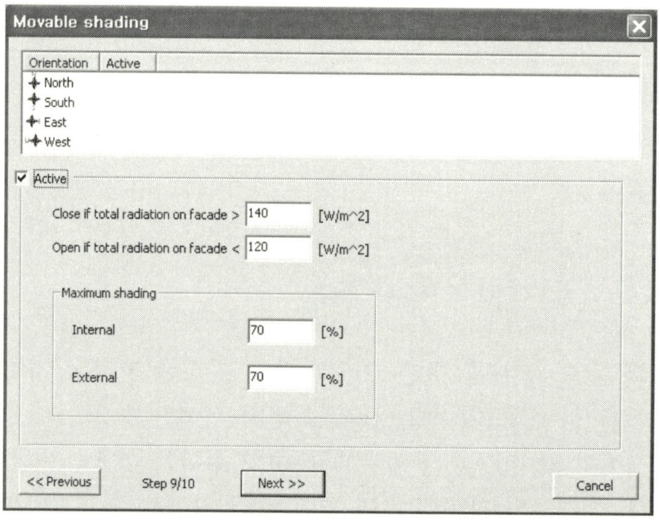

[그림 12-11] Movable shading

이 단계에서 사용자는 [그림 12-11]과 같이 건물의 주요 방위 각각에 대한 가동식 차양장치에 관하여 지정할 수 있다. 이전 단계와 같은 방법으로 각 방위에 대하여 값을 지정할 수 있다.

주어진 방위에 대한 가동식 차양장치는 전일사량 값에 의해 특징지우며, 게다가 'Maximum shading' 설정에 의해서도 영향을 받게 된다.

각 방위에 대한 설정이 모두 정확하게 되었는지 확인을 한 후, 모든 것이 정상적으로 지정되었다면, 아래의 Next-> 버튼을 클릭하여 다음 단계로 넘어간다.

10. Step 10/10 : Description complete

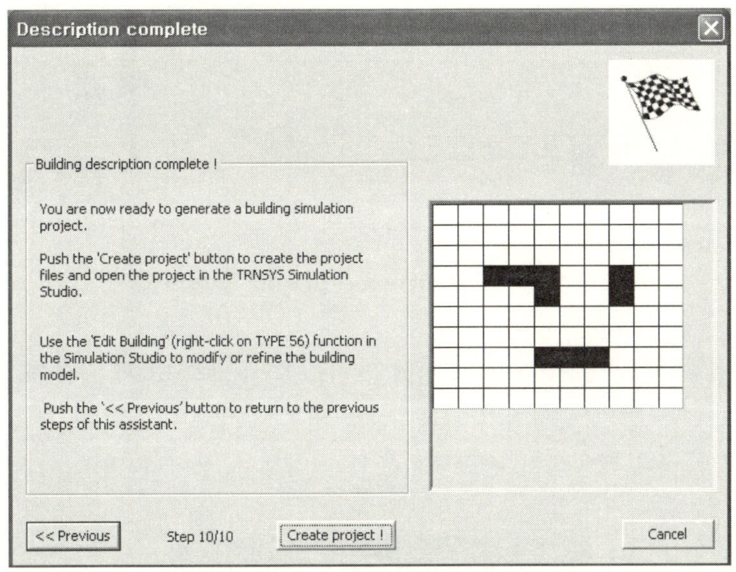

[그림 12-12] Description complete

일단 이 대화상자가 화면에 나타나면, 프로젝트 생성을 위해 필요한 모든 매개변수들이 입력되었음을 의미한다. 사용자는 Create project ! 버튼을 클릭하면, Simulation Studio는
(1) 멀티 존 건물을 생성한다. [*.BUI] 파일
(2) 시뮬레이션(*.BLD와 *.TRN 파일)과 필요한 내부 파일을 위해 TRNBuild 프로그램을 오픈하여 이 BUI 파일을 생성한 후 TRNBuild 프로그램이 닫힌다.
(3) [*.TMF]인 시뮬레이션 프로젝트가 생성되고, Simulation Studio에서 이 파일이 다음 [그림 12-13]과 같이 오픈된다.

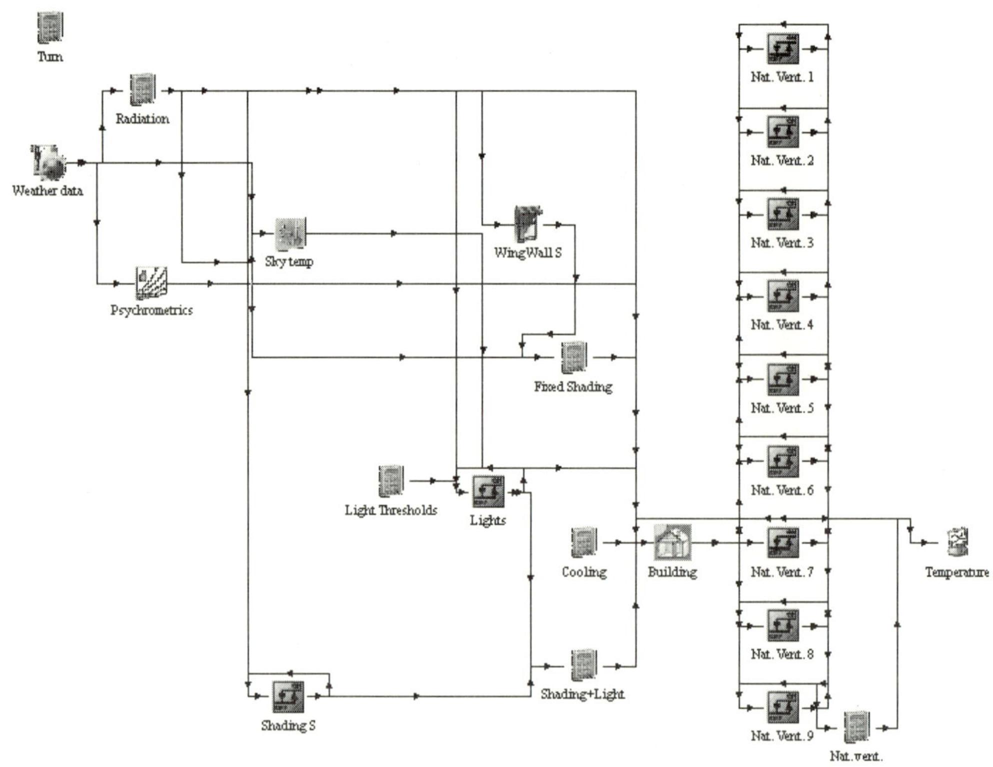

[그림 12-13] Multi-zone project 생성의 예

　이상의 과정을 통해 생성된 [Wizard.tfp] 파일은 [그림 12-13]과 같으며, 다음으로 생성된 새로운 프로젝트를 실행시키기 위해, 실행 버튼인 좌측 하단의 🏃를 클릭하면, [그림 12-14]와 같이 시뮬레이션이 완료되었음을 나타내는 창이 화면에 나타나게 된다.

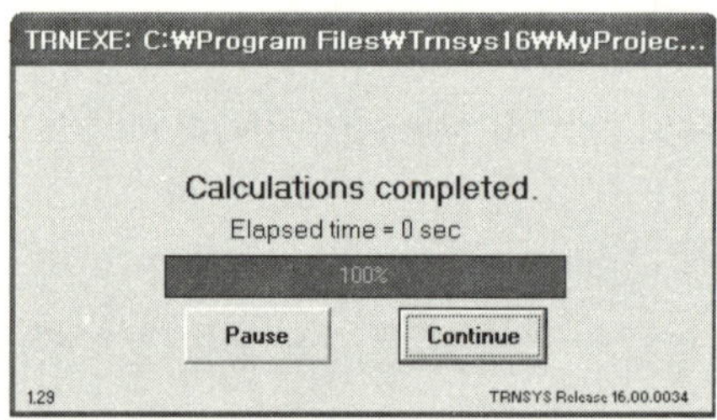

[그림 12-14]

　추후 Online-Plotter나 Printer를 이용하여 결과에 대한 상세한 분석을 수행할 수 있을 것이다.

② 트랜빌드 (TRNBuild)

- 멀티 존 건물 모델링 프로그램 -

TRNBuild에서는 멀티 존 건물의 시뮬레이션에 필요한 다양한 정보 및 그 사용법에 관하여 자세히 설명하고 있다. 기존의 PREBID 프로그램이 TRNSYS 16 버전으로 업그레이드되면서 기능이 한층 보강되어 지금의 TRNBuild 프로그램으로 변경된 것이므로, 이전 버전의 사용자들은 쉽게 접근하여 이해할 수 있을 것이다.

특히 본문의 내용 가운데 새롭게 추가된 내용들이 많으므로 기존 TRNSYS 사용자들도 관심있게 살펴보아야 할 것이다.

1. TRNBuild 란

멀티 존 건물의 복잡성 때문에 Type 56의 매개변수들은 TRNSYS 입력 파일에 직접 지정되지 않는다. 대신에 Building Description (*.BLD)과 벽체에 대한 ASHRAE 전달 함수(transfer function) (*.TRN) 두 파일이 요구되는 정보를 포함하여 할당된다.

이전 버전의 PREBID로 알려진 TRNBuild는 *.BLD와 *.TRN 파일 생성을 위하여 쉽게 이용 가능한 방법을 제공하기 위해 개발되었다.
몇 가지 기본적인 프로젝트 데이터를 이용하여 시작되며, 사용자는 차례로 각각의 열적 존을 묘사한다.

끝으로 원하는 출력값이 선택된다. 입력된 모든 데이터는 읽을 수 있는 ASCII 텍스트 파일인 building file (*.BUI)로 저장된다. BUI 파일은 TRNBuild에 입력된 데이터를 검토하기 위해 매우 다루기 쉽게 되어 있다.

BUI 파일은 매우 엄격한 문법을 가지고 있으며, 이 파일의 편집은 많은 오류의 원인이 되므로 주의해야 한다.
이전 버전의 PREBID와 비교해 TRNBuild와 Type 56 자체에 몇 가지 기능 개선이 추가되었다.

(1) 사용자 인터페이스

- Active layers의 자동 분할(segmentation)
- Type 56 입력 파일들(*.bld, *.trn, *.inf)의 자동 생성
- 천장 복사 냉각(chilled ceilings)
- 개선된 라이브러리(walls, layers, gains, schedules & Windows) 운용법
- 긴 변수명('여백', ' : ', ' ; '을 제외한 모든 문자 허용)
- 모든 Type Manager에서 'rename/copy/paste/delete/new' 옵션 사용 가능
- 투명 단열재가 특정 데이터 곡선을 갖는 정상적인 창문과 같이 취급된다.

(2) 물리 · 수학적 모델링

- 표면 온도에 따른 대류 열전달 계수의 자동 계산
- 새로운 2-band Radiation Window model
- 태양 및 열에너지는 물론 습기 평형까지 자동적으로 해석함.

이러한 기능 개선에도 불구하고 PREBID 3 또는 4에 의해 생성된 BUI 파일은 TRNBuild 1.0에 가져올 수 있다.

그러나 파일들은 TRNBuild 1.0 형식으로만 저장될 수 있다. 오류와 예상하지 못한 거동이 PREBID 또는 TRNBuild 밖에서 생성되거나 변경된 파일들을 로딩할 때에 발생될 수 있으므로 주의해야 한다.

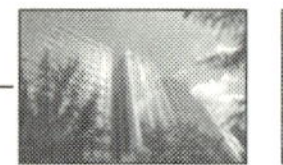

2. 프로그램 시작

TRNBuild 프로그램은 시작 메뉴를 이용하거나, TRNSYS Simulation Studio를 이용하여 시작할 수 있으며, 후자를 이용할 경우 TRNSYS Simulation Studio의 Tools 메뉴에서 TRNBuild를 실행하면, [그림 2-1]의 초기 시작화면이 생성된다. [그림 2-1]의 초기 시작화면은 다음의 메뉴들만을 포함하고 있다.

- File(Open, New, Close, or Save a *.BUI file)
- View(Toolbar, Status bar)
- Options(Settings such as Library versions and paths for the BIDWIN program)
- Window(Cascade, Tile, Arrange icons 등)
- Help

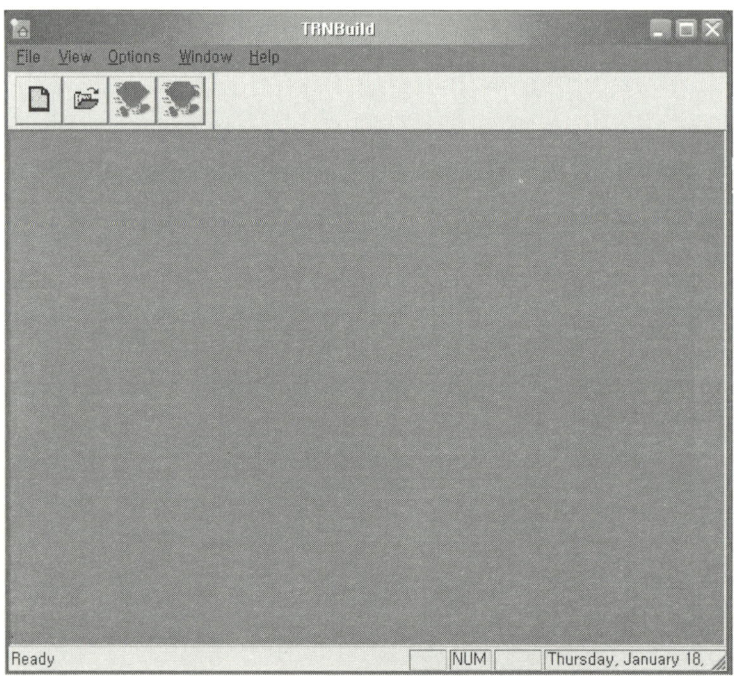

[그림 2-1] TRNBuild 초기 시작화면

그리고 새로운 멀티 존 모델의 모델링 작업을 위해 🔲 버튼을 클릭하면, [그림 2-2]와 같이 3개의 창이 화면에 나타난다. 이 창들은 이 프로젝트가 진행되는 동안 절대 닫혀지지 않으며, 다음에 자세히 설명하도록 한다.

한편, 사용자가 새로운 프로젝트 또는 기존 프로젝트를 열면 [그림 2-2]와 같이 이용 가능한 메인 메뉴가 3개 더 추가되며, 다음과 같다.

- Zones(add and delete zones)
- Generate(create BUI file for DIN 4701, run TRNSYS input file)
- Type_Manager(edit previously defined Types of Walls, Windows, Gains, Ventilation, Infiltration, Cooling, Heating, Layers and Schedules)

메인 메뉴의 다양한 특징들은 도구모음에 아이콘으로 나타나며, 사용자가 이 도구모음이나 상태 바를 감출 수도 있다.

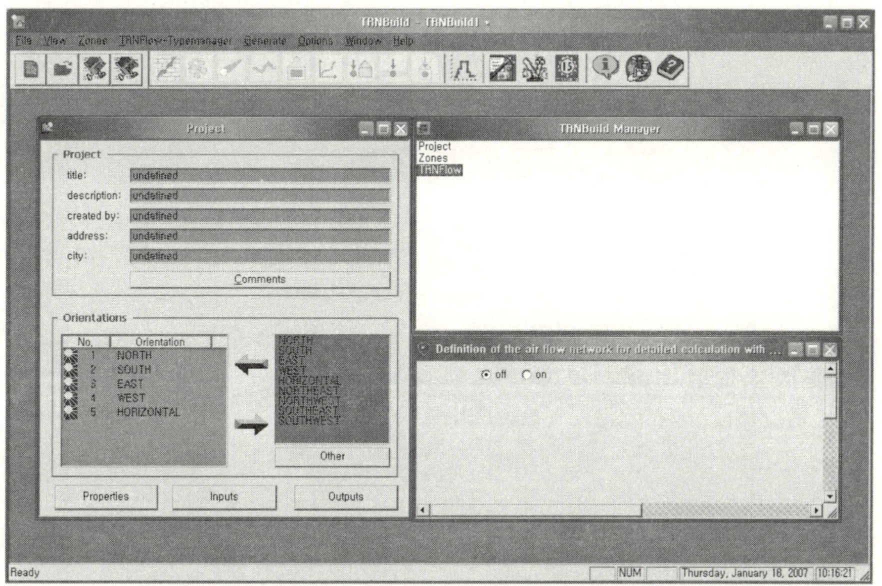

[그림 2-2] 새로운 멀티 존 작업을 시작할 때의 초기화면

2-1 설 정

Options 메뉴의 Settings를 선택하면, [그림 2-3]의 화면에 나타난다.

여기서, 기본적인 몇 가지를 수정하고자 하며 본 교재에서는 다음 값을 사용하였다.

그러나 사용자의 프로젝트 특성에 맞게 언제든지 수정하여 사용할 수 있다.

(1) 표준 라이브러리의 경로 : C:\Program Files\Trnsys16\Building\Lib\American

(2) 외부 편집기 : C:\Program Files\AcroSoft\AcroEdit\AcroEdit.exe

(3) TRNSYS 실행 파일 : C:\Program Files\Trnsys16\Exe\TRNExe.exe

(4) TRNSYS 입력 파일 : C:\Program Files\Trnsys16\Examples\SunSpace
　　　　　　　　　　　　　　\SunSpace.dck

한편, 설정창에서는 표준 라이브러리에 접근할 수 있는 경로만이 다음에 대하여 사용된다.

● TRNSYS : spacer.lib

● TRNFLOW : headers.txt, pollutant.lib

예를 들어, Windows, Walls, Layers 또는 Schedules의 다른 라이브러리에 대한 경로와 이름은 여기서 주어진 경로에 의해 미리 설정될 것이나, 사용자가 새로운 벽체 또는 창문 등을 삽입하고자 할 때 등과 같이 필요한 경우 변경이 가능하다.

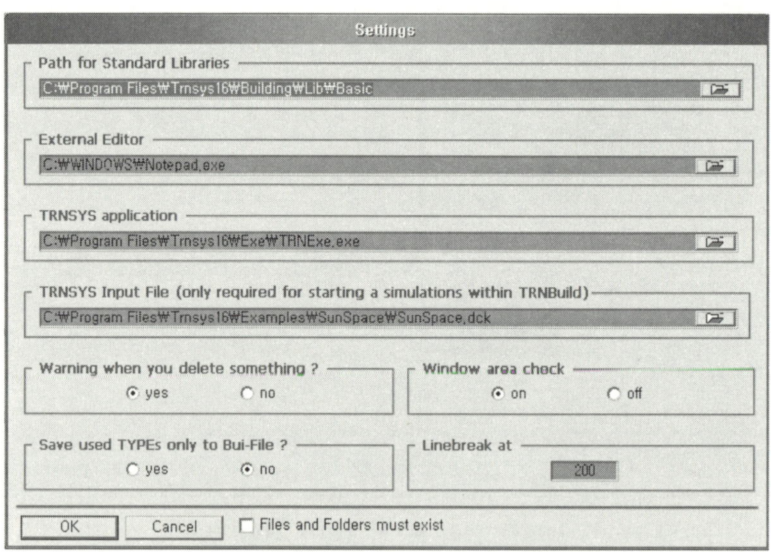

[그림 2-3] Settings 창의 초기화면

보통의 Windows, Walls 그리고 Layers에 대한 라이브러리가 다른 언어로 제공된다.

● US 버전은 Standard ASHRAE Walls와 Materials를 포함한다.

● German 버전은 각각 DIN 4108와 VDI 2078에 따른 Materials와 Walls를 포함한다. 독일 시장에서 사용되는 Glazing Materials이 German Window Library에 추가되었다.

TRNSYS application의 위치는 DIN 4701의 실행을 위해 요구되며, 이전의 TRNSYS.
exe에서 버전 16에서는 TRNExe.exe로 변경되었다.

새로운 체크상자인 'Files and Folders must exist'는 입력창에서 주어진 파일 경로가
존재하는지 검사하기 위해 'on' 또는 'off'로 체크되어야 한다.

2-2 새로운 파일의 생성과 기존 파일 열기

기존 *.BUI file을 열기 위해서는 File 메뉴의 Open을 선택하고, 새로운 파일을 생성
하기 위해서는 File 메뉴의 New를 선택하면 된다.

일단 사용자가 새로운 파일을 생성하고자 하였을 경우에는 [그림 2-2]의 창이 생성될
것이며, 기존 파일을 열었을 경우에는 [그림 2-4]와 같은 창이 생성될 것이다.

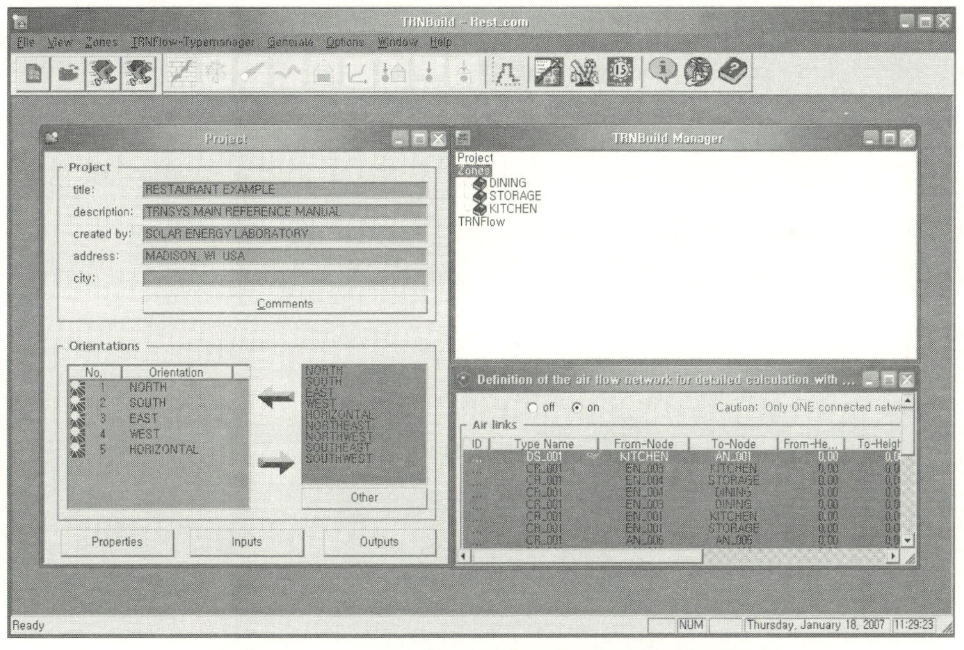

[그림 2-4] 기존 파일[Rest_com]을 연 경우의 화면

[그림 2-4]의 경우 존들이 이미 지정되어 있으며, 현재 닫혀진 상태[◈]이므로 존 설
정창들이 화면에 나타나지는 않지만, 이 창들을 열면[圖] [그림 2-5]와 같다.

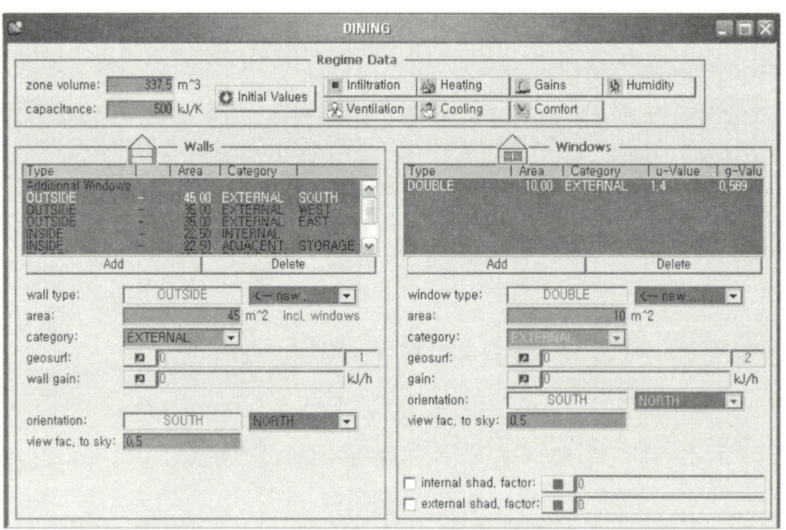

[그림 2-5] DINING Zone을 연 경우의 화면

2-3   요구되는 입력값의 지정

TRNBuild 창에서 요구되는 정보는 여러 가지 형식들 가운데 한 가지로 입력된다. 이
들 형식들에는 Input box, Radio button, List box, Pull-down menu 그리고 DEF 버
튼이 있다. 아래에 이들 각각의 형식들에 관하여 설명된다.

● **Input boxes**

입력상자는 사용자가 값 또는 [그림 2-6]과 같은 존 명칭 등의 텍스트를 입력할
수 있도록 하기 위하여 고안되었다.

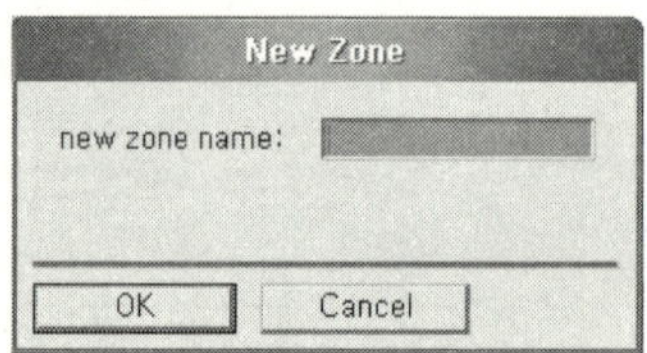

[그림 2-6] 입력상자 예

이들은 [그림 2-6]과 같이 배경색이 밝은 푸른색을 띠므로 쉽게 인식할 수 있다.
몇몇 입력상자들은 숫자만을 요구하므로 문자들을 받아들이지 않는다. 입력상자에
정보를 기입하기 위해서는 입력상자 내부를 더블 클릭하고, 키보드를 이용하여 요

구되는 정보를 입력하면 된다.

● **Radio buttons**

　　Radio 버튼은 상호 배타적인 옵션들 모음으로 구성된다. 선택된 옵션은 [그림 2-7]과 같이 작은 원 안에 검은색 점이 나타난다. 그리고 다른 Radio 버튼 옵션을 선택하고자 할 경우에는 단지 마우스로 해당 옵션명 앞의 작은 원을 클릭하기만 하면 된다.

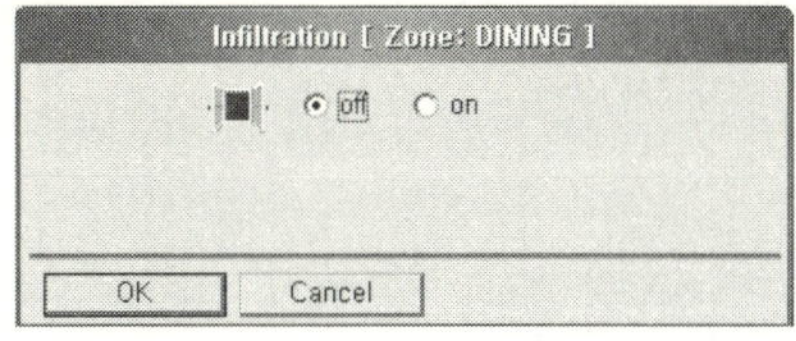

[그림 2-7] Radio 버튼 예

● **List boxes**

　　목록상자는 [그림 2-8]과 같이 선택될 수 있는 하나 또는 그 이상의 소스 항목들의 목록을 제공한다. 마우스로 항목을 선택하고 화살표를 이용하여 그것을 순차적으로 올리면 된다.

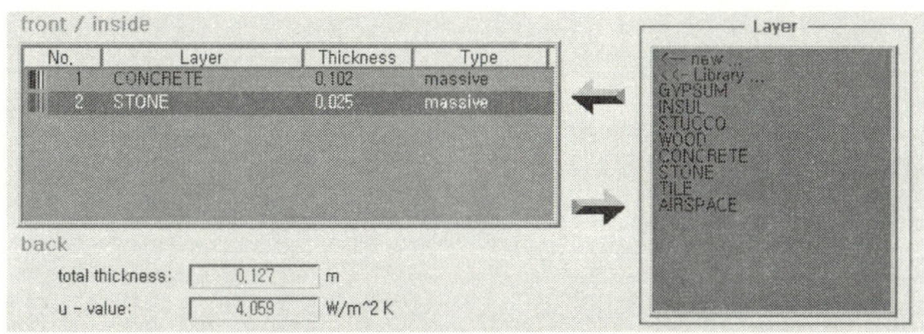

[그림 2-8] 목록상자(우측)의 예

● **Pull-down menu**

　　풀-다운 메뉴는 항목 목록을 통해 선택될 수 있는 단지 하나의 항목만을 제공한다. 하나의 항목을 선택하기 위해 [그림 2-9]에서와 같이 작은 화살표를 누르면 항목들 목록이 나타나고, 여기서 원하는 항목을 선택하면 다른 색으로 표시된다. 선택한 항목을 변경할 때에도 동일한 방법을 이용하면 된다.

[그림 2-9] 풀-다운 메뉴 예

DEF button

DEF 버튼은 Constant, Input 또는 Schedule이 지정될 수 있는 항목을 정의하는데 사용된다. 만약 [그림 2-10]과 같이 외부 차양 인자가 선택되면, 우측의 DEF 버튼이 █로 변경되고, 클릭하면 [그림 2-11]과 같은 상수값, 사용자 입력값, 스케줄 입력창을 포함하는 창이 화면에 나타난다.

[그림 2-10] DEF 버튼 예

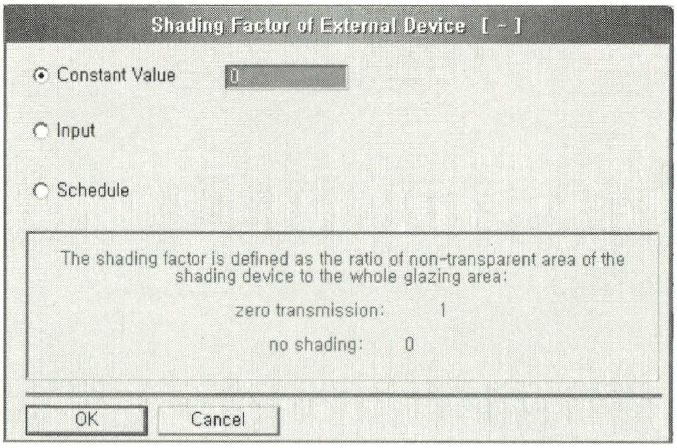

[그림 2-11] Constant, Input 또는 Schedule 지정창

[그림 2-11]에서 알 수 있듯이 하단의 정보상자에 간략한 도움말이 제공된다. Radio 버튼을 이용하여 사용자는 지정하고자 하는 형식을 선택하면 된다.

Constant Value : 사용자가 하나의 일정한 상수값을 입력한다.

Input : 사용자가 이 항목을 선택하면, [그림 2-12]와 같은 새로운 사용자 지정 입력창이 생성되고, 기존에 유사한 값이 지정된 경우에는 풀-다운 메뉴를 통해 선택이 가능하다. 그러나 사용자가 'new'를 선택하면, 새로운 고유한 입력값에 대한 명칭을 입력해야 한다.

[그림 2-12] 새로운 Input 지정창

● Schedule : 사용자가 이 항목을 선택하면, [그림 2-13]과 같은 새로운 사용자 지정
  입력창이 생성되고, 기존에 유사한 값이 지정된 경우에는 풀-다운 메뉴를 통해 선택
  이 가능하다. 그러나 사용자가 'new'를 선택하면, [그림 2-14]와 같인 Daily Sche-
  dule 입력창이 화면에 나타난다. 여기서, 상단에 있는 Weekly radio 버튼을 클릭하
  면 [그림 2-15]와 같은 창으로 변경되며, 이 경우에는 Daily Schedule이 지정된 경
  우에만 사용하는 것이다. 또한, 기존 라이브러리를 통한 스케줄을 입력하고자 할 경
  우에는 library를 선택하면, [그림 2-16]과 같은 창이 화면에 생성되고, 여기서 정의
  된 라이브러리를 사용하면 된다.

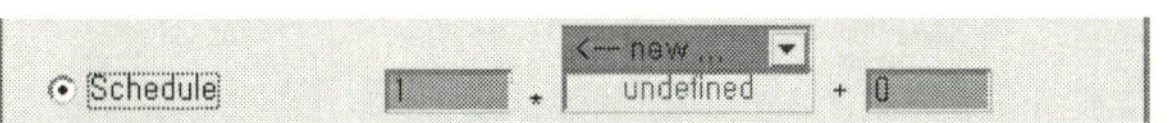

[그림 2-13] 새로운 Schedule 지정창

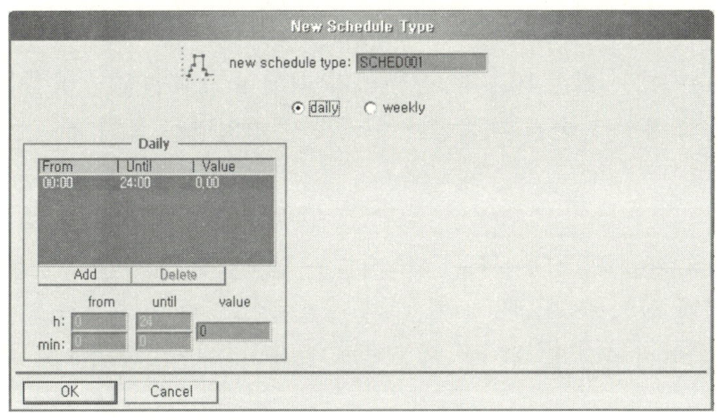

[그림 2-14] 새로운 Daily Schedule 입력창

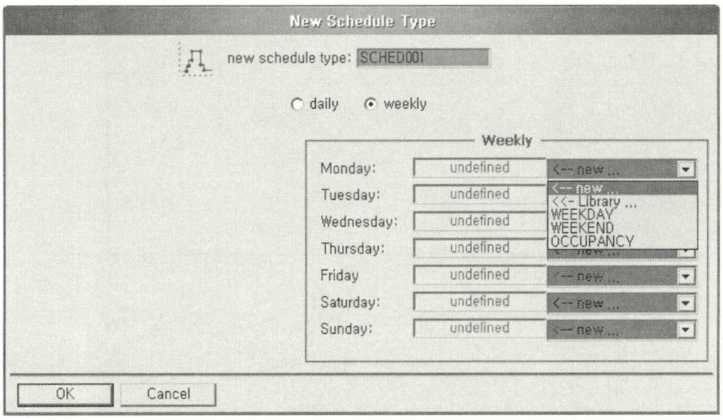

[그림 2-15] 새로운 Weekly Schedule 입력창

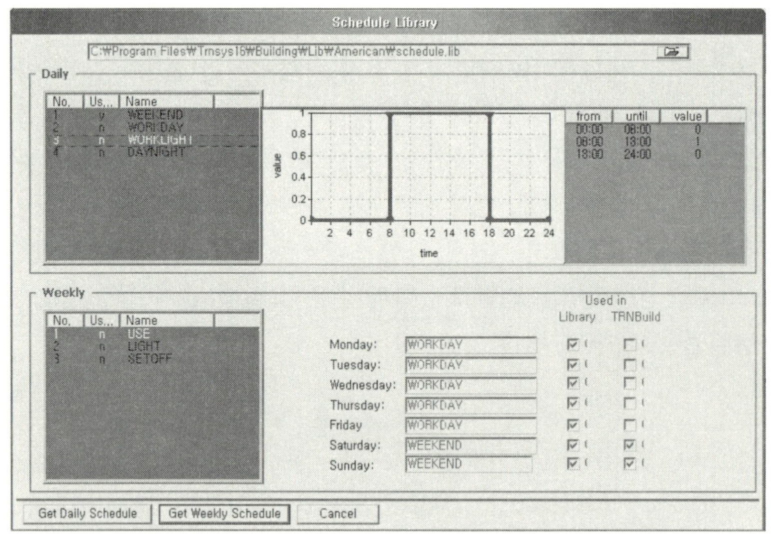

[그림 2-16] Library로 부터의 Schedule 입력창

　라이브러리 또는 어떤 기존 BUI 파일에 미리 지정된 스케줄을 사용하는 것의 장점은 스케줄 정보가 윈도우 상단에서 대화상자에 경로와 파일명을 통해 접근될 수 있다는 것이다.

　한편, Daily Schedule의 경우 새로운 스케줄을 입력하는 방법을 소개하기 위해 [그림 2-17]과 같은 어떤 실의 조명 점등수에 대한 스케줄이 있다고 가정한 후, 이것을 Daily Schedule로 지정하는 과정에 대하여 처음부터 상세히 다루도록 한다.

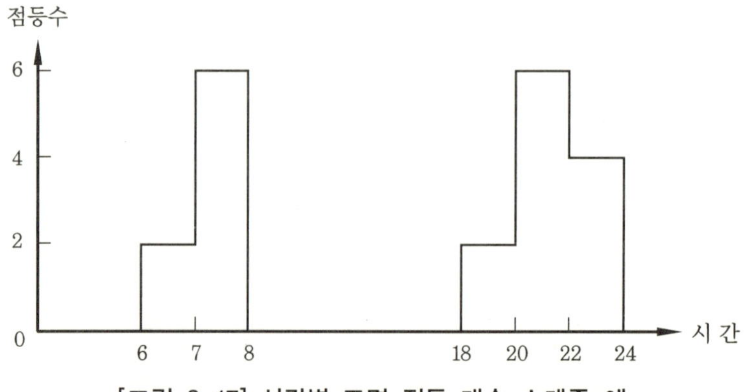

[그림 2-17] 시간별 조명 점등 개수 스케줄 예

(1) 새로운 점등수에 대한 스케줄의 고유한 이름 [LIGHT_WEEKDAY]를 입력한다.
(2) Add 버튼을 클릭하여 7개의 시간대별 점등수를 입력할 수 있도록 한다.

(3) 첫 번째 시간대인 [0-6]은 점등수 0으로 지정하고, [6-7]은 점등수 2, [7-8]은 점등수 6 등과 같은 방법으로 시간대별 사용자가 원하는 점등수에 대한 스케줄을 입력한다.

(4) 위의 과정을 통해 완료된 스케줄은 [그림 2-18]과 같다.

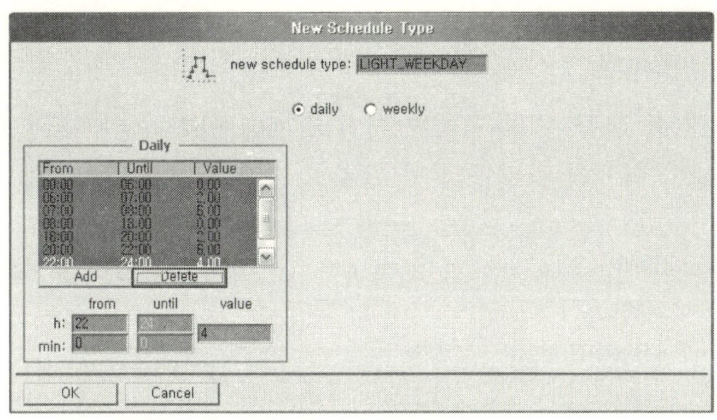

[그림 2-18] 입력이 완료된 조명 스케줄

하단의 [OK] 버튼을 클릭하면, [그림 2-19]와 같이 지정된 이름의 스케줄로 설정된 것을 확인할 수 있다.

[그림 2-19] 지정된 스케줄이 있는 예

그러나 이 값은 조명발열량값으로 입력된 것이 아니라 조명 점등 개수로 입력된 것이므로, 형광등 한 개당의 발열량이 1163 kW/개(1000 kcal/h · 개)[2]라고 가정하면, [그림 2-19]는 [그림 2-20]과 같이 수정한 후 [OK] 버튼을 클릭한다.

[그림 2-20] 완성된 사용자 지정 스케줄 예

이상의 모든 과정이 완료되면, DEF 버튼을 통한 스케줄 입력이 완료되며, [그림 2-21]과 같이 지정된 스케줄이 표시된다.

[그림 2-21] 최종 스케줄 입력 예

---

2) 서승직, 대학과정 건축설비, 일진사, 2004, p. 237

3. 프로젝트 초기설정창

사용자가 프로젝트에 관한 몇 가지 일반적인 정보를 입력하는 프로젝트 초기설정창은 건물 모델링에 필요한 벽체의 방위들과 몇 가지 기본적인 재료 물성값을 지정하고, Type 56에 요구되는 Inputs의 목록을 보고, Type 56의 원하는 Outputs을 선택하는 곳으로 [그림 3-1]은 TRNSYS 16에서 예제로 제공하는 REST_com 파일의 예를 보여준다.

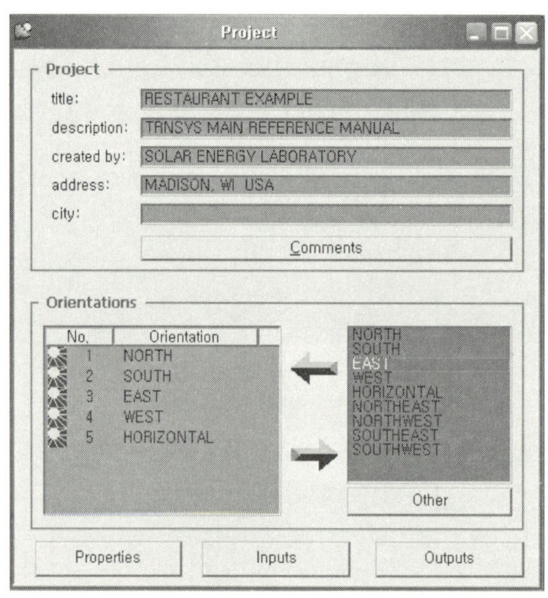

[그림 3-1] Project 창 입력[REST_com] 예

3-1   벽체의 방위

건물 외벽의 가능한 모든 방위가 고유한 이름으로 여기서 지정되어야 한다. [그림 3-1]의 좌측 하단에 이 프로젝트에서 지정된 모든 방위를 포함한다. 우측 하단에는 표준 방위들의 목록을 제공한다. 표준 방위에서 원하는 것이 있으면 마우스로 선택한 후,

위쪽의 화살표를 클릭하면 된다. 선택된 방위는 좌측 하단에 추가되어 나타날 것이다. 만약 다른 방위들이 필요하다면 [Other] 버튼을 클릭하고, 새로운 방위에 대한 고유한 이름을 입력하면 된다.

반대로 좌측 하단의 방위 중 대상 건물의 벽체 방위 가운데 필요없는 것이 있을 경우에는 마우스로 이것을 선택한 후, 아래쪽의 화살표를 클릭하면, 좌측 하단에서 사라진 것을 볼 수 있을 것이다.

한편 각 방위의 이름은 고유한 값으로 지정되어야 하며, 또한 TRNBuild와 Type 56에서 작업할 때 편의를 위해 이해하기 쉬운 것으로 지정하는 것이 좋다.

주의 : 방위에 대한 입사각(incident angle)은 0~180° 범위가 되어야 한다. 이 사실에 의해 Type 16의 천공각은 단지 0~90°의 범위가 된다. 그리고 'horizontal' 방위는 Type 16에서 독립된 벽체로써 지정되어야 한다.

3-2   기본 물성값 (Properties)

[그림 3-2]는 하단의 [Properties] 버튼을 클릭한 경우의 기본 화면으로 특정 재료의 물성값을 나타내며, 사용자가 이들을 지정하지 않으면 기본값이 사용된다.

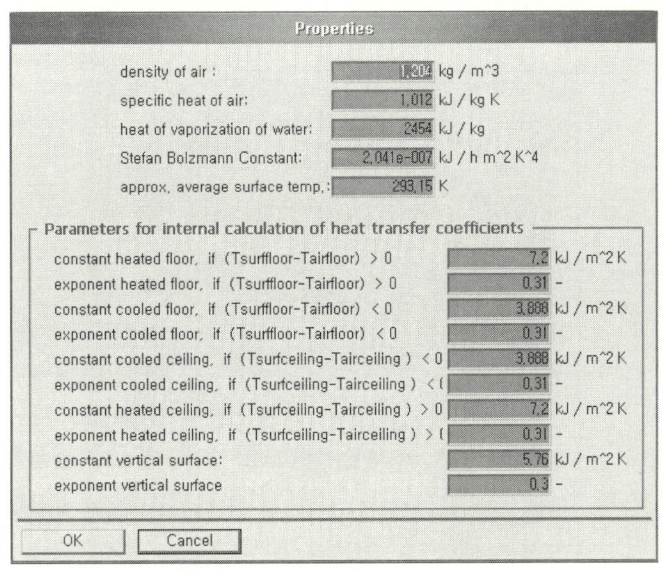

[그림 3-2] Properties window

열전달 계수는 열류의 방향과 표면과 유체 사이의 온도차에 크게 의존한다. 예를 들면, 냉각된 천장에 의해 변화하는 열류 패턴은 가열된 바닥면의 열류 패턴과 유사하지만, 수직벽체의 열류 패턴과는 완전히 다르다. 적합한 열전달 계수에 사용된 수학적 방정식은 $\alpha_{conv} = const(T_{surf} - T_{air})^{exp}$의 형태를 띤다. 여기서, 계수 $const$와 exp는 열전달 연구들의 서로 다른 접근법을 맞추기 위해 변경될 수 있다. 표준값들은 참고문헌으로부터 가져왔으며, 보다 상세한 정보는 Type 80의 설명을 참고하길 바란다.

주의 : 열전달 계수의 자동적인 계산은 새로운 벽체 또는 Wall Type Manager를 기술하는 동안에 활성화되어야 하며, 단지 분명하게 지정된 벽체에서만 적용된다. 가열 또는 냉각된 건물 벽체의 경우 열전달은 표면 온도에 의존하게 될 것이므로, 자동적으로 대류 열전달 계수 계산이 강력히 권장된다. 다른 모든 벽체들의 경우 표준 접근법은 계산 시간을 절약하기 위해 일정한 대류 열전달 계수를 여전히 사용하게 될 것이다.

3-3 입력값 (Inputs)

하단 중앙의 [Inputs] 버튼을 클릭하면, [그림 3-3]과 유사한 프로젝트에서 지정된 Inputs 전반에 대하여 보여준다.

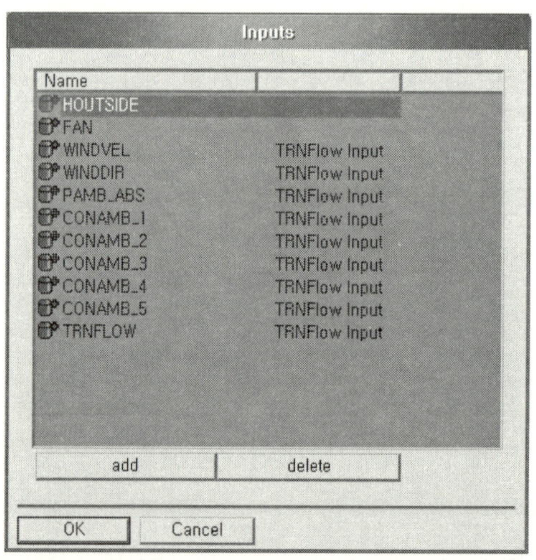

[그림 3-3] Inputs window 예[REST_com]

여기에 새로운 Inputs이 추가될 수 있으며 사용자가 내부 발열, 제어전략 등의 지정에 사용하기를 원하는 목록을 생성할 수 있다. 사용되지 않는 Inputs는 삭제될 수 있으나, 건물을 묘사하는 어떤 곳에서 이미 사용된 Inputs는 절대 삭제가 불가능하다.

어떤 경우에는 좌측 마우스 버튼을 이용한 drag and drop을 통해 Inputs의 순서를 변경하는 것이 편리하다.

3-4 출력값 (Outputs)

하단 우측의 Outputs 버튼을 클릭하면, [그림 3-4]와 유사한 Outputs 창이 열린다. 일반적으로 Outputs 지정은 멀티 존 건물 모델링의 마지막 단계이다. 필요한 경우 사용자는 전달 함수의 'Time base'를 조정할 수 있다. 기본값 1은 대부분의 경우에 가장 적합하지만, 중량 구조체인 경우에는 2~4까지 사용될 수 있으며, 경량 구조체의 경우에는 0.5가 사용될 수 있다.

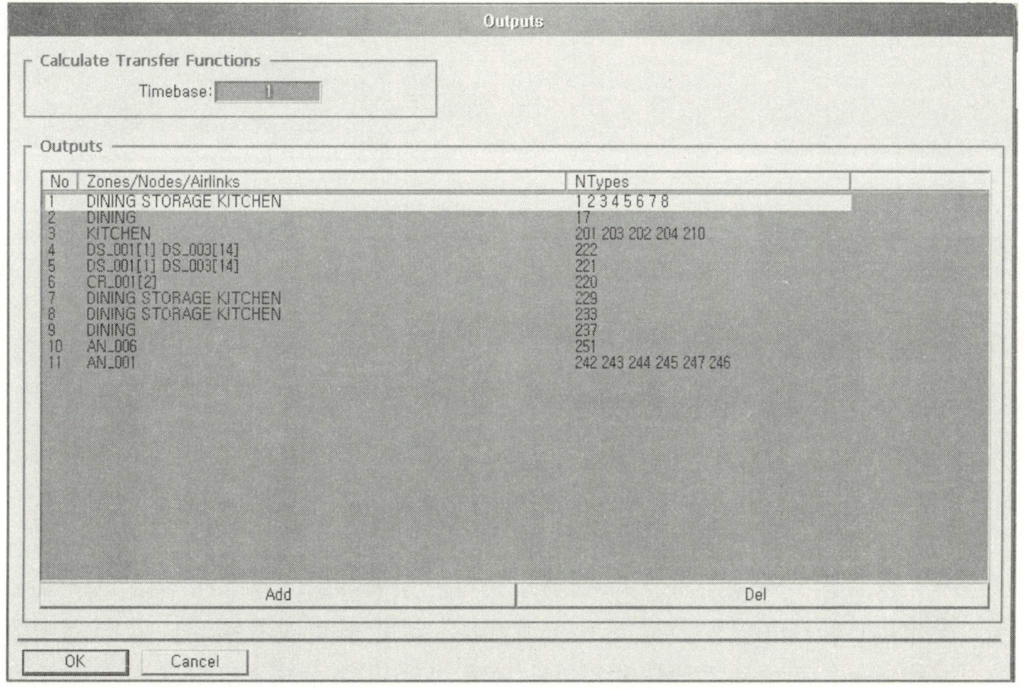

[그림 3-4] Outputs window 예[REST_com]

주의 : TRNSYS 입력 파일 [*.dck]의 시작 시간(start time)은 반드시 Time base와 일치해야 한다.

게다가 사용자는 소위 NTypes라 불리는 Type 56의 Outputs을 삭제, 추가, 편집할 수 있다. 기본 Outputs으로 지정된 모든 존들에 대하여 존 공기 온도 (NType 1)와 현열 에너지 소비량(NType 2)이 제공된다.

새로운 Outputs를 추가하기 위해 사용자가 [Add] 버튼을 클릭하면, [그림 3-5]와 같은 새로운 사용자 지정 Outputs를 추가할 수 있는 Output Data 창이 열린다.

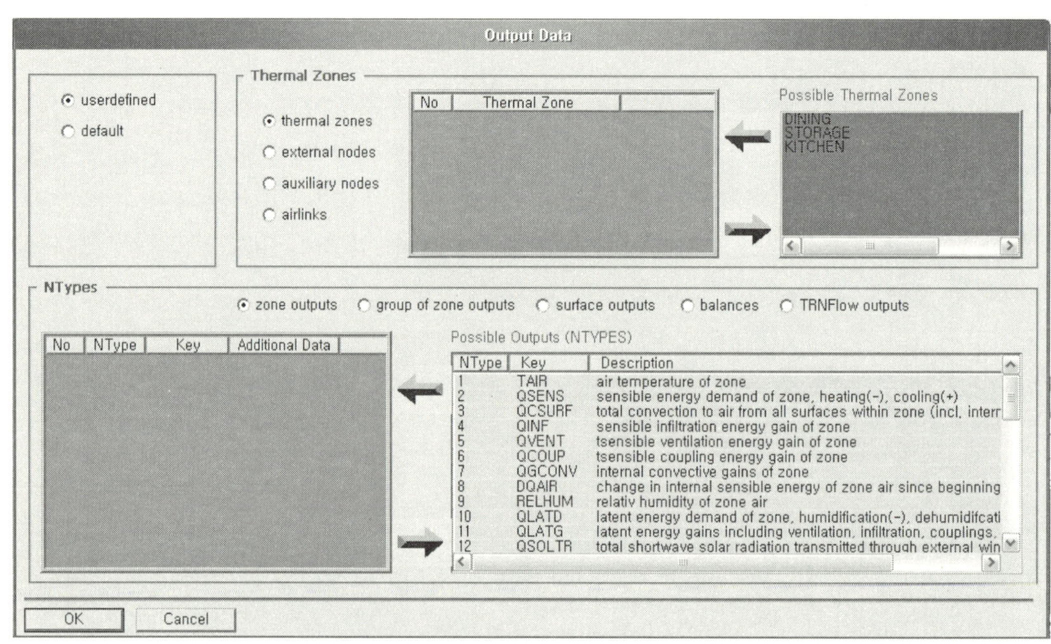

[그림 3-5] 새로운 사용자 지정 Output 추가창 예[REST_com]

사용자는 여기서 다음 옵션들을 갖는다.

◉ Default 설정을 사용할 수 있다.

◉ 하나 또는 그 이상의 존을 선택하기 위해 상단의 상자들 사이의 화살표를 사용하거 나 insert와 delete 키를 사용한다.

선택된 항목들이 좌측 상자에 나타난다. 원하는 출력값을 지정하기 위해 하단의 목 록상자(list box)를 이용한다. 선택된 출력값은 하단 좌측 상자에 나타나며, 동시에 선택된 항목들은 중복 선택을 방지하기 위해 하단 우측 상자에서 다른 색으로 보여진다.

- 하나 또는 그 이상의 존에 대한 출력값을 추가할 때, 열적 모델링(thermal model-ling)의 연속성 검사에 매우 도움이 되는 thermal energy, solar radiation and humidity에 대한 balances가 이용 가능하다.

- 만약 소위 surface outputs가 선택되면 좌측 상자의 NType을 더블 클릭하여 원하는 표면들을 지정할 수 있다. 이렇게 하면 선택된 표면 번호들이 표시된다. 또한, NType 28의 경우 스케줄들은 좌측 상자의 NType을 더블 클릭하여 지정되어야 한다.

이전에 지정된 Outputs를 편집하기 위해서는 좌측 NTypes 개요 창에서 해당 Outputs를 더블 클릭한다.

기타 상세한 내용은 독립된 장에서 다루도록 한다.

4. Zone 설정창

Zone 창은 [그림 4-1]과 같이 건물의 열적 존을 표현하는 데 필요한 모든 정보를 포함한다.

새로운 존을 추가하기 위해 Zones 메뉴에서 Add zone을 클릭한다. 반대로 기존 존을 삭제하고자 할 경우에는 Zones 메뉴에서 Delete active zone을 클릭하면 된다.

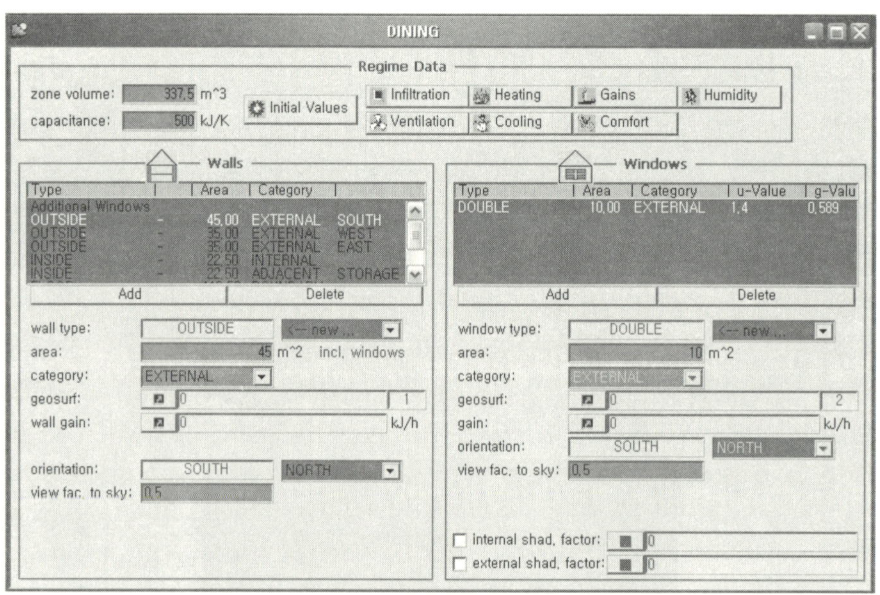

[그림 4-1] 존 설정창 예[REST_com-DINING]

사용자는 우측 마우스를 클릭함으로써 Zone manager를 이용할 수 있다. 기존의 존을 열기 위해 Zone manager 내의 해당 존을 클릭한다. Window 95와 98은 버그로 인하여 사용자는 한번에 최대 6개의 존을 열 수 있다.

존을 묘사하는 데이터는 4개의 큰 부분으로 구분될 수 있다.

(1) 요구되는 Regime Data

(2) Zone의 Walls

(3) Zone의 Windows

(4) Infiltration, Ventilation, Cooling, Heating, Gains 그리고 Comfort를 포함한
　 운전 특성과 선택적인 기기 데이터

새로운 존에 데이터를 입력할 때, 사용자가 위의 순서로 작업을 진행할 것을 권장하고
있다.

4-1 요구되는 Regime Data의 입력

다음의 데이터가 Zone 창의 Regime Data 부분에서 입력된다.

● Zone volume : 존 내부의 공기의 체적이다.

● Capacitance : 벽체로써 고려되지 않는 즉, 가구 등과 같은 내부 열용량 물체를 포
함한 존 공기의 총 열용량

● ☼ Initial Values 버튼을 클릭 → [그림 4-2]가 생성됨.

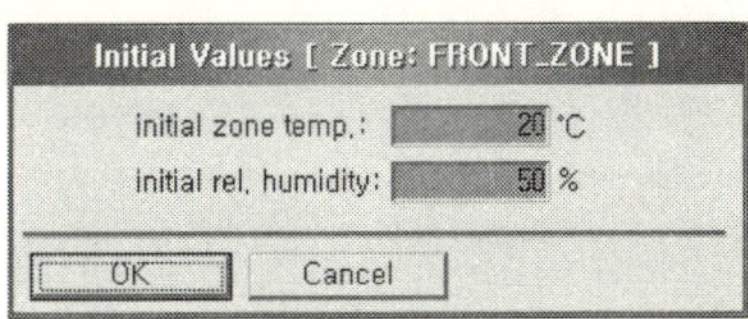

[그림 4-2] Initial Values 설정창

　• initial zone temp : 존 공기의 초기 온도

　• initial rel. humidity : 존 공기의 초기 상대습도

● ☼ Humidity 버튼을 클릭 → [그림 4-3]이 생성됨.

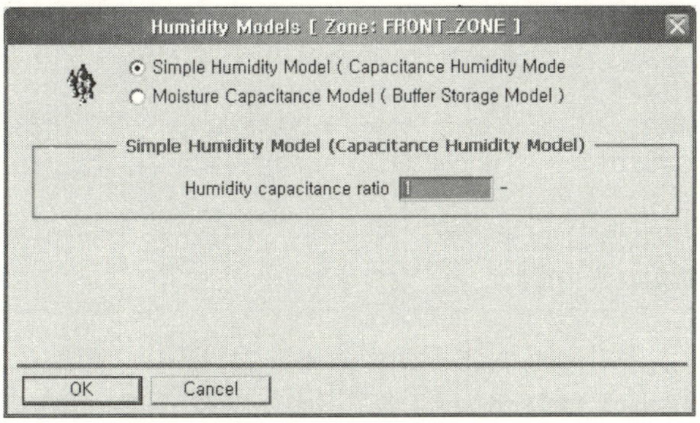

[그림 4-3] Humidity Models 설정창

• Humidity Model : a simple (capacitance) 또는 detailed (buffer storage) model

◉ 입력을 단순화시키기 위하여, zone volume를 제외한 모든 매개변수들에 대한 기본값들이 제공된다. capacitance는 기본값 (1.2×zone volume)으로 자동적으로 설정될 것이다. 그러나 사용자는 주의깊게 기본값을 검토해 필요한 경우 이들을 조정할 것을 권장하고 있다.

존 내의 습기의 완충효과(buffer effect)를 모델화하기 위해, 2개의 습기 모델들이 이용 가능하다. Simple Humidity Model은 단지 Humidity Capacitance Ratio만이 지정되어야 하는 Effective Capacitance Model을 나타낸다. Humidity Capacitance Ratio는 공기의 Humidity Capacitance에 존 내부의 다른 물체의 Humidity Capacitance를 더하여 입력된다.

Simple Model에 추가하여 보다 상세한 Moisture Capacitance Model이 TRNSYS 14.2부터 추가되었다. 이 모델은 표면과 내부 저장 부분을 구분하여 독립된 습도의 완충효과를 묘사한다. 각 Buffer는 [그림 4-4]와 같이 3개의 변수들에 의해 지정된다.

Surface buffer storage의 교환계수(exchange coefficient)는 존 공기와 Surface buffer 사이의 습기전달을 묘사한다. Deep buffer surface의 교환계수는 표면과 Deep buffer storage 사이의 습기전달을 묘사한다.

이 모델에 대한 상세한 설명을 메인 TRNSYS Reference Manual을 참고하기 바란다.

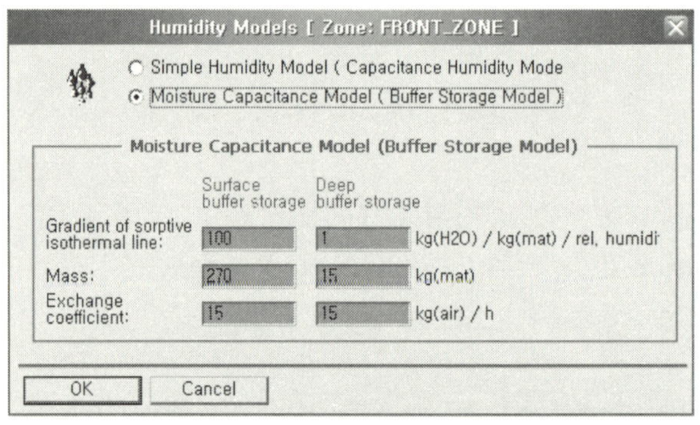

[그림 4-4] 상세 습기 모델 설정창

4-2 벽체(Walls) 정보 입력

Zone에 포함되는 벽체에 대한 정보는 Zone 설정창의 좌측 하단에 표시되며, 사용자는 벽체를 추가, 삭제 또는 편집할 수 있다. 좌측 상단의 개요상자(overview box)는 지

정된 모든 벽체을 보여준다. 이 개요상자 내의 벽체를 클릭함으로써, 선택된 벽체의 정
의가 아래에 표시되며 편집될 수 있다. 지정된 벽체를 삭제할 때에는 개요상자 내의 벽
체를 선택하고, [Delete] 버튼을 클릭하면 된다.

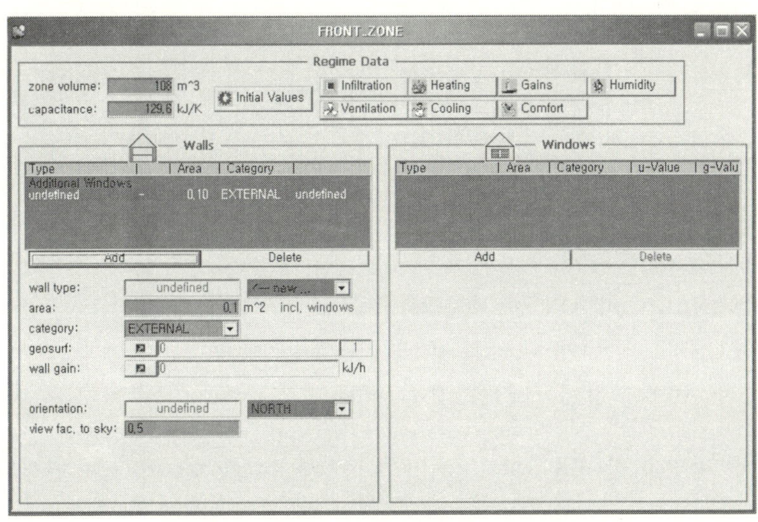

[그림 4-5] 새로운 벽체를 추가한 예

새로운 벽체를 추가하기 위해 [Add] 버튼을 클릭하면, [그림 4-5]와
같이 'undefined wall'이 추가된다. 이 새로운 벽체를 지정하기 위해 필요한 것은 다음
과 같다.

● **wall type**

벽체 유형은 우측의 풀-다운 메뉴를 이용하여 지정될 수 있다. 이 메뉴는 벽체
유형을 지정함에 있어 4가지 선택 옵션을 제공한다. new, library, coldbridge ef-
fect 또는 이전에 지정된 벽체 type이 그것이다. 이들에 대한 것은 다음 절에 자세
히 설명된다.

그리고 여기서 선택된 벽체 유형의 이름이 display box에 나타난다.

● **area**

[그림 4-6]과 같이 벽체의 면적을 입력하는 곳으로 창문을 포함한 면적이다. 내
벽의 경우 면적은 2개가 되어야 하며, 이것은 존에 노출된 벽체의 표면이 양측면
모두이기 때문이다.

[그림 4-6] 벽체 면적 입력창

● **category**

이 벽체의 category는 기본값으로 EXTERNAL로 설정되어 있다. 이것을 변경하기 위해 [그림 4-7]과 같이 우측의 풀-다운 메뉴를 이용하여 원하는 벽체의 category를 선택하면 된다.

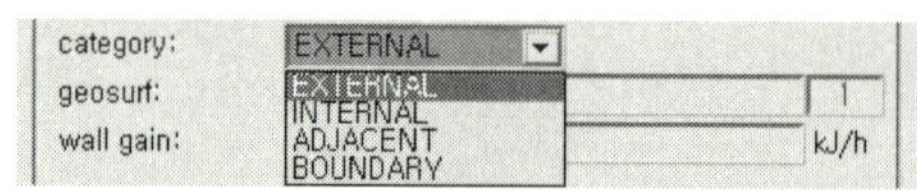

[그림 4-7] Category 풀-다운 메뉴 항목

- EXTERNAL : 외벽
- INTERNAL : 하나의 존 내부의 벽체
- ADJACENT : 두 개 이상의 존에 인접하는 벽체
- BOUNDARY : 경계 조건을 갖는 벽체

주의 : 이전 버전과 반대로 wall gain이 지정되면, wall category는 변경되지 않는다.

● **geosurf**

존으로 유입되는 직달 일사의 분포에 대한 사용자에 의해 지정될 수 있는 명백한 분포인자(distribution factor)이다. 이 값은 표면에 부딪히는 전체 유입된 직달 일사의 비율을 나타낸다.

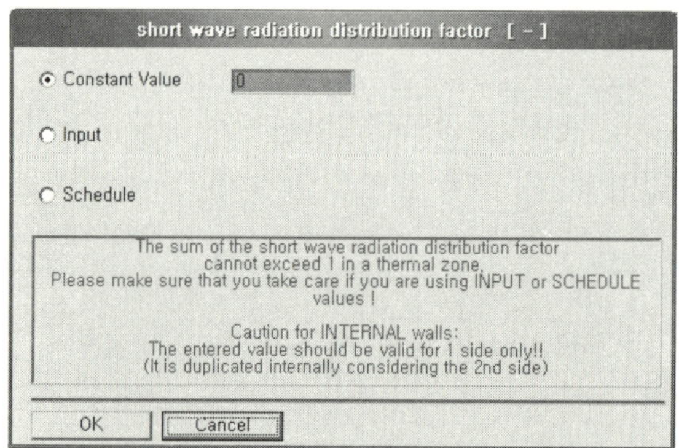

[그림 4-8] 직달 일사 분포계수 입력창

그리고 이들 모든 값들의 합은 하나의 존에서 1을 초과할 수 없다. 존 내부에서 태양의 움직임에 대한 보정은 스케줄이나 입력값을 지정함으로써 모델화될 수 있다. geosurf의 기본값은 0이다. 만약 하나의 존에서 이 값의 합이 0이면, 직달 일사는 확산 일사와 동일한 방법으로 분포된다. 즉, 면적비에 가중되어 흡수된다.

  주의 : 이전 버전의 경우 확산 및 직달 일사는 항상 가중 면적비에 의해 흡수되어 분포되었다.

● **surface number**

벽체 번호는 각 표면을 인식하기 위해 사용되는 고유한 숫자이다. 이 번호는 TRNBuild에 의해 자동적으로 생성되며, [그림 4-7]에서 알 수 있듯이 geosurf의 우측 끝에 파란색으로 표시된다.

● **Wall Gain**

Wall Gain의 경우 [그림 4-9]와 같이 내부 벽체 표면의 에너지 플럭스를 지정한다.

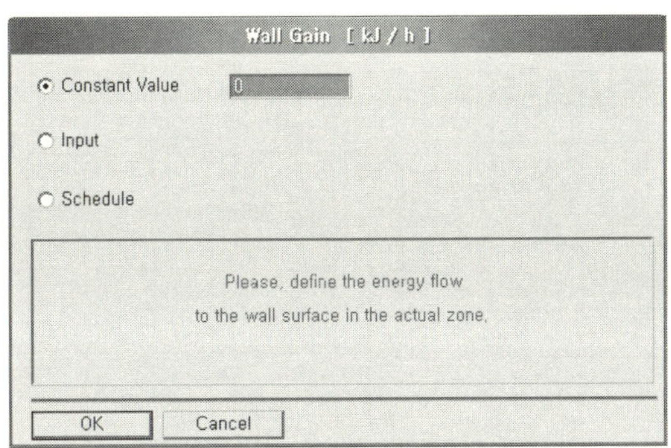

[그림 4-9] Wall Gain 설정창

다른 요구되는 입력 데이터의 표시는 대부분 자동적으로 조정된다. 천공과의 형태계수(view factor to the sky)의 경우, 수평면은 1, 수직면은 0.5이며, 항상 1 이하의 값을 갖는다. 이 값은 외기와 천공 온도 간의 가중인자로써 사용된다.

1. The Wall Library

새로운 벽체 유형을 생성하기 전에 먼저 사용자는 Zone 설정창 내의 Wall Type 풀-다운 메뉴로부터 Library를 선택함으로써 벽체를 검토할 것을 권장하고 있다. 이 Wall Library 창은 [그림 4-10]과 같다.

여기서, 사용자는 마우스로 두 개의 다른 라이브러리([그림 4-10]의 프로그램 라이브러리와 사용자 라이브러리)로부터 벽체 구성을 선택하기 위해 마우스를 이용하면 된다. Options 메뉴의 Settings 명령에서 German Library 버전이 선택되면, VDI 2078에 따른 일반적인 벽체 구성이 이용 가능하다. [그림 4-10]과 같이 미국 버전이 선택되면, ASHRAE 표준에 따른 144개의 벽체 구성이 제공된다.

벽체의 지정은 사용자 지정 라이브러리 또는 상단에 보이는 표준 라이브러리에서 불러올 수 있다. 이 모든 경우 경로와 파일명은 대화식 파일 대화상자의 이용에 의해 벽체에서 벽체로의 변경이 가능하다.

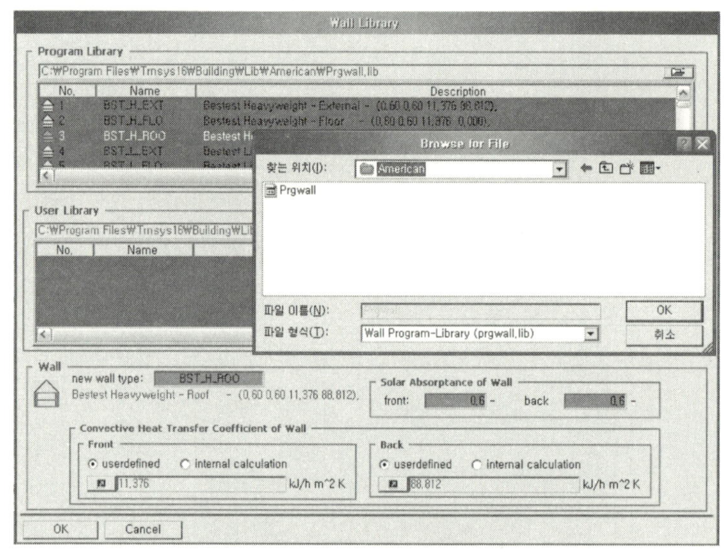

[그림 4-10] Wall Library 창

기본 벽체 유형의 이름은 선택된 후 프로그램에 의해 주어진다. 그러나 보다 의미있는 이름으로 변경될 수 있다. 내·외표면에 따른 벽체 표면의 흡수율과 대류 열전달 계수에 대한 'front'와 'back'의 기본값은 수직, 수평, 외벽에 대한 각각 내표면과 외표면에 대응한다. 그러므로 이들은 원하는 벽체 category에 기초하여 조정될 필요가 있다.

대부분의 경우 일정한 값의 열전달 계수만으로 충분하지만, 만약 원한다면 내부 계산(internal calculation)을 선택하는 것이 가능하다. 사용자는 적절한 열전달 메커니즘을 맞추기 위해 벽체가 바닥, 천장 또는 수직 벽체인지를 선택해야 할 것이다.

2. 새로운 벽체 유형 지정

새로운 벽체 유형을 지정하기 위해 Zone window 내의 Wall Type의 풀-다운 메뉴로부터 New를 선택하면, [그림 4-11]과 같은 창이 화면에 나타날 것이다. 그렇게 하면 사용자는 이 창에 벽체 유형에 대한 고유한 이름, 흡수율, 대류 열전달 계수를 입력하고, 벽체 유형에 대한 구성을 지정해야 한다. 벽체는 반드시 내표면에서 외표면 순서로 일련의 레이어들로 지정되어야 한다. 앞에서 설명한 것과 같이 사용자는 새로운 레이어를 생성하거나, [그림 4-12]의 라이브러리 또는 기존에 지정된 레이어들로부터 선택할 수 있다.

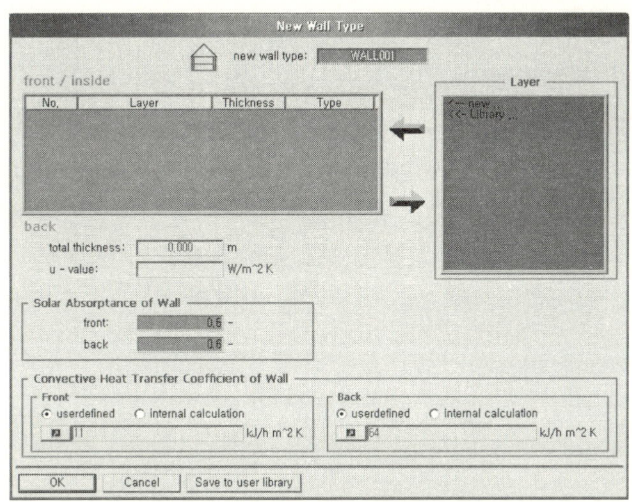

[그림 4-11] New Wall Type 창

선택된 레이어의 두께를 입력하면 좌측 상자에 표시된다. 좌측 상자의 레이어 두께는 마우스 더블 클릭을 통해 수정될 수 있다(**Note** : In contrast to the previous version the layer thickness is no longer part of the layer type!!).

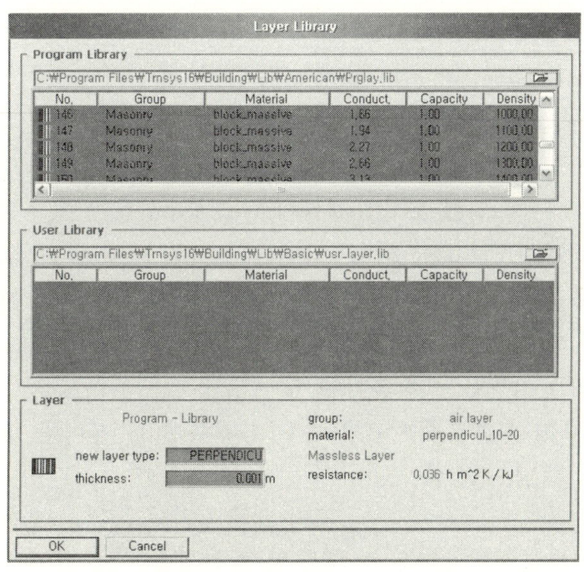

[그림 4-12] Layer Library 창

TRNBuild는 전체 벽체 두께뿐만 아니라 표준 U-value를 계산한다. 이 표준 U-value는 내측 7.7 W/(m$^2\cdot$˚K)와 외측 25 W/(m$^2\cdot$˚K)의 대류 열전달 계수를 포함하여 결정된다.

새로운 레이어를 지정하기 이전에 사용자는 먼저 레이어 상자의 Library를 클릭하여 [그림 4-12]와 같이 제공되는 레이어 라이브러리를 검토해야 한다. 여기서, 사용자는 두 종류의 라이브러리(program library와 user library)로부터 레이어를 선택하기 위해 마우스를 사용할 수 있다. 만약 옵션 메뉴의 'Settings'에서 German Library version이 선택되었다면, DIN 4180에 따른 500개 이상의 레이어들이 이용 가능하다.

프로그램에 의해 레이어 이름이 기본값으로 주어지지만, 사용자가 보다 의미있는 이름으로 변경할 것을 권장한다. 끝으로 사용자는 선택한 레이어 두께를 지정하면 된다.

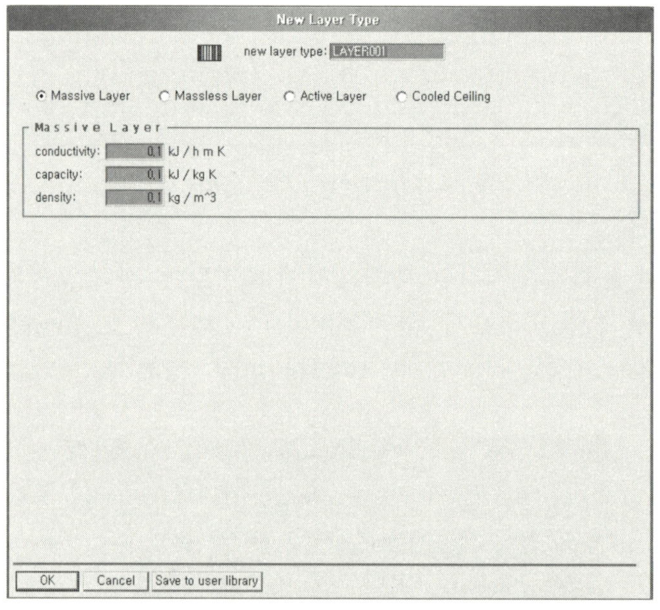

[그림 4-13] New Layer Type 창

만약 사용자가 새로운 레이어를 지정하면, [그림 4-13]과 같은 창이 화면에 나타난다. 사용자는 레이어에 대한 해당하는 재료 물성값을 입력할 수 있다. 새롭게 지정된 레이어를 저장하기 위해 [OK] 버튼을 클릭하기에 앞서 Save to user Library 버튼을 누른다. 이후 저장된 레이어는 다른 프로젝트에서 이용 가능하게 될 것이며, 이전에 지정된 레이어 라이브러리창에 나타날 것이다.

다시 프로그램 lib 또는 사용자 lib의 경로와 파일명은 파일 대화상자를 이용하여 각 선택된 레이어에 대하여 변경될 수 있다.

새로운 레이어의 지정을 위한 4가지 옵션이 있다.

- Massive : 모든 벽체 구성에 일반적으로 사용되며, 열용량이 고려되는 레이어이다.
- Massless : TRNBuild가 massive 레이어를 갖는 벽체의 열전달 함수를 생성할 수 없는 경우에 사용되며, 이 경우 이 레이어 유형은 열용량이 무시될 수 있는 매우 얇은 레이어에 대하여 사용된다.
- Active : 모세관 튜브 시스템과 바닥 냉난방 시스템 그리고 콘크리트 내부의 냉각 또는 가열에 대하여 사용된다.
- Cooled Ceiling : 벽체의 나머지로부터 단열층 또는 공기층에 의해 분리된 냉각된 천장 패널에 사용된다.

벽체 구성에 추가하여 태양 에너지 흡수율이 요구되며 벽체 마감에 따른 흡수율은 다음과 같다.

〈표 4-1〉 벽체 마감에 따른 흡수율

Outside surface	Solar absorptance coefficient
roof tile, colored ceramic, slate, concrete	
• rough surface, dark red	0.75 … 0.80
• smooth surface, dark color	0.70 … 0.75
• asbestos concrete	0.60 … 0.65
roof coating	
• green	0.60 … 0.65
• aluminum color	0.40 … 0.45
• light grey, bright	0.30 … 0.40
• white, smooth	0.20 … 0.25
exterior wall	
• smooth surface, dark color	0.70 … 0.75
• rough surface, medium bright color yellow and yellow red clinker, brick	0.65 … 0.70
• smooth surface, medium bright color (chalky sandstone, asbestos concrete)	0.60 … 0.65
• rough surface and white color	0.30 … 0.35
• smooth surface and white color	0.25 … 0.30
metallic surface	
• zinc sheet, aged and dirty	0.75 … 0.80
• aluminum, matted surface	0.50 … 0.55
• aluminum color	0.35 … 0.40
• bright and polished surface	0.20 … 0.25

주의 : 이전 버전과 달리, 일사 흡수율은 일사량 분포에 대하여 사용되지 않는다. 일사량 분포는 distribution factor인 Geosurf에서 실행된다.

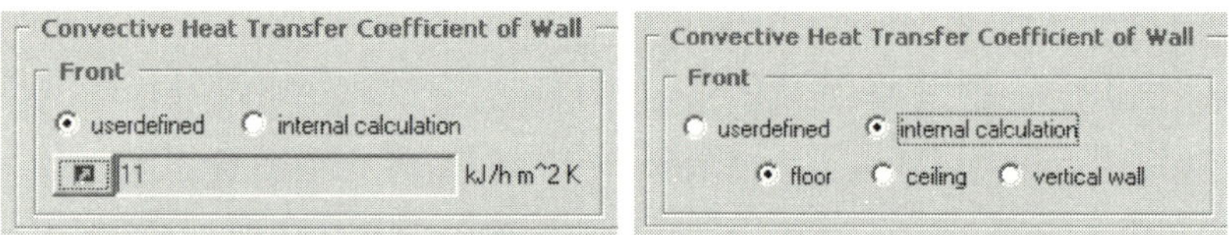

[그림 4-14] Heat Transfer Coefficient의 지정

끝으로 [그림 4-14]와 같이 대류 열전달 계수가 지정되어야 하며, 일반적인 값은 다음과 같다.

- 내부(inside) : 11 $kJ/m^2 \cdot h \cdot °K$
- 외부(outside) : 64 $kJ/m^2 \cdot h \cdot °K$

3. Definition of a Wall with an Active Layer

복사 냉난방 모델링의 경우 'Active Layer'가 벽체, 바닥 또는 천장에 추가된다. 이 레이어는 'Active'라 불리며, 여기에는 표면으로부터 열을 공급 또는 제공하는 유체로 채워진 파이프를 포함하고 있다. 일반적으로 지정 과정은 일반 벽체 지정과 유사하게 시작된다. 그리고 [그림 4-15]에서 알 수 있듯이 이 레이어는 5개의 매개변수에 의해 묘사된다.

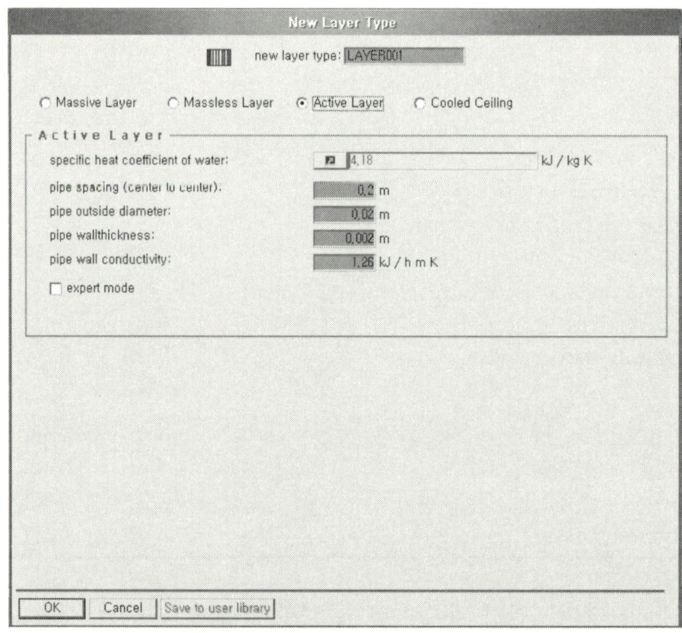

[그림 4-15] New Active Layer 지정

Active Layer를 포함하는 표면의 경우 표면과 존 사이의 대류 열전달 계수는 Active Layer의 온도에 의존한다. 결론적으로 열전달 계수의 'Internal Calculation'을 사용할 것을 강력히 권장한다.

벽체 지정이 완료된 후 벽체 개요상자에 '▥'이 나타난다. 게다가 Zone 설정창의 지정된 벽체를 나타내는 상자에 Active Layer를 나타내는 '▣'가 포함되며, 벽체 개요상자에 [그림 4-16]과 같은 버튼이 표시된다.

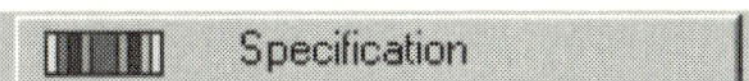

[그림 4-16] Active Layer Specification Bar

이 버튼을 클릭함으로써 [그림 4-17]과 같은 inlet mass flow rate, inlet temperature, number of fluid loops and additional energy gain at the fluid level 등을 입력할 수 있다.

루프의 개수는 파이프 길이 계산을 위해 사용되며 그 식은 다음과 같다.

$$\text{pipe length} = \frac{\text{wall area}}{\text{pipe spacing} \cdot \text{number of loops}}$$

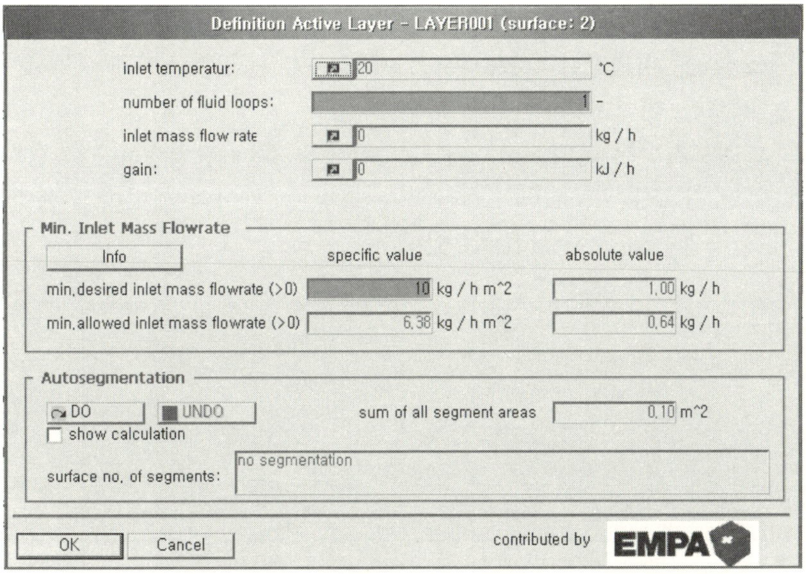

[그림 4-17] Definition Active Layer 설정창

이것을 통해 다음의 Thermo_active system들이 모델화될 수 있다.

● Concrete core cooling and heating

- Capillary tube system
- Floor heating and cooling systems

Concrete core cooling and heating

매뉴얼에 주어진 방정식들에 따라 최소 질량 유량은 입·출구 측 온도 사이의 지수 곡선의 선형화가 가능하도록 하기 위해 필요하다. 대부분의 경우 지정된 질량 유량은 13 kg/m^2·h(the exact value is calculated for each Active Layer)보다 크게 되어야 한다. 그러므로 일반적인 파이프 시스템은 2구획에 의해 모델화될 수 있다. Active Layer와 인접한 양측 레이어의 두께는 반드시 (0.3 × 파이프 간격)보다 크게 지정되어야 한다.

Capillary tube system

이전 버전에 추가하여 Capillary tube systems 또한 모델화될 수 있다. 그러나 불행히도 일반적인 파이프 시스템과 같이 2구획으로 불충분하며, 입력된 데이터에 의존하여 최대 8구획까지 요구된다.

Floor heating and cooling system

바닥 냉·난방 시스템의 지정의 경우 다음의 안내 순서를 따른다.

(1) 바닥 난방 시스템의 레이어를 입력하는 경우 두께가 (0.3 × 파이프 간격)보다 큰 Active Layer와 인접한 레이어의 두께로 시작한다.

(2) Active Layer를 지정한다. 자동적으로 Active Layer 위의 레이어와 같은 물성값을 갖는 새로운 레이어가 아래에 추가된다.

(3) 적어도 열전도저항이 0.825(m^2·°K/W) 이상을 갖는 단열층을 입력한다.

(4) 그렇게 하면 사용자는 Active Layer와 단열재 층 사이의 레이어 두께(두께 ≥ 1/2 × 파이프 바깥지름)를 수정할 수 있다.

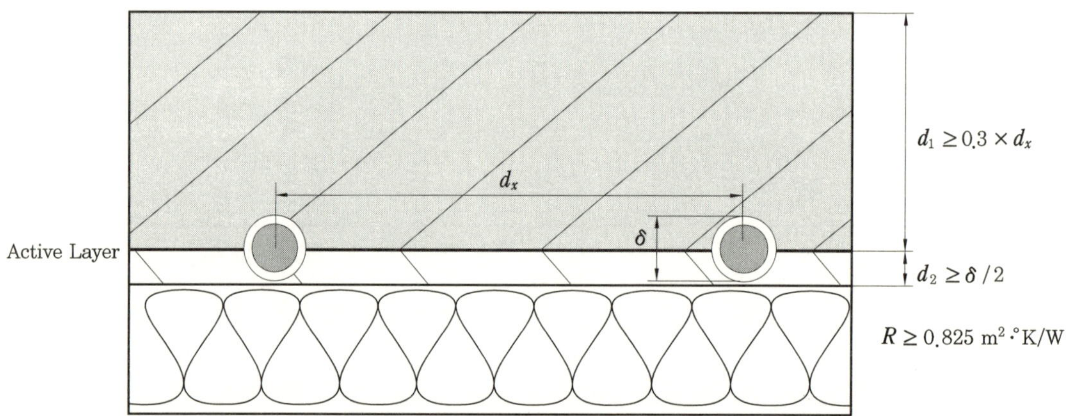

[그림 4-18] Wall with an Active Layer for floor heating or cooling

(5) 입력을 완료한 후에 사용자는 'Regime Data' 창으로 되돌아간다. Active Layer 벽체를 선택하면, [그림 4-16]의 specification 버튼을 볼 수 있을 것이며, 이것을 클릭하면, [그림 4-17]의 창이 나타난다.

(6) 단위 면적에 대한 질량 유량, 파이프 지름, 간격 등의 지정된 값에 의존하여, 몇 개의 부분으로 구분하여 지정할 필요가 있다. 첫 번째 부분은 난방 시스템으로 최고 표면온도, 실내로의 최고 열류를 포함한다. 다음 부분은 다소 작아진다. Active Layer의 이용을 쉽게 하고 물리적으로 정확한 이용을 지원하기 위해, 소위 'Autosegmentation'이라 불리는 자동 specification이 제공된다. [그림 4-19]의 DO 버튼을 클릭하면, 구획들에 대한 표면의 적당한 개수가 생성될 것이다. 만약 사용자가 이 계산에 관한 상세를 보고자 한다면, DO 버튼을 클릭하기 전에 'show calculation' 체크상자를 체크하면 된다.

주의 : 이 체크는 분할 후 사라진다. 구획과 관련된 표면의 개수가 어떠한 구획도 필요하지 않은 경우를 제외하고는 'surface number of segments' 창에 보인다.

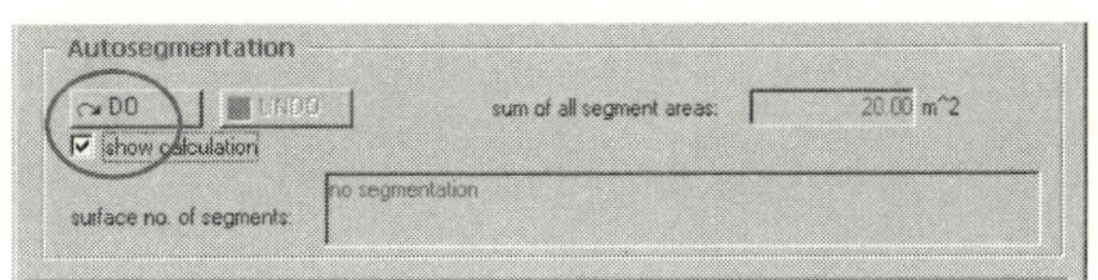

[그림 4-19] Autosegmentation의 DO 버튼 실행 예

(7) 끝으로 [OK] 버튼을 클릭하면 벽체 지정창에 ASn에 의해 지시되는 사용자가 지정한 Active Layer 벽체를 볼 수 있다.

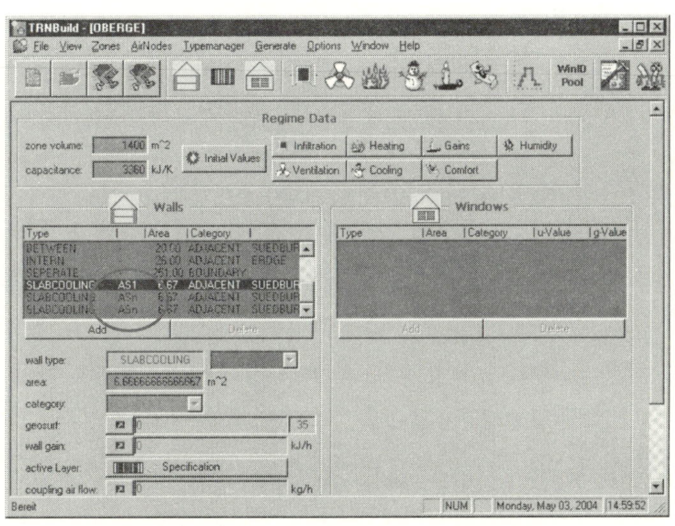

[그림 4-20] Autosegments AS1과 ASn …

Active Layer의 본래 면적 값은 [그림 4-20]에서 볼 수 있듯이 이들 표면들 사이에 균등하게 분포된다.

[bui-file] syntax는 허용된 최소 질량 유량에 대하여 키워드 MFLOWMIN을 사용하며, 관련된 벽체 구획들의 목록에 대하여 키워드 ASEGSURF를 사용한다.

```
WALL =BDU_AL1133 : SURF= 91 : AREA=        7 : BOUNDARY=INPUT 1*TRAUM : INTEMP = INPUT 1*TINAL1 : MFLOW = INPUT 1*MFTAB : NLOOP = 1 :
: MFLOWMIN = 2 : ASEGSURF = 91 ,5 ,6 ,
WALL =BDU_AL1133 : SURF= 5 : AREA=         7 : BOUNDARY=INPUT 1*TRAUM : MFLOW = INPUT 1*MFTAB : NLOOP = 1 :
: MFLOWMIN = 2 : ASEGSURF = 91 ,5 ,6 ,
WALL =BDU_AL1133 : SURF= 6 : AREA=         7 : BOUNDARY=INPUT 1*TRAUM : MFLOW = INPUT 1*MFTAB : NLOOP = 1 ;
: MFLOWMIN = 2 : ASEGSURF = 91 ,5 ,6 ,
```

[그림 4-21] Keywords associated with segmentation

4. Definition of a Wall with a Cooled Ceiling Layer

천장 냉방 패널 모델링의 경우, 'Cooling Ceiling' 레이어는 [그림 4-22]와 같이 천장 지정에 추가된다. 이 레이어는 단지 위치 1(position 1) 또는 벽체 지정의 마지막 위치에서 front/back 전환을 이용하는 인접한 벽체의 경우에만 추가될 수 있다.

게다가 파이프 간격 및 안지름, 유체의 비열과 같은 매개변수들에 냉각된 천장 패널에 필요한 경우 German norm DIN 4715-1의 시험 조건들에서의 성능을 지정하기 위한 추가적인 매개변수들이 지정된다. 이 매개변수들은 specific norm power, specific norm massflow, norm area 그리고 norm number of loops가 있으며, 천장 냉각 패널의 제작자들로부터 얻어질 수 있다.

천장에 결합되기 위한 천장 냉각 패널의 2개의 옵션이 있다.

첫 번째는 천장과 냉각 패널 사이의 공기층이다. 이 경우 공기층과 공기층 내의 열전달은 내부적으로 모델화되며, 공기층은 레이어로써 지정되지 않는다. 그러므로 벽체 지정에 있어 냉각 천장 다음의 레이어는 콘크리트 레이어가 될 수 있다.

두 번째 옵션은 직접 접촉이다. 이 경우 벽체 지정에서 다음 레이어에 요구되는 모델은 열저항이 10 이상인 단열재층이 된다.

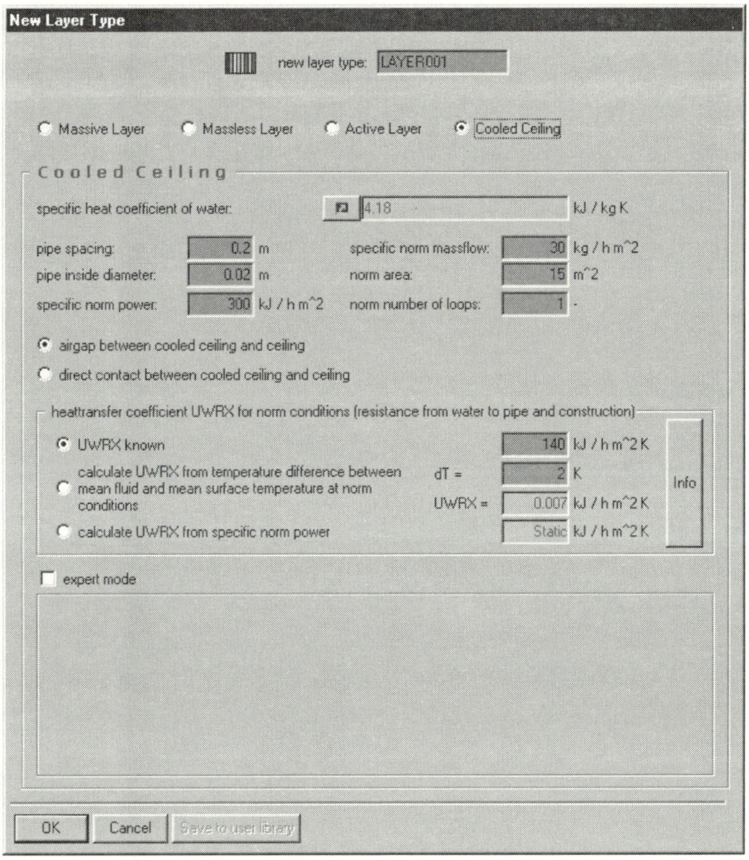

[그림 4-22] Cooled Ceiling 설정창

대류와 복사 부분으로 지정된 표준 파워(norm power)를 구분하기 위해, 평균 표면
온도 $\overline{\vartheta}_{0,kd}$는 [그림 4-23]과 같이 DIN 4715-1의 천장 냉각 패널 시험의 표준 출력값
인 평균 유체 온도 $\overline{\vartheta}_w$의 시험 조건들로써 알려져야 한다.

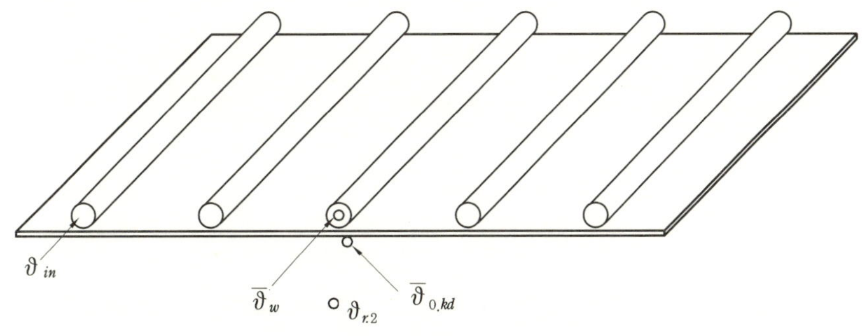

[그림 4-23] Cooled Ceiling panel

[그림 4-24]는 DIN 4715-1의 천장 냉각 패널의 시험 조건들에 대한 열저항 모델을 보여준다. 열전달 계수 $U_{wrx} = 1/(R_w + R_r + R_x)$의 경우, 평균 표면 온도는 특정 조건에 대하여 계산될 수 있다.

열전달 계수 U_{wrx}는 일반적인 천장 냉각 패널에 사용된 근사값을 갖는 지정된 표준 파워나 사용자 지정 입력값으로부터 내부적으로 계산될 수 있다. 또한, 만약 시험 조건들에 대하여 알려진 경우, 평균 유체 온도와 평균 표면 온도와의 차는 직접 입력될 수 있다. 그럼 열전달 계수 U_{wrx}는 단지 정보로써 표시된다.

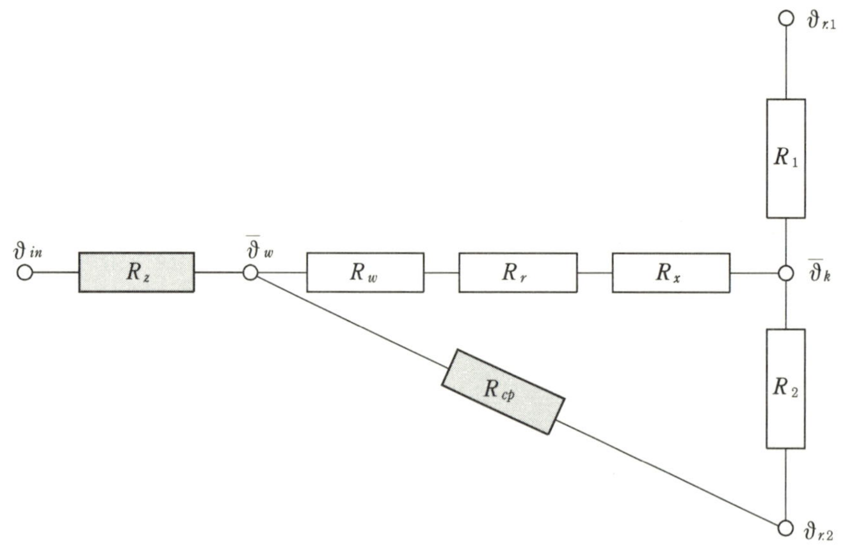

[그림 4-24] Resistance model for Cooled Ceiling test conditions after 4715-1

전문가 모드(expert mode)의 경우, [그림 4-25]와 같이 천장 냉각 패널의 상하부 측에 대한 추가적인 열전달 계수들이 추가되어야 한다. 또한, 공기층에서의 열전달의 계산을 위해 필요한 계수들이 수정될 수 있다.

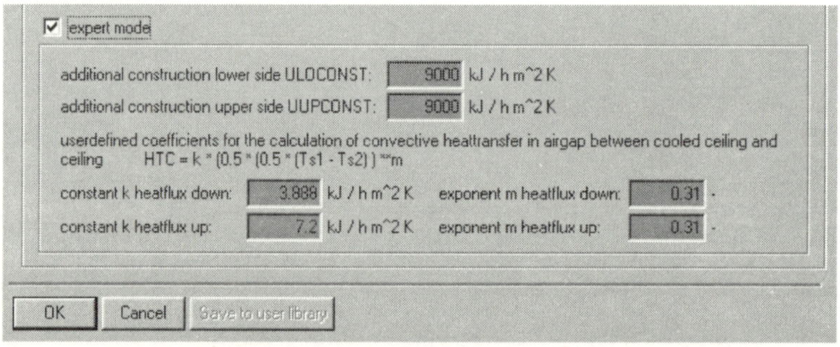

[그림 4-25] Expert mode for Cooled Ceiling

이 모델은 패널의 표면 온도와 존의 공기 온도에 의존하여 실내로의 대류 열전달을 자동적으로 계산한다. 이 모델은 대류 냉각 패널에 대한 표준 조건들에서의 성능을 맞추기 위한 fain-factor를 갖는 Type 80에 의해 계산된 열전달을 조정한다. 여기 천장 냉각 패널을 갖는 벽체에 대한 대류 열전달 계수 옵션은 [그림 4-26]과 같이 TRNBuild에 의해 항상 예측된다.

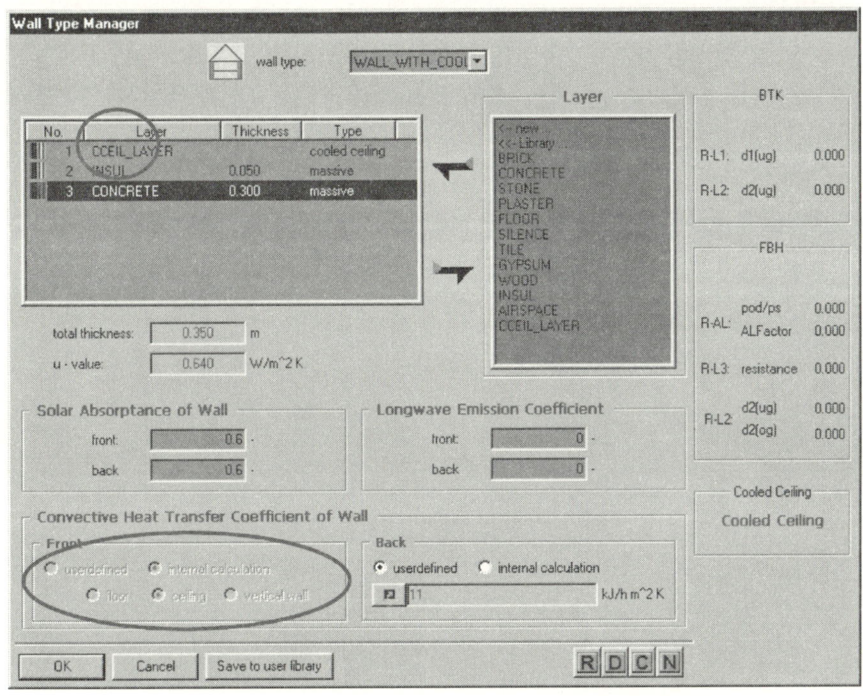

[그림 4-26] Wall with Cooled Ceiling Window

냉각된 천장을 갖는 벽체의 'specification bar'를 더블 클릭하면, [그림 4-27]과 같은 창이 열릴 것이다. 여기에서 냉각 천장을 갖는 각 벽체에 대한 입구 온도, 질량 유량 그리고 유체 루프의 개수를 입력할 수 있다.

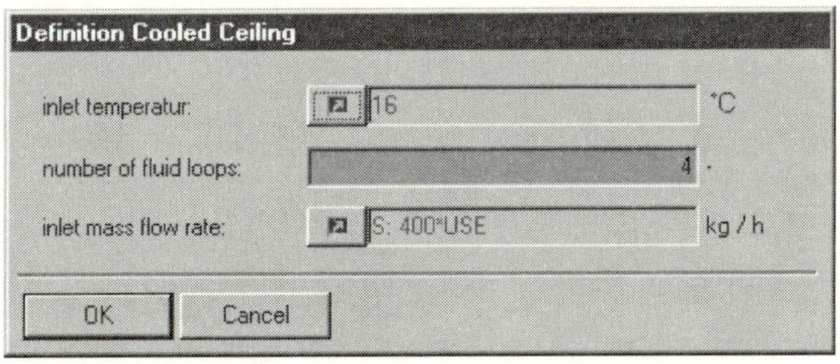

[그림 4-27] Cooled Ceiling Specification Window

5. Coldbridge Effect를 갖는 벽체의 지정

냉교 효과를 갖는 외벽을 지정하는 과정은 이전에 설명한 과정과 비슷하다. Zone 설정 창의 Wall Type의 풀-다운 메뉴로부터 Coldbridges를 선택한다. 그렇게 하면 [그림 4-28]과 같은 창이 화면에 생성된다. 사용자는 Wall Type에 대한 고유한 이름을 입력해야 한다. 이 이름은 Coldbridge Effect를 갖는 벽체로 인식되기 위해서는 CBR로 시작되어야 한다. 그런 다음에는 Coldbridge의 열저항이 입력되어야 한다. Layer Type은 Wall Type명에 의해 자동적으로 주어진다. 끝으로 벽체의 흡수율과 대류 열전달 계수가 지정되어야 한다.

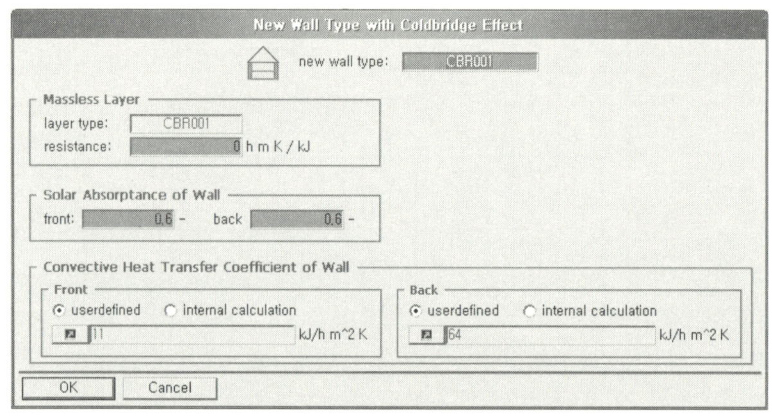

[그림 4-28] Coldbridge Effect를 갖는 새로운 벽체 설정창

[OK] 버튼을 클릭한 다음 Coldbridge의 길이를 입력해야 한다. 예를 들면, 만약 Coldbridge Effect가 두 외벽에 의해 형성되는 가장자리로 구성된다면, 이 가장자리의 길이가 입력되어야 한다. TRNBuild는 Wall Category를 자동적으로 'External'로 선택하고, 사용자는 방위와 천공과의 형태계수를 지정해야 한다.

4-3 Windows의 입력

창문은 외벽과 인접벽체 또는 관련된 벽체가 없는 추가적인 창문에 대하여 지정될 수 있다. 만약 외벽 또는 냉교 효과가 없는 인접 벽체가 벽체 개요상자에서 밝게 표시되면, Zone 설정창의 우측 부분에서 사용자에 의해 추가, 삭제 또는 수정된다.

개요상자 내의 Windows 클릭함으로써, 선택한 창문에 대한 설정이 아래에 표시되며, 수정될 수 있다. 지정된 창문을 삭제하기 위해서는 원하는 창문을 선택하고, Delete 버튼을 클릭하면 된다.

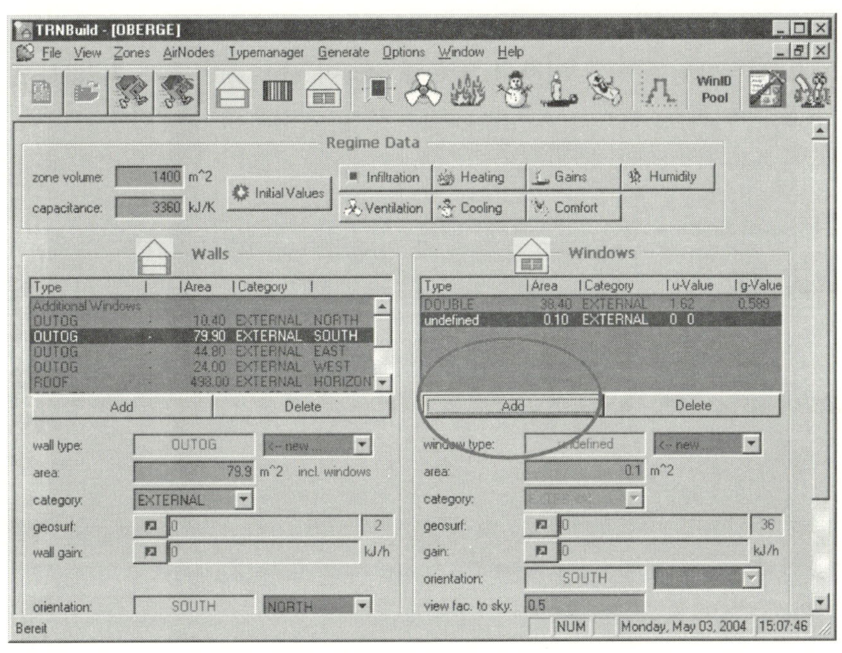

[그림 4-29] 새로운 Window를 추가한 화면

새로운 창문을 추가하기 위해 Add 버튼을 클릭하면 [그림 4-29]와 같이 추가된 'Undefined Window'가 나타난다. 이제 이 새로운 창문을 지정하기 위해 필요한 것들에 대하여 간단히 살펴보고자 한다.

● Window type

'Window type'은 우측의 풀-다운 메뉴를 이용하여 지정될 수 있다. 이 메뉴의 지정은 벽체와 동일하며 New, Library 또는 이전에 지정된 Window type을 통해 가능하다. 앞에서의 두 옵션들은 다음에 상세히 설명된다. 선택된 Window type명이 표시상자에 보인다. 또는 TRNBuild는 u-값과 g-값(solar heat gain coefficient)을 표시한다.

● area

[*.bui] 파일이 작성되면 입력된 창문의 면적은 자동적으로 해당 벽체 면적을 창문 면적만큼 줄이게 될 것이다.

● **category**

category는 벽체 Category(external 또는 adjacent)에 의존하여 TRNBuild에 의해 자동적으로 생성된다.

● **geosurf**

zone으로 유입되는 직달 일사의 분포에 대하여 사용자에 의해 지정될 수 있는 명백한 분포인자들(distribution factors)로 벽체의 경우와 동일하다.

● **surface number**

이 표면 번호는 표면을 인식하기 위해 사용되는 고유한 숫자이다. 이 숫자는 자동적으로 생성되며, geosurf 편집상자의 우측 끝에 푸른색으로 표시된다.

● **gain**

gain의 경우, 내부 창문 표면으로의 에너지 플럭스가 지정될 수 있다.

● **orientation**

창문의 방위는 Adjacent Windows와 소위 'Additional Windows'의 경우에 지정될 필요가 있다. 인접한 창문의 경우 front 측면 또는 back 측면의 방위가 사용될 수 있다.

● **shading device**

외부 창문의 경우 사용자는 내부 또는 외부 차양장치를 선택할 수 있으며, 이것의 음영계수(shading factor)를 지정해야 한다. DEF 버튼을 이용하여 이 음영계수는 상수, 입력값 또는 스케줄값이 될 수 있다. 인접한 창문의 경우 내부 차양장치는 단지 front 측면에만 지정될 수 있다.

요구되는 입력 데이터의 표시는 창문 category에 기초하여 자동적으로 조정된다. 천공과의 형태계수의 경우 이 값은 1보다 작아야 한다.

경사 β를 갖는 장애물이 없는 표면의 경우 다음 식에 의해 천공 형태계수(F_{sky})가 계산된다.

$$F_{sky} = \frac{(1 + \cos\beta)}{2}$$

이 값은 외기와 천공 온도 사이의 가중계수로써 사용되므로, 창문의 경우 특히 중요하다.

1. Library를 통한 창문 지정

새로운 창문 유형을 생성하기 전에 zone 설정창의 Window type의 풀-다운 메뉴로부터 Library를 선택하여, [그림 4-30]과 같은 Library 창을 통해 원하는 창문 유형을 선택할 것이 권장된다.

TRNBuild의 이전 버전들은 TRNSYS 시뮬레이션 모델들의 이식성(portability)에 기인한 문제를 가지고 있었다. 왜냐하면, Window Library data는 특정 라이브러리 경로와 이름으로 링크되었기 때문이다.

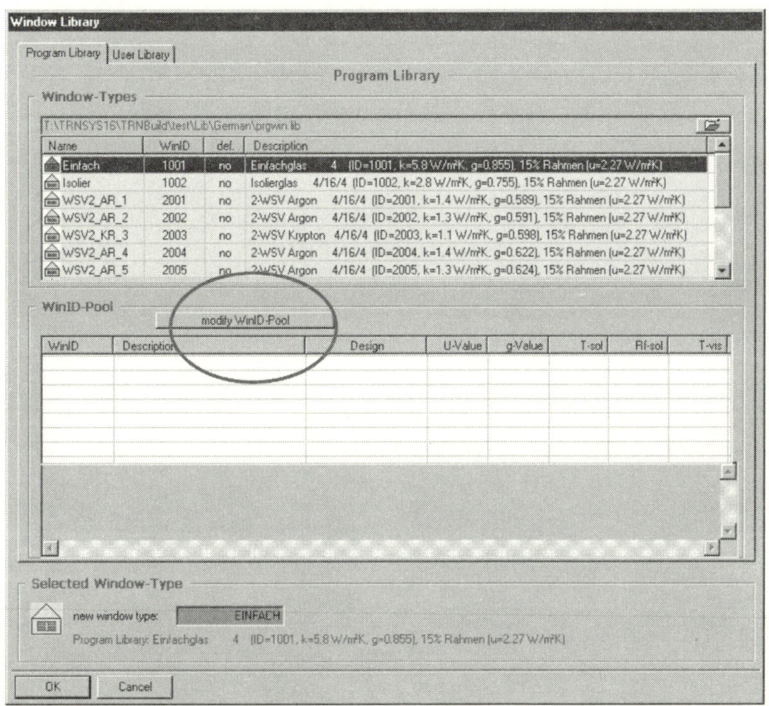

[그림 4-30] Window Library window

동일한 경로 구조를 갖는 다른 컴퓨터에서 BUI 파일들을 가져올 경우, 다른 창문 라이브러리 항목이 불려져 명백하게 다른 결과를 낳았다. 그러나 현 버전에서는 BUI 파일 자체에 저장되고 건물과 관련된 독자적인 데이터 풀(data pool)에서 이들 모든 정보를 완전하게 저장함으로써 일관성(consistency)이 보장된다.

창문들은 User Library에 프레임, 간격, 차양 등에 대한 모든 정보들이 저장될 수 있다. 그러므로 버전 16부터는 상세화된 창호 데이터가 Library와 관련된 독자적인 데이터 풀에 저장될 것이다.

만약 사용자가 TRNSYS 16 이전 버전의 User Library로부터 창문을 추가하길 원한다면, 생략된 창호 데이터를 갖는 모든 창문들이 일단은 붉게 표시될 것이다. [그림 4-31]은 WINID가 '1001'인 창문을 사용하기 위한 창문 지정에 대한 것을 보여준다.

사용자는 이전 버전에 위치한 User Library의 사용자 창호 데이터의 경로를 선택함으로써 WINID-Pool data를 수정할 수 있다. [그림 4-31]을 참고하여 이것은 IDs와 관련된 물리적 입력값 상호간의 연결을 시켜준다. Library에 이용 가능한 모든 창호 데이터를 갖는 창문이 노란색으로 보일 것이다.

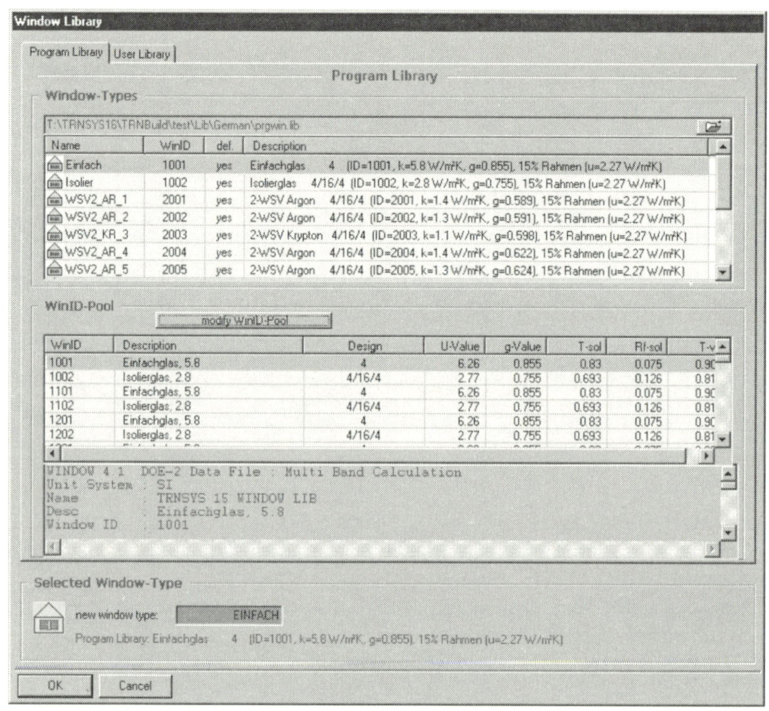

[그림 4-31] WINID-Pool Window Library

여기서, 사용자는 2개의 다른 라이브러리(Program Library와 User Library)로부터 창문을 선택하기 위해 마우스를 사용할 수 있다.

[그림 4-32] Library 경로 지정 예

만약 [그림 4-32]와 같이 미국 버전이 선택되면 몇 가지 일반적인 미국 창호 시스템이 제공된다. 모든 라이브러리들은 LBL(미국 Lawrence Berkeley Laboratory)의 WINDOW

4.1 프로그램을 통해 생성되었다. WINDOW 프로그램에 관한 보다 상세한 정보는 TRNSYS Reference 매뉴얼을 참고하기 바란다. 그리고 기본적인 Window Type name은 TRNBuild에 의해 주어지지만, 사용자가 보다 의미있는 이름으로 이것을 변경할 것을 권장하고 있다.

2. 새로운 Window Type의 지정

새로운 창문을 지정하기 위한 이 옵션은 주의깊게 사용되어야 한다. 새로운 벽체를 구성하는 것과는 달리, 시뮬레이션에서 사용되는 창문 속성값들은 TRNBuild 내에서 완전하게 지정될 수 없다. 특정 창문 속성들을 포함하는 w4-lib.dat라 불리는 추가적인 ASCII 파일이 시뮬레이션에 할당되어야 한다. 창문 ID는 TRNBuild에서 지정한 창문 유형과 ASCII file w4-lib.dat의 창문 속성들 사이의 연결을 대표한다. 이 추가적인 ASCII file을 생성하기 위해 LBL의 WINDOW 4.1 프로그램이 사용될 수 있다. ASCII file과 WINDOW 4.1에 관한 보다 상세한 정보는 메인 TRNSYS Reference 매뉴얼을 참고하기 바란다.

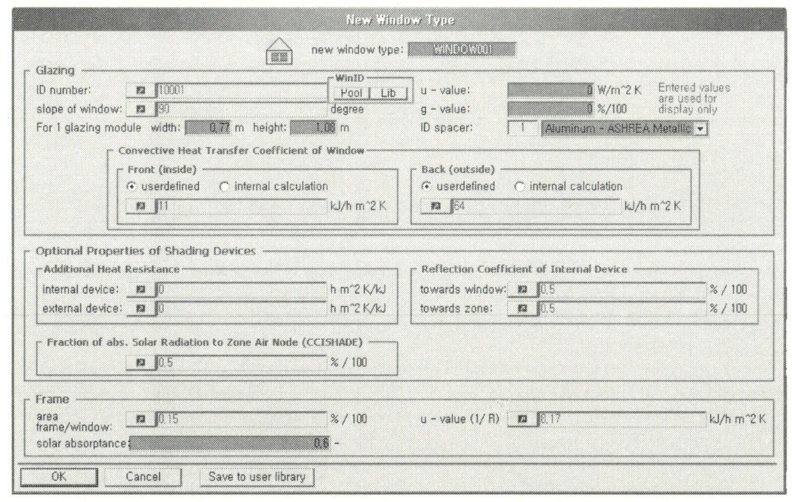

[그림 4-33] 새로운 Window Type 지정을 위한 설정창

TRNBuild에서 새로운 창문을 지정하기 위해, Zone 설정창의 Window Type의 풀-다운 메뉴에서 new를 선택하면 [그림 4-33]과 같은 창이 화면에 생성된다. 여기서, 사용자는 Window Type에 대한 새로운 고유한 이름을 입력하고, 유리와 프레임 속성들뿐만 아니라 차양장치들에 대한 선택적인 속성들을 지정해야 한다. 다음은 [그림 4-33]의 속성들 몇 가지를 보다 상세하게 설명하고 있다.

● ID number

ID number는 시뮬레이션이 진행되는 동안에 사용되는 ASCII Library file w4-lib.dat에서 창문을 인식하기 위해 사용된다. TRNBuild에서 지정한 Window Type 과 w4-lib.dat의 Window Type 사이의 일관성을 보장하기 위해, 사용자가 window ID의 선택에 w4-lib 버튼을 사용할 것을 권장하고 있다. w4-lib 버튼을 클릭함으로써, w4-lib.dat의 이용 가능한 모든 창호를 보여주는 창이 생성된다. 마우스를 클릭함으로써 원하는 창문이 선택될 수 있다. [OK] 버튼을 클릭하면 선택 에 따른 Window ID, u-value 그리고 g-value가 설정된다.

대안으로 이미 실제 프로젝트에서 사용된 창문 데이터의 Pool로부터 WIN-IDs을 불러올 수 있다.

● ID spacer

창문의 u-값의 가장자리 보정을 계산하기 위해 [그림 4-34]와 같이 5개의 유형 이 이용 가능하며, 〈표 4-2〉는 이들의 내용을 정리한 것이다.

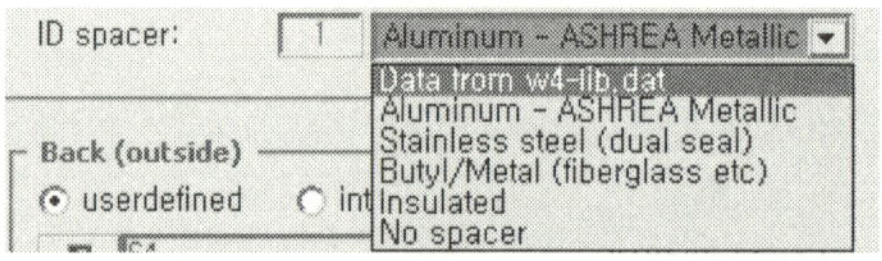

[그림 4-34] 이용 가능한 spacer의 종류

〈표 4-2〉 이용 가능한 spacer의 종류 및 내용

ID spacer	Description	1. Coefficient	2. Coefficient	3. Coefficient
0	Data from w4-lib.dat	–	–	–
1	Aluminium-ASHREA Metallic	2.33	– 0.01	0.138
2	Staineless steel(dual seal)	1.03	0.76	0.0085
3	Butyl/Metal(fiberglass etc)	0.82	0.80	0.0022
4	Insulated	0.35	0.83	0.018
5	No spacer	–	–	–

ID Spacer = 0은 유리의 높이와 폭을 포함한 모든 매개변수가 이전 TRNBuild 버전 에서와 같이 w4-lib.dat로부터 읽혀진다. 그러므로 'backwards compatibility'가 보장 된다. ID Spacer 1~4는 하나의 창호 모듈의 폭과 높이가 지정되어야 한다.

다음은 새로운 키워드에 포함되는 BUI의 대응하는 부분을 보여준다.

```
WINDOW WSV
WINID=2001 : HINSIDE=11 : HOUTSIDE=64 : SLOPE=90 : SPACID=1 : WWID=0.8 : ;
WHEIG=2. : FFRAME=0.2 : UFRAME=8.1 : ABSFRAME=0.6 : RISHADE=0 : RESHADE=0 :;
REFLISHADE=0.5 : REFLOSHADE=0.5 : CCISHADE=0.5
```

● u-value and g-value

유리의 u-value와 g-value에 대하여 입력된 숫자는 단지 보여주기 위한 정보로써 사용된다. 이들 값들은 시뮬레이션이 진행되는 동안 TRNSYS는 w4-lib.dat 파일로부터 직접 이들을 읽기 때문에 [*.BUI] 파일에 포함되지 않는다.

주의 : 인접한 창문의 경우 Front 또는 Back로써 지정되는 측면은 중요하다. 예를 들면, 이중 외피(double-facade)를 갖는 오피스 건물의 경우 Front 측면은 오피스를 향하여 지정되어야 한다. 외부 창문의 경우 존을 향한 측면이 자동적으로 Front로 지정된다.

● Convective Heat Transfer Coefficient

복사 성분을 제외한 지정된 대류열전달 계수는 전체 창문(유리+프레임)에 대하여 사용되며, 일반적으로 내부의 경우 11 kJ/m^2·h·°K, 외부의 경우 64 kJ/m^2·h·°K의 값이 사용된다. 벽체 입력에 대하여 위에서 언급한 것과 같이 열전달 계수의 'internal calculation'이 선택될 수 있다. 외표면 대류열전달 계수는 바람에 기인한 강제대류에 의해 지배되지만, 내표면의 경우에는 유리 표면의 온도가 실내 조건에 의해 크게 변화하기 때문에 internal calculation이 바람직하다.

● Frame Properties

프레임 속성들은 w4-lib.dat file로부터 읽히지 않는다. 이들은 TRNBuild에서 반드시 입력되어야 한다. 태양 흡수율은 프레임의 양측면에 대하여 사용된다. 만약 u-frame이 (−)이면, w4-lib로부터의 u-value는 계산에 의해 가져온다. 그러나 (+) u-value의 경우 이 값은 계산에 의해 가져온다.

● Optional Properties of Shading Devices

차양장치에 대하여 입력된 속성들은 Zone 설정창에서 창문에 대하여 차양장치가 실제로 지정된 경우에만 효과가 있다(**주의** : 이전 버전에서는 내부 차양장치의 실내측으로의 반사가 무시되었다). CCISHADE 계수는 대류에 의해 흡수된 일사량의 일부가 공기 절점에 직접적으로 전달되는 것을 지정한다. 이것은 실제 온도값들, 차양장치의 유형 그리고 차양장치와 창문 사이 공간 형상에 따른 공기 체적(특히 차양장치의 높이와 내측 유리창과의 거리)에 의존한다. 만약 내부 차양장치가 내측 유리창과 매우 가깝게 설치되면, 어떠한 공기 유동도 이들 사이에서 발생하지 않게 되므로, CCISHADE는 0으로 설정되어야 한다. 이 값이 1이면 내부 차양장치가 창문으로부터 매우 멀리 떨어져 위치됨을 의미한다. 일반적인 CCISHADE 값의 범위는 0.3~0.6이다.

ISHADE는 차양장치의 일사를 통과시키지 않는 비율을 지정하는 것으로 (1−τ)이다. REFLISHADE는 차양장치의 일사를 통과시키지 않는 부분의 반사율을 지정한다.

[예제 : 닫혀진 내부 차양장치에 대한 측정 데이터]

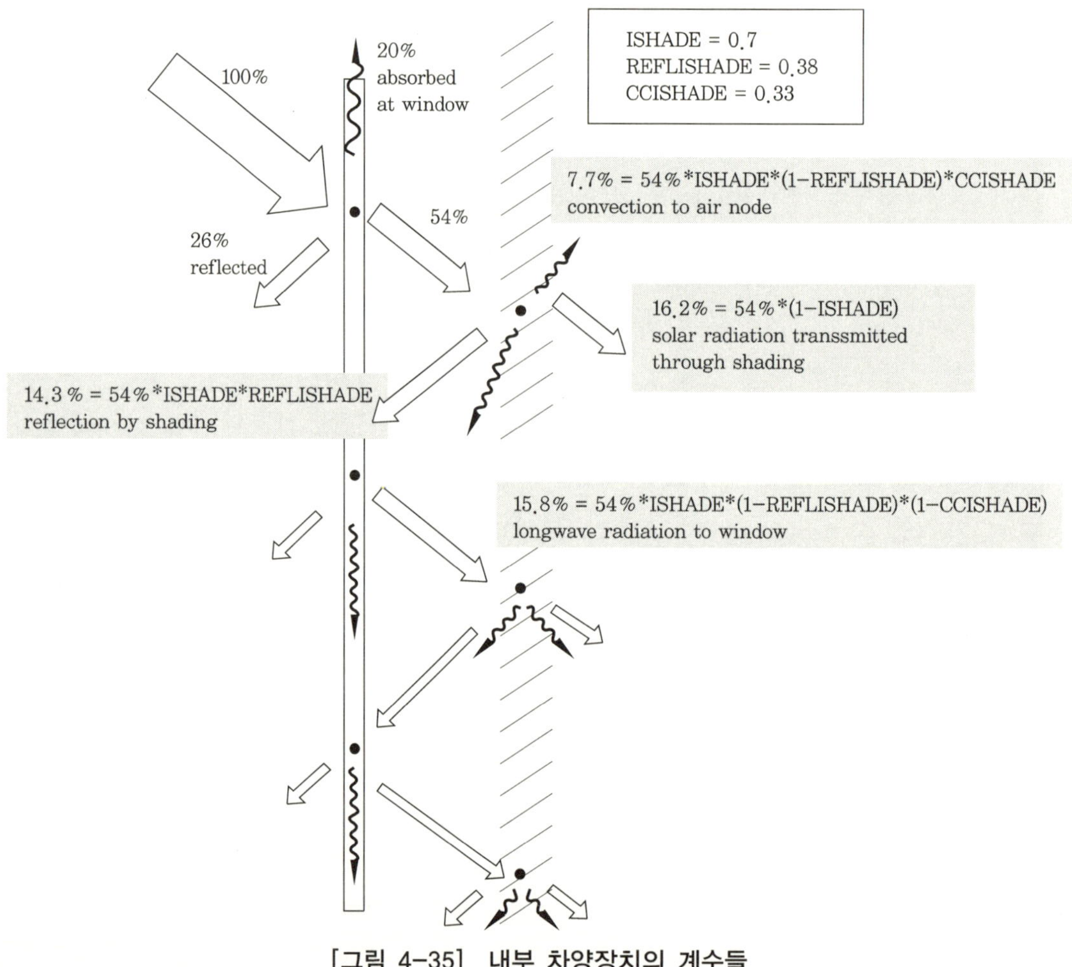

[그림 4-35] 내부 차양장치의 계수들

4-4 Infiltration

존 외부로부터 존 내부로의 공기 유동은 'Infiltration'에 의해 지정될 수 있다. 이것의 지정은 선택사항이며, 이 설정의 기본값은 'off'이다. Zone 설정창에서 [■ Infiltration] 버튼을 클릭하면, [그림 4-36]과 같은 창이 화면에 나타난다.

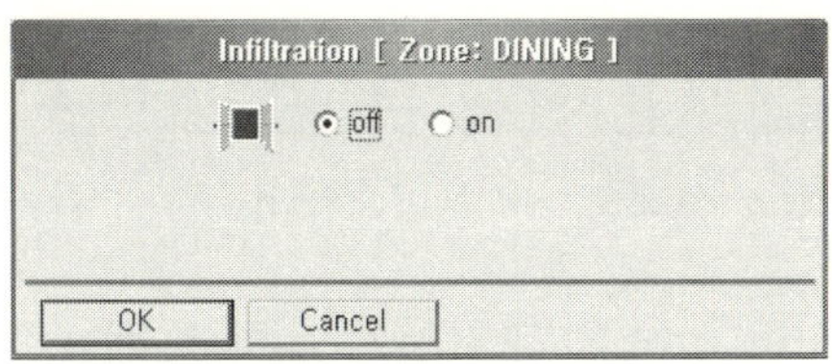

[그림 4-36] Infiltration 설정창

사용자는 Infiltration을 'on'으로 전환하고, 이전에 지정된 type이나 풀-다운 메뉴로부터 새로운 type을 선택함으로써 해당 zone에 대한 Infiltration type을 지정한다.

만약 사용자가 풀-다운 메뉴에서 new를 선택하면, 새로운 Infiltration type에 대한 [그림 4-37]과 같은 입력창이 화면에 나타난다.

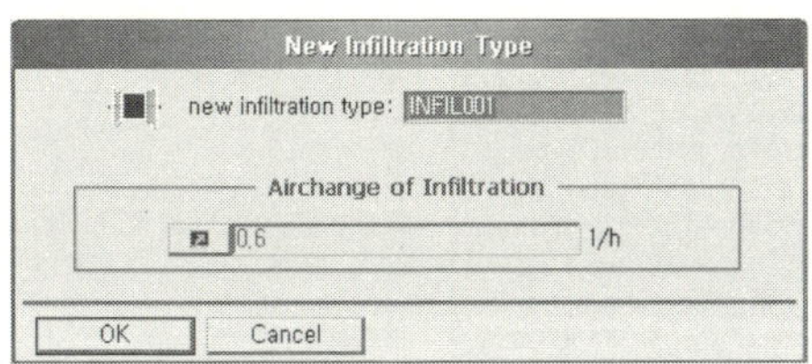

[그림 4-37] 새로운 Infiltration type 입력창

여기서, 사용자는 Infiltration type에 대한 새로운 고유 이름을 입력하고, DEF 버튼을 클릭하여, Infiltration의 환기횟수[회/h]를 지정해야 한다. 사용자는 constant, input 또는 schedule에 의해 이 값을 입력할 수 있다.

4-5 Venitlation

냉·난방 기기로부터 존으로의 공기 유동은 'Ventilation'에 의해 지정된다. 이 Ventilation의 설정은 선택사항이며, 기본 설정값은 'off'이다. Zone 설정창의 [⚙ Ventilation] 버튼을 클릭하면, [그림 4-38]의 창이 화면에 나타난다.

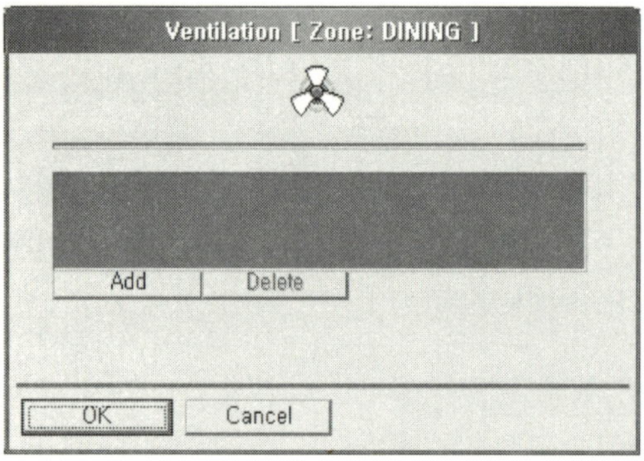

[그림 4-38] Ventilation 설정창 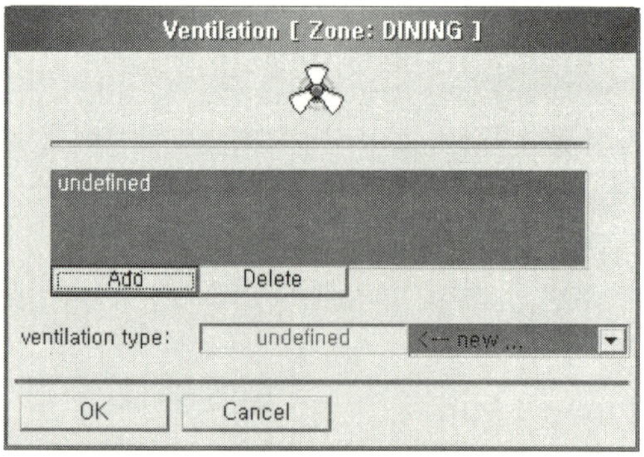   [그림 4-39] Ventilation 설정을 추가한 창

여기서, 새로운 Ventilation type을 추가하기 위해 ▭ Add ▭ 버튼을 클릭하면 [그림 4-39]와 같이 변경되며, 풀-다운 메뉴로부터 사용자는 이전에 지정된 type을 선택하거나 새로운 type을 추가할 수 있다. 만약 사용자가 이 풀-다운 메뉴에서 'new'를 선택하면, [그림 4-40]과 같은 창이 화면에 나타난다. 사용자는 고유한 이름과 공기 유동의 환기횟수, 온도 그리고 상대습도를 지정해야 한다. DEF 버튼을 이용할 경우, 모든 변수들은 constant, input 또는 schedule에 의해 입력될 수 있다. 그리고 [그림 4-40]과 같이 'outside' 옵션이 선택되면, 외부 공기의 온도와 상대습도가 사용된다.

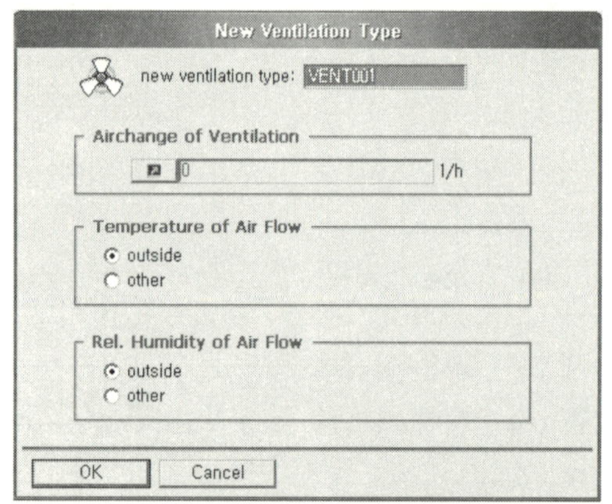

[그림 4-40] 외기와의 환기 설정창 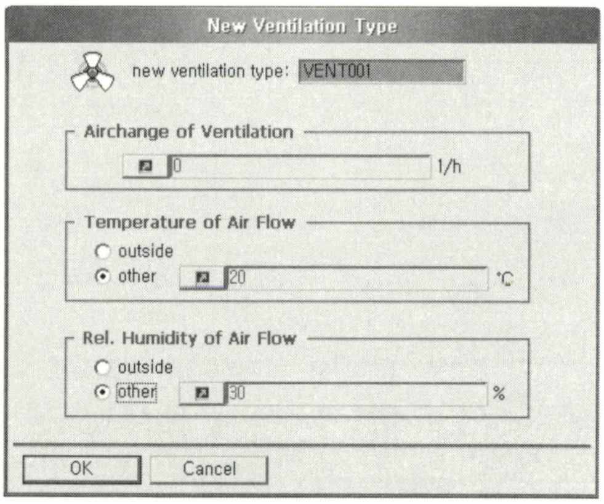   [그림 4-41] 공조기기에 의한 환기 설정창

주의 : Ventilation과 Infiltration의 차이

일반적으로 전자는 의도된 실 공기의 교환을 의미하며, 후자는 의도되지 않은 실 공기의 교환을 의미한다. 그래서 전자를 환기로, 후자를 침기로 번역한다. 그러나 TRNSYS에서 하나의 존에 침기는 없고 환기와 공조기기에 의한 공급 공기가 있는 경우, Ventilation을 이용해 공조기기에 의한 공급 공기 특성을 지정하고, InfilTration을 이용해 환기 특성을 지정해도 무방하다.

4-6 Heating

이상적인 난방 제어와 관련된 특정 존의 난방 특성은 난방 유형을 지정함으로써 결정될 수 있다. 만약 Type 56 외부에서 난방기기를 모델링하면, 난방 유형은 사용되지 않는다. 대신에 제공되는 난방기기는 대류와 복사 열취득으로 지정되거나 공조되는 기기 컴포넌트의 출력값에 의해 환기횟수, 온도 그리고 습도가 입력값으로 지정되어야 한다. 난방 제어의 상세는 선택사항이며 기본값은 'off'이다.

난방 제어를 지정하는 과정은 다음과 같다. Zone window의 ⬛Heating 버튼을 클릭하면, [그림 4-42]의 창이 화면에 나타난다. 사용자는 [그림 4-43]과 같이 풀-다운 메뉴로부터 새로운 타입을 지정하거나, 이전에 지정된 타입을 선택함으로써 존의 난방 유형을 지정하거나 변경할 수 있다.

[그림 4-42] 'off' 시 Heating window

[그림 4-43] 'on' 시 Heating window

만약 사용자가 'new' 옵션을 선택하면, [그림 4-44]와 같은 새로운 난방 유형에 대한 입력창이 화면에 나타난다.

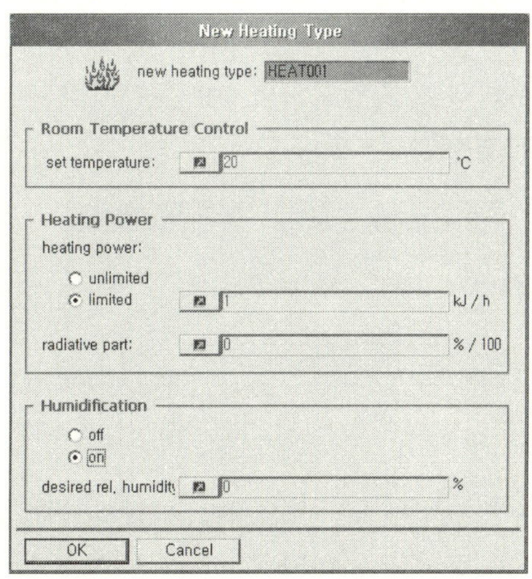

[그림 4-44] New Heating Type 창 1   [그림 4-45 New Heating Type 창 2

새로운 고유 이름을 입력하고, 사용자는 실내 설정 온도, 난방 출력과 복사 비율 그리고 실내 공기의 가습을 지정해야 한다. DEF 버튼에 의해 표시되는 모든 변수들은 상수, 입력값 또는 스케줄로써 지정될 수 있다.

난방 출력에 대한 'unlimited' 옵션이 선택되면, 난방 출력은 매우 높은 수치로 설정된다. 그리고 가습 또한 선택할 수 있으며 만약 이 값을 설정하면, 사용자는 DEF 버튼을 클릭함으로써 원하는 상대습도값을 지정해야 한다.

대류와 복사 성분을 동시에 갖는 난방 기기의 시뮬레이션을 위해, 난방 기기의 복사 성분의 비율이 지정되어야 한다. 이 비율은 내부 복사 열취득에 제공되고, 존의 벽체에 분포된다. 난방 기기의 설정 온도는 해당 존의 공기 온도와 관련되며, 난방 출력의 복사 성분은 난방 기기의 안정적인 제어를 위한 대류 성분을 갖도록 하기 위해 0.99보다 크게 지정될 수 없다. 그리고 0보다 큰 값을 사용할 경우 난방 출력의 최대값을 제한할 것을 권장하고 있다.

4-7 Cooling

이상적인 냉방 제어와 관련된 특정 존의 냉방 특성은 냉방 유형을 지정함으로써 결정될 수 있다. 만약 Type 56 외부에서 냉방 기기를 모델링하면 냉방 유형은 사용되지 않는다. 대신에 제공되는 냉방 기기는 음(-)의 대류와 복사 열취득으로 지정되거나 공조되는 기기 컴포넌트의 출력값에 의해 환기횟수, 온도 그리고 습도가 입력값으로 지정되어야 한다. 냉방 제어의 상세는 선택사항이며 기본값은 'off'이다.

이상화된 냉방 제어를 지정하기 위해 Zone window의 [Cooling] 버튼을 클릭하면, [그림 4-46]의 창이 화면에 나타난다. 사용자는 [그림 4-47]과 같이 풀-다운 메뉴로부터 새로운 타입을 지정하거나, 이전에 지정된 타입을 선택함으로써 존의 냉방 유형을 지정하거나 변경할 수 있다.

[그림 4-46] 'off' 시 Cooling window

[그림 4-47] 'on' 시 Cooling window

만약 사용자가 'new' 옵션을 선택하면, [그림 4-48]과 같은 새로운 냉방 유형에 대한 입력창이 화면에 나타난다. 여기에 새로운 고유 이름을 입력하고, 사용자는 실내 설정 온도, 냉방 출력과 제습을 지정해야 한다.

DEF 버튼에 의해 표시되는 모든 변수들은 상수, 입력값 또는 스케줄로써 지정될 수 있다. 냉방 출력에 대한 'unlimited' 옵션이 선택되면, 냉방 출력은 매우 높은 수치로 설정된다. 그리고 제습 또한 선택할 수 있으며 만약 이 값을 설정하면, 사용자는 DEF 버튼을 클릭함으로써 원하는 상대습도값을 지정해야 한다.

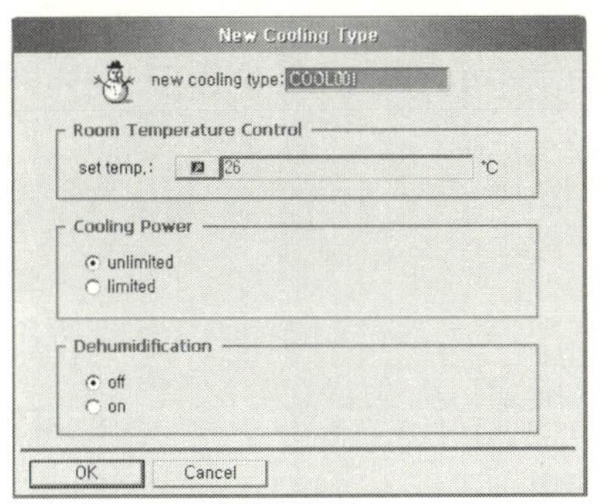 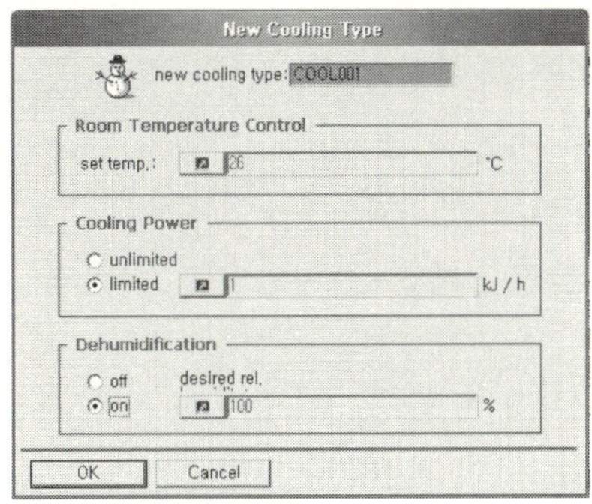

[그림 4-48] New Cooling Type 창 1   [그림 4-49] New Cooling Type 창 2

4-8 Gains

재실자, 전기 기기 등을 포함한 내부 열취득은 'Gains'에 의해 지정될 수 있다. 내부 열취득 특성은 선택사항으로 기본값은 어떠한 열취득도 없는 것으로 지정된다. 이 기본 설정을 변경하기 위해 Zone window의 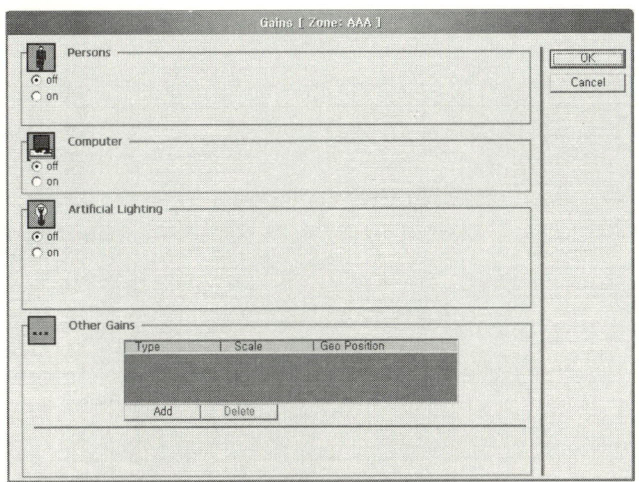 버튼을 클릭하면, [그림 4-50]과 같은 창이 화면에 나타난다.

[그림 4-50] 표준 Gains 초기화면

　　재실자, 컴퓨터 그리고 인공조명과 같은 일반적인 내부 열취득의 지정을 단순화시키기 위해, 이미 선지정된 옵션들이 있다. 사용자는 풀−다운 메뉴(컴퓨터, 인공 조명)나 도표(재실자)로부터 원하는 항목을 선택한 후, DEF 버튼을 클릭하여 크기(scale)를 지정할 수 있다.

　　이 크기는 재실자 또는 컴퓨터의 수를 나타내며, 이미 지정된 값들은 단지 한 사람 또는 한 대의 컴퓨터에 대한 것이기 때문이다. 인공 조명의 경우 램프의 유형에 추가하여 대응하는 바닥 면적과 대류 성분이 지정되어야 한다. 또한, 사용자는 제어 전략을 입력값 또는 스케줄로서 지정할 수 있다.

　　[그림 4-51]에서 볼 수 있듯이 재실자로부터의 열취득을 지정하기 위한 두 가지 옵션 (ISO 7730과 VDI 2078)이 있다.

　　새로운 열취득을 지정하는 대신에, 이전에 사용된 열취득을 'new' 대신에 'Library'에 의해 사용자 지정 접근 가능한 열취득 라이브러리로부터 불러올 수 있다.

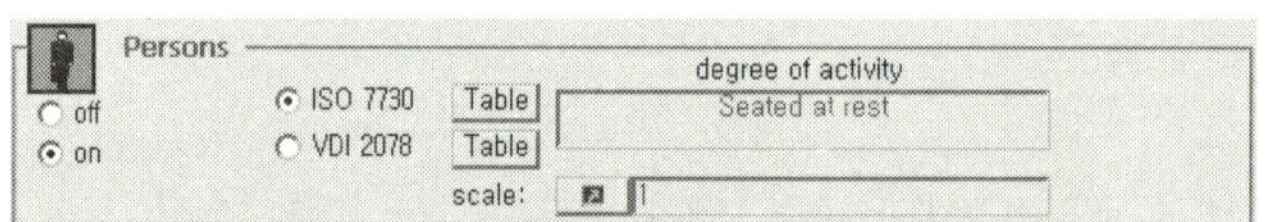

[그림 4-51]　재실자에 의한 열취득 지정 옵션

No.	Degree of Activity	Typical Application	Total Heat Adjusted		Sensible Heat		Latent Heat	
			Watts	Btu/h	Watts	Btu/h	Watts	Btu/h
01	Seated at rest	Theatre, Movie	100	350	60	210	40	140
02	Seated, very light writing	Office, Hotels, Apts	120	420	65	230	55	190
03	Seated, eating	Restaurant	170	580	75	255	95	325
04	Seated, light work, typing	Office, Hotels, Apts	150	510	75	255	75	255
05	Standing, light work or working slowly	Retail Store, Bank	185	640	90	315	95	325
06	light bench work	Factory	230	780	100	345	130	435
07	walking 1,3 m/s (3 mph) light machine work	Factory	305	1040	100	345	205	695
08	Bowling	Bowling Alley	280	960	100	345	180	615
09	moderate dancing	Dance Hall	375	1280	120	405	255	875
10	Heavy work, lifting Heavy machine work	Factory	470	1600	165	565	300	1035
11	Heavy work, athletics	Gymnasium	525	1800	185	635	340	1165

Rates of Heat Gain from Occupants of Conditioned Spaces – ISO 7730

OK　　Cancel

[그림 4-52]　ISO 7730 도표

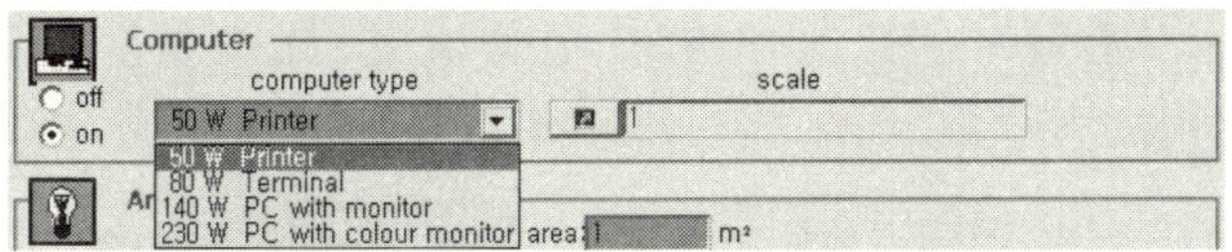

[그림 4-53] 컴퓨터 풀-다운 메뉴

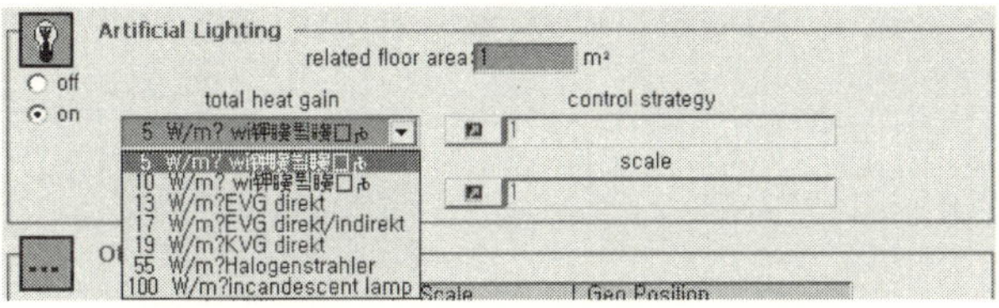

[그림 4-54] 인공 조명 풀-다운 메뉴

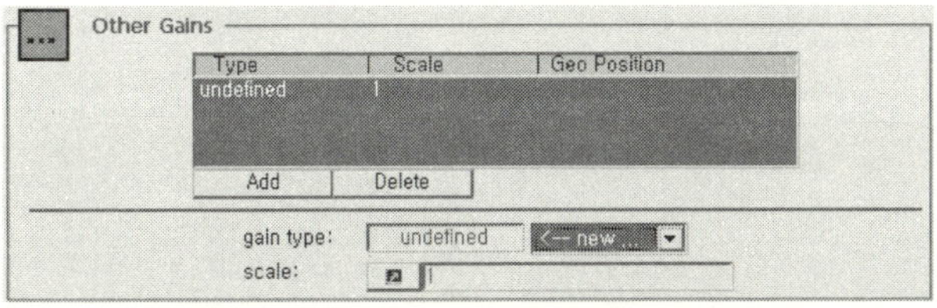

[그림 4-55] Other Gains 설정창

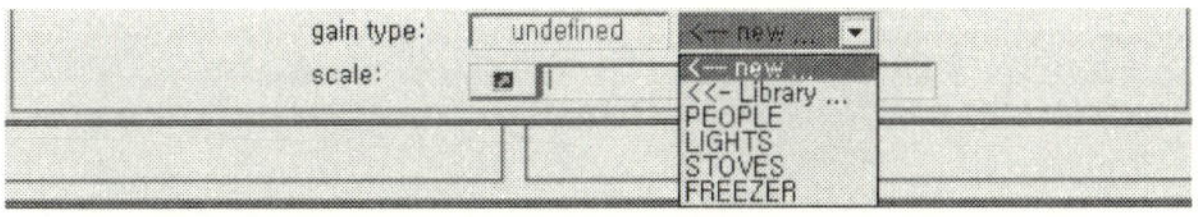

[그림 4-56] 새로운 열취득 풀-다운 메뉴

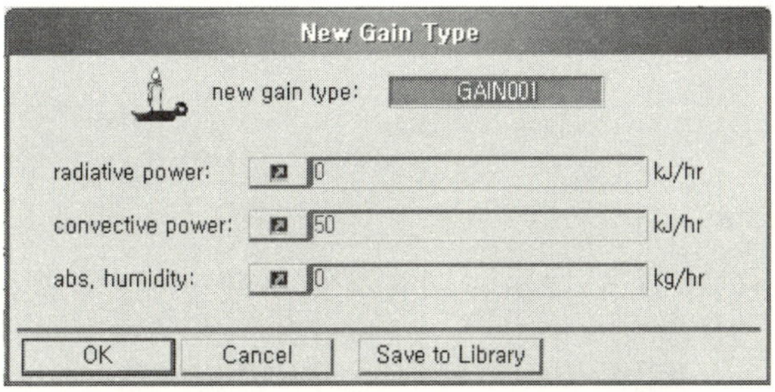

[그림 4-57] 새로운 내부 열취득 지정창

　　이들 이미 지정된 열취득 외에 사용자는 다른 열취득에 대하여 추가할 수 있다. 해당 존에 대한 [그림 4-55]의 섹션에서 [Add] 버튼을 클릭하면, [그림 4-56]과 같이 풀-다운 메뉴에 기존에 설정하였거나 새로운 것을 추가할 수 있으며, [그림 4-57]은 새로운 내부 열취득을 추가시킬 경우의 창이다.

　여기서, 사용자는 고유한 이름을 입력하고, 전체 출력, 대류 성분 그리고 열취득의 절대습도를 DEF 버튼을 클릭함으로써 지정해야 한다.

　그리고 다음에는 [OK] 버튼을 클릭하여, Gains window로 되돌아 간다. 끝으로 사용자는 이 열취득에 사용될 스케일을 지정해야 한다. 새로운 열취득 지정은 사용자 개인의 라이브러리 폴더에 저장될 수 있으며, 추후 모델링 작업에 많은 시간을 절약할 수 있을 것이다.

4-9　Comfort

　열쾌적 계산은 EN ISO 7730에 기초한 TRNBuild 1.0의 새로운 특징이다. 열쾌적 특징은 선택사항으로 기본 설정값은 'off'이다. Zone window의 ▧ Comfort 버튼을 클릭하면, [그림 4-58]의 대화상자가 나타난다. 사용자는 열쾌적 모듈을 [그림 4-59]와 같이 'on'으로 바꿀 수 있으며, 풀-다운 메뉴로부터 새로운 유형 또는 기존에 지정된 유형을 선택할 수 있다.

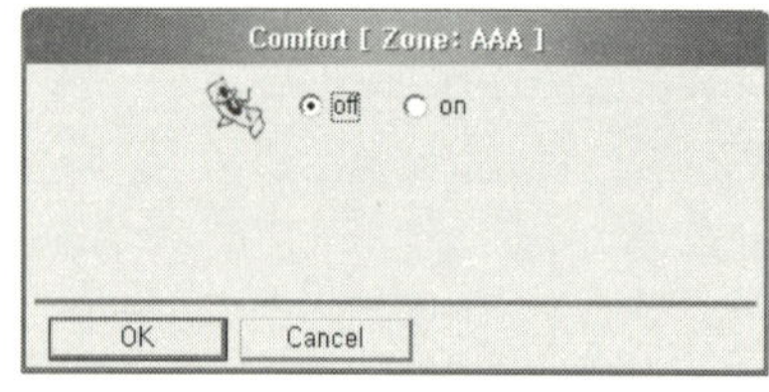
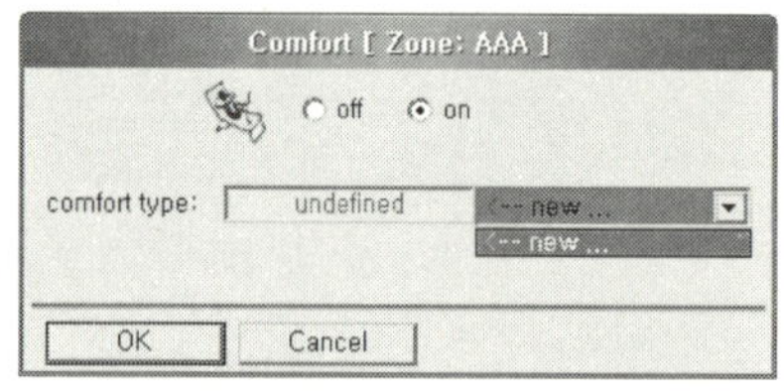

[그림 4-58]　New Comfort 1　　　[그림 4-59]　New Comfort 2

　만약 사용자가 'new' 옵션을 선택하면, [그림 4-60]의 새로운 열쾌적 유형을 지정할 수 있는 입력창이 화면에 나타난다.

　사용자는 고유한 이름과 DEF 버튼을 이용하여 다음 4종류의 값을 입력해야 한다.

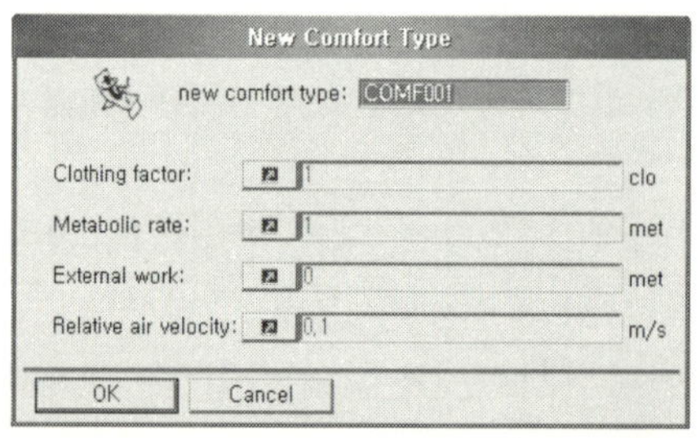

[그림 4-60] 새로운 열쾌적 유형 추가창

● Clothing factor

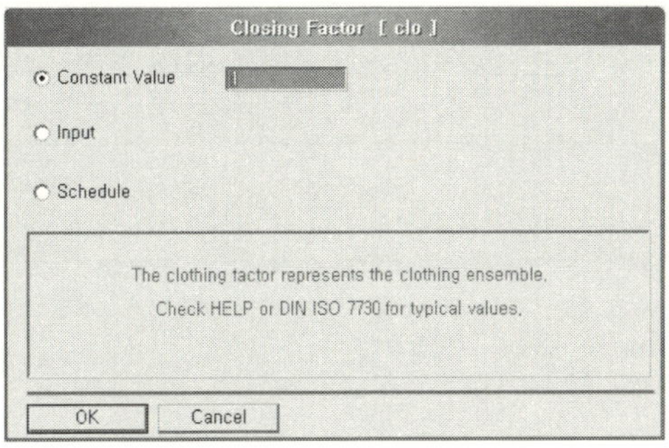

[그림 4-61] 착의량 설정창

EN ISO 7730에는 착의량에 대한 다양한 인자들이 제공된다. 다음의 〈표 4-3〉은 일반적인 착의 상태에 따른 간략한 자료를 보여주고 있다.

〈표 4-3〉 착의량 지표

Clothing ensemble	Clothing factor [clo]
Nude	0
Shorts	0.1
Light summer clothing (long light-weight-trousers, open neck shirt with short sleeves)	0.5
Light working ensemble (athletic shorts, woolen socks, cotton work shirt, work trousers)	0.6
Typical business suit	1.0
Typical business suit + Cotton coat	1.5
Light outdoor sportswear(cotton shirt, trousers, T-shirt, shorts, socks shoes, single ply poplin jacket)	0.9
Heavy traditional European business suit	1.5

● Metabolic rate

활동량은 활동 정도에 따른 열방출을 표현하는 것으로, 〈표 4-4〉는 기본적인 활동량을 간략히 정리해 놓은 것이다.

〈표 4-4〉 활동량 지표

Degree of Activity	Metabolic rate [met] (acc. to EN ISO 7730)
seated, relaxed	1.0
seated, light work (office, home, school, laboratory)	1.2
standing, light work (shopping, laboratory, light factory work)	1.6
standing, moderate work (sale activity, housework, operating of a machine)	2.0
walking, 2 km/h	1.9
walking, 3 km/h	2.4
walking, 4 km/h	2.8
walking, 5 km/h	3.4

● **External Work**

일반적으로 외부 작업은 '0' 근처이다.

● **Realtive air Velocity**

재실자와 관련된 기류속도가 입력되어야 한다. DEF 버튼을 통해, 사용자는 모든 값들에 대한 상수, 입력값 또는 스케줄을 입력할 수 있다. 보다 상세한 정보는 EN ISO 7730을 참고하면 된다.

5. Type Managers의 활용

Wall, Layer, Window, Infiltration, Ventilation, Schedule 등과 같은 모든 종류의 Type의 경우 Type Manger가 존재한다. 이들 Type Manager들은 이전에 지정된 각 Type의 속성들을 편집하기 위해 필요하다. 이들 창들은 새로운 Types을 지정하는 창들과 비슷해 보이지만, 새로운 Type 명을 지정하는 대신에 단지 이전에 지정된 Type 명들만을 선택할 수 있다. 이 Type Managers는 메인 메뉴의 Type Manager 또는 도구모음의 대응하는 버튼을 통해 접근될 수 있다.

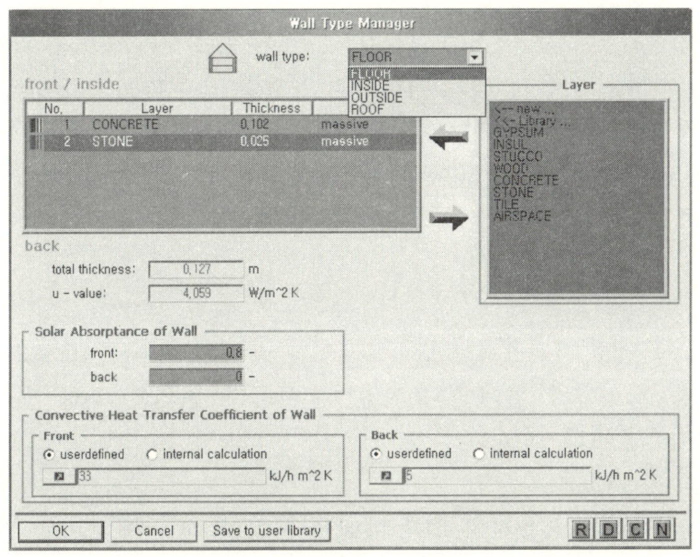

[그림 5-1] Wall Type Manager 창의 예

[그림 5-1]의 벽체의 경우 표면 온도 변화에 기인하여 크게 달라지는 표면 열전달 계수는 'internal calculation'이 선택될 수 있으며, 표면의 흡수율을 지정할 수 있다.

● EDIT buttons
　　[그림 5-1]의 우측 하단에 [그림 5-2]와 같은 4개의 편집 버튼이 있으며, 각

Type을 쉽게 조작할 수 있다. 단지 적절한 버튼을 클릭함으로써 원하는 작업을 수
행할 수 있다.

R D C N

[그림 5-2] Rename-Delete-Copy-New

그 이외에 각 Type Manager도 비슷한 기능을 내포하고 있으며, 앞에서 언급되었듯
이 선행되어 작업된 각 Type에 대한 조작(새 이름, 삭제, 복사, 새 작업)을 수행할 수 있
는 동일한 목적을 지니고 있다.

5-1   Generating Type 56 files

TRNBuild에 입력된 정보는 [*.BUI] 파일에 저장되며, 2개의 새로운 파일들을 생성하
는 데 사용된다. 하나는 건물에 대한 기하학적 정보를 포함하는 [*.BLD] 파일이며, 다
른 하나는 벽체의 ASHRAE 전달 함수를 포함하는 [*.TRN] 파일이다. 이들 파일들은 시
뮬레이션이 수행되는 동안 Type 56에서 사용된다. 게다가 정보 파일 [*.INF]가 Type
56에 필요한 입력값과 이용 가능한 출력값은 물론 처리된 BUI 파일을 보여주기 위해 생
성된다.

　주의 : TRNBuild 이전 버전에서는 BIDWIN이라 불리는 또 다른 프로그램이 Type 56
　　　　파일들을 생성하기 위해 사용되었다. 사용자 편의를 위해 현재 BIDWIN은
　　　　TRNBuild에 통합되었다.

TRNBuild 생성 과정은 사용자의 BUI 파일을 저장할 때 자동적으로 생성될 것이다.
생성된 파일들은 열린 [*.BUI] 파일과 같은 이름을 얻고, 동일한 디렉토리에 위치된다.
만약 에러가 발생하면 어떠한 파일도 생성되지 않는다. 에러에 대한 상세한 정보를 포함
한 창이 화면에 나타난다.

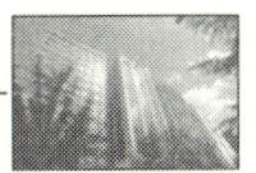

6. 간단한 예제 건물

TRNBuild 사용법을 익히는 최선의 방법은 간단한 모델을 직접 모델링해 보는 것일 것이다. 본 예제 건물은 환기되는 다락 공간을 갖는 1층 건물로, Type 56 모델을 생성하기 위해 필요한 작업들을 단계별로 구분하여 설명한다. 보다 복잡한 예제 건물의 TRNSYS Reference 매뉴얼을 참고하기 바란다.

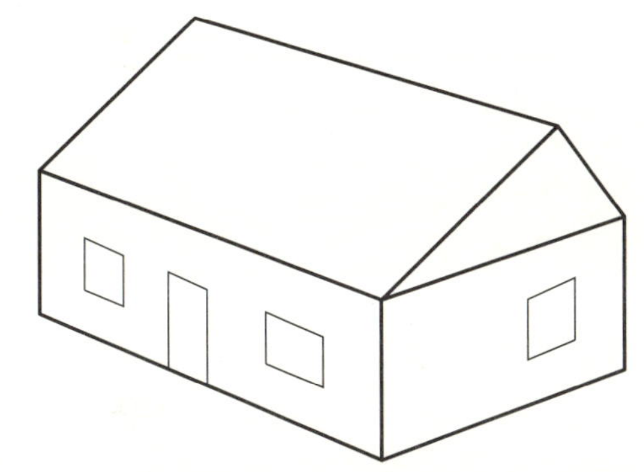

[그림 6-1] 환기되는 다락 공간을 갖는 1층 건물 예

6-1 Project의 시작

TRNBuild를 실행한 후 file 메뉴로부터 새로운 프로젝트를 시작한다. 새로운 'Project Initialization'창이 화면에 나타나고, 전체 프로젝트에 영향을 미치는 정보를 포함하게 된다. 정보를 입력하고 디렉토리 [c:\TRNSYS16\myhouse\house.bui.]에 프로젝트를 저장한다. 사용자는 아직 존재하지 않으면 이 디렉토리를 생성해야 할 것이다. 그런 다음 벽체 방위에 대한 설정을 추가한다. 여기서, 건물이 경사지붕으로 되어 있으므로 이해하기 쉬운 방위에 대한 것을 추가시키는 것이 좋다.

다음으로 TRNBuild의 모든 설정이 정확한지 확인해야 한다. 메인 Options 메뉴의 Settings를 선택하고, 사용자가 원하는 버전의 라이브러리를 선택한다. 우리나라의 경우 American Library Option을 사용하는 것이 편리하며, 본 예제에서도 이 버전을 사용하여 설명하고 있다. 또한, TRNSYS 실행 파일 [TRNExe.exe]의 경로가 정확한지 다시 한 번 확인한다.

6-2 Zone 및 벽체의 설정

다음으로 첫 번째 열적 존(thermal zone)을 생성하는 것이다. 메인 Zone 메뉴로부터 Add Zone을 선택한 후, 이름을 'Living'이라고 입력한다. 그렇게 하면 〈표 6-1〉의 Living 공간과 관련된 모든 정보가 입력될 창이 화면에 생성된다.

〈표 6-1〉 Living Zone의 기본 데이터

Zone Volume	500	m^3
Capacitance	600	kJ/$^{\circ}$K
Initial Zone Temperature	20	$^{\circ}$C
Initial Zone Relative Humidity	50	%

그런 다음 사용자는 벽체를 지정할 필요가 있으며, 벽체 목록 아래에 있는 Add 버튼을 클릭한다. 화면에 나타나는 풀-다운 메뉴로부터 'New …'를 선택한다. 그리고 사용자는 자신만의 새로운 벽체를 지정할 수 있으며 'New Wall' 창이 화면에 나타날 것이나, 벽체를 지정하기에 앞서 사용자는 먼저 예를 들어 'exterior_wall' 등과 같은 벽체 이름을 지정할 필요가 있으며, 벽체 구성을 재료별로 지정해야 한다. 이미 지정된 재료들의 라이브러리로부터 이들을 선택하기 위해 우측 상단에서 'Library'를 클릭한 후, 〈표 6-2〉의 재료들을 선택한다. 나열된 이름들이 자동적으로 나타나지만, 재료의 두께는 입력해야 한다. 만약 목록에서 이들 재료들을 열 수 없다면, 사용자는 옵션 메뉴 항목의 'Settings'을 선택하여 선택된 라이브러리가 'American Library'인지를 검토해야 한다.

〈표 6-2〉 Living Zone의 벽체 정보

Material #	Material Group	Material	Layer Name	Thickness(m)
63	Construction board	wall_board	WALL_BOARD	0.006
173	Insulation material	mineral_wool035	MINERAL_WO	0.102
181	Wooden material	spruce_pine	SPRUCE_PIN	0.051
183	Wooden material	plywood	PLYWOOD	0.006
190	Covering/seal material	poly_vinyl-chloride	POLYVINYL	0.013

일단 벽체의 모든 레이어들이 지정되면, 사용자는 벽체 자체를 지정할 준비가 된 것이다. 우측 영역의 주어진 재료를 더블 클릭하면 좌측으로 이동하게 된다. 이 방법의 경우 사용자는 원하는 벽체를 얻기 위한 벽체 재료들을 이동하거나 재배치할 수 있다. 벽체 지정에서 첫 번째 재료는 실내 측 재료가 되어야 함을 명심해야 한다. 일단 사용자가 〈표 6-2〉의 벽체를 알맞게 재배치를 하였다면, [OK] 버튼을 클릭한다.

여기서, 사용자는 프로젝트에 벽체가 추가되고, 이것을 사용하여 열적 존(thermal zone)을 구성할 수 있다. 새로운 벽체의 유형으로 'Outside'를 선택한다. 이것은 사용자가 위에서 지정한 벽체이다. 다음으로 벽체 면적인 $50\,m^2$를 입력한다. 이 벽체는 외벽으로 북측에 면한다. 천공 형태 계수는 수직벽이므로 0.5가 된다. 사용자는 이상과 같은 방법으로 각 방위에 대하여 4개의 수직 외벽 지정을 완료할 수 있으며, 동측과 서측 외벽의 경우에는 면적을 $25\,m^2$로 입력하고, 남측은 북측과 같은 $50\,m^2$로 입력하면 된다.

이 단계에서 사용자 존이 적절하게 지정되었는지 확인하기 위한 검토를 수행할 필요가 있다. 프로젝트를 저장하고, 실행 버튼을 클릭한다. 이 조치는 멀티 존 건물을 시뮬레이션하기 위해 TRNSYS에 필요한 모든 파일들을 생성하는 프로그램을 호출한다.

만약 모든 것이 적절하게 지정되었다면, 사용자는 "c:\ TRNSYS16\myhouse" 디렉토리 내에 아래 4개의 파일을 확인할 수 있을 것이다.

- house.bui(the TRNBuild project file)
- house.bld(geometric information about the building)
- house.inf(an informational file)
- house.trn(the file containing the wall transfer function coefficients)

6-3 Zone에 창문의 추가

창문이나 출입문이 없는 집은 상상하기 힘들 것이다. 다음 단계로 사용자가 지정한 열적 모델에 이들을 추가하는 것이다.

먼저 남측 외벽을 선택한다. 그런 다음 우측의 창문을 추가하면 된다. 사용자는 목록으로부터 창문의 종류를 선택할 수 있으며, 본 예제에서는 'double pane window'를 선택하고, 창문 면적으로 $2\,m^2$를 입력하면 된다.

앞에서 지정된 창문과 동일하게 두 번째 창문을 추가한다. 그 외 다른 외벽을 선택하고, 이들 각각에 $2\,m^2$인 창문을 하나씩 추가한다.

6-4 냉난방 설정

비록 냉난방이 요구되지 않지만, 사용자는 건물의 냉방과 난방을 추가할 수 있다. 이를 위해 'Cooling' 버튼을 클릭하고, 팝업창에서 'on'을 선택하면, 새로운 냉방 유형을 지정할 수 있다. 사용자는 설정온도 26℃이며 제습이 없는(no dehumidification) 냉방 시스템으로 설정한다. 이때 사용자는 'Cool'이란 이름으로 냉방 유형을 지정하며 이것이 해당 건물에 사용되는 유일한 냉방시스템으로 이용될 것이다.

난방은 냉방과 동일한 방법으로 지정될 수 있으며, 설정온도 20℃이고, 가습이 없는 난방 시스템으로 설정하며, 난방 유형의 이름으로 'Heat'라고 지정한다. 이상의 작업이 완료되면 프로젝트를 저장하고, 오류가 없는지 확인하기 위해 실행을 시킨다. 만약 오류가 없다면, 사용자는 첫 번째 존을 성공적으로 설정한 것이 된다.

6-5 두 번째 존의 추가

현재 첫 번째 존까지 모델링을 하였으나 아직까지 지붕에 대한 자료 입력이 되어 있지 않다. 따라서, 두 번째 존을 설정하기에 앞서 첫 번째 존의 지붕을 추가하기 위해 이에 대한 벽체 구성을 새롭게 지정해야 한다.

그러나 현재 본 예제에서는 비공조 공간인 다락 공간의 영향에 대하여 알아보고자 하는 것으로 여기서 바로 두 번째 존을 추가할 것이다. 이 두 번째 존을 추가하는 기본적인 방법은 첫 번째 존을 추가하는 방법보다 어렵지 않으나 이를 위해 몇 가지 필요한 것들이 있다.

사용자는 Project Initialization window에 몇 가지 벽체 방위가 있음을 기억할 것이다. 본 예제와 같이 경사지붕을 갖는 다락 공간을 모델링하기 위해 2개의 새로운 방위가 추가될 필요가 있으므로, NSLOPE과 SSLOPE라 불리는 방위를 생성하여 추가시켜야 한다. 그러나 사용자가 이들 방위명에 대한 보다 상세한 정보를 TRNBuild에 추가할 필요는 없다. 새롭게 생성한 방위의 경사 및 방위각, 그리고 입사되는 일사량은 TRNSYS input file 내에서 Type 56에 입력될 것이다.

이상의 과정이 끝나면, 'Attic'이라 불리는 두 번째 존을 추가한다. 그리고 이 존의 특징은 〈표 6-3〉과 같다.

<표 6-3> Attic Zone의 기본 데이터

Zone Volume	433	m^3
Capacitance	519.6	kJ/˚K
Initial Zone Temperature	20	℃
Initial Zone Relative Humidity	50	%

Library에 포함된 ASHRAE wall을 사용할 것이다. TRNBuild에 관한 한 벽체와 지붕의 차이점은 없다. 본 예제에서는 간단히 벽체를 구성하는 레이어가 다른 것을 사용할 것이며, 사용자는 단열재 125 mm 두께인 Wall Type 98을 선택한다. 그리고 이 벽체 유형에 대해서는 새로운 이름을 부여할 수 없다. 이것은 자동적으로 'WType98'이라 불려질 것이다. 일단 사용자가 프로젝트에 벽체 유형을 추가하면, 사용자는 다락 공간에 이 벽체를 사용할 수 있다. 그러므로 <표 6-4>의 2개의 지붕 외벽에 대하여 자료를 입력하면 된다.

<표 6-4> Attic Zone의 벽체 정보

Type	Area	Category	Orientation
WType98	100.0	External	NSLOPE
WType98	173.2	External	SSLOPE

끝으로 수행할 작업으로 두 존을 구분하는 천장을 생성하는 것이다. 'Attic zone' 설정 창에서 사용자 지정 벽체를 추가하기 위해 'New …'를 선택하여 벽체를 추가한다. 'Wall Type manager'가 화면에 나타나면, 사용자는 사용자 지정 벽체에 사용될 재료들을 지정해야 하지만, 앞에서 지정된 벽체에 의해 모든 재료들은 이미 사용되어 있으므로, 새로운 레이어를 생성할 필요는 없다. 'Ceiling'이라고 벽체 유형을 지정하고, 원하는 레이어를 적당한 위치에 추가시켜 벽체 구성을 완료한다.

일단 벽체가 생성되면, 사용자는 벽체 면적을 200 m^{2}로 지정하고, 이 벽체는 존 'Living'과 인접하게 되므로, 'adjacent'로 지정한다. 그럼 TRNBuild는 사용자에게 지정된 벽체의 반대편 측면이 위치한 존을 지정할 것을 요구할 것이다. 이때 사용자가 벽체를 지정할 때, Attic 존의 내부로부터 레이어를 구성하였다면, 'Front'로 지정하면 된다. 그럼 자동적으로 Living 존에 인접한 Ceiling 벽체가 'Back'의 상태로 추가된 것을 확인할 수 있을 것이다.

일반적으로 TRNBuild에서 벽체를 지정할 때 TRNSYS는 사용자에게 내측에서 외측으로 레이어를 구성하도록 권장하고 있다.

그리고 예제 건물의 다락 공간은 어떠한 개구부도 없으며, 두 존 사이의 공기 유동 또한 지정할 필요가 없다.

6-6 환기 추가

이 건물의 다락 공간의 존은 몇 가지 환기 조건을 갖게 된다. 두 번째 존인 Attic zone으로부터 'Ventilation' 버튼을 클릭하고 팝업창이 나타나면 라디오 버튼을 'on'으로 변경한다. 새로운 환기 유형은 'Ventil'이란 이름으로 지정하고, 이 특징을 지정하기 위해 REF 버튼을 클릭한다. 여기에는 Constant, Schedule 그리고 Input의 3가지 옵션이 있다. 그러나 시뮬레이션 단순화를 위해 사용자는 환기 조건을 시간당 0.2회로 일정 (constant 0.2회/h)한 조건으로 설정한다.

이상과 같은 모든 작업이 완료되면 프로젝트를 저장하고 최종 실행 명령을 통해 오류가 없는지 확인한 후, Simulation Studio에서 멀티 존 컴포넌트인 Type 56에 이 파일을 사용하여 결과를 분석하면 된다.

7. TRNSYS Type 56의 구성

1. Parameters

번호	기 호	설 명
1	LU_b	TRNBuild로 작성된 [*.bui] 파일을 읽기 위한 Fortran logical unit
2	T*-MODE	Star 네트워크의 계산을 위한 전환 < 1 : 시뮬레이션의 시작할 때만 > 1 : 모든 시간 간격에서 만약 자동적인 열전달 계수가 사용되거나 하나의 열전달 계수가 입력값이면, TRNSYS 버전 16부터는 자동적으로 Star 네트워크의 계산이 매 반복과정에서 수행될 것이다. 특정 존들에는 대류와 복사 열전달 계수가 합쳐져 계산될 수 있다. Star 네트워크 계산을 위한 존의 개수는 첫 번째 지정된 존으로부터 합산되어 Abs[PAR(2)]-100으로 주어진다. 다음의 존들은 합쳐진 열전달 계수들로써 표면 열전달 계수로 계산된다. PAR(2)의 값이 1 미만이면, 시뮬레이션당 Star 네트워크의 한 번 계산을 나타내며, 1 이상이면 매 시간간격마다 Star 네트워크의 계산이 수행됨을 나타낸다.
3	A_{op}	작용 온도 계산을 위한 가중인자 $T_{op} = A_{op} \cdot T_{air} + (1 - A_{op}) \cdot T_{surf}$
4*	LU_s	모든 건물 존들에 대한 월별 요약 표준 보고서를 위한 FORTRAN logical unit
5*	LU_{ht}	모든 건물 존들에 대한 시간별 존 온도의 표준 보고서를 위한 FORTRAN logical unit
6*	LU_{hp}	모든 건물 존들에 대한 시간별 냉난방 에너지 소비량의 표준 보고서에 대한 FORTRAN logical unit

* : 선택사항임.

2. Inputs & Outputs

TRNBuild 프로그램은 요구되는 입력값의 목록과 이용 가능한 출력값을 갖는 출력 파일을 생성한다. 사용자는 TRNSYS 입력 파일에서 적절한 입력값 연결을 지정해야 한다.

8. TRNBuild에 의해 생성되는 Building Input Description File

TRNBuild는 Type 56을 사용하기 위해 필요한 데이터 파일들을 제공한다. 사용자는 BID 언어를 이용하여 건물을 설명하는 인터페이스 TRNBuild를 통해 [*.BUI] 파일을 생성한다. TRNBuild에 추가하여 사용자는 BUI 파일 생성을 위해 특정 텍스트 에디터를 사용할 수 있다. 그러나 엄격한 문법으로 인하여 텍스트 에디터의 사용은 매우 많은 오류를 낳을 수 있다. 그러므로 TRNSYS는 사용자가 TRNBuild를 사용할 것을 강력히 권장한다.

사용자는 건물을 모델링하는 데 사용되는 Types라 불리는 간단한 건물 블록들을 지정한다. Types 2는 다른 Types를 지정하거나 건물을 구성하기 위해 여러 번 사용될 수 있는 고유한 기술(unique descriptions)을 표현한다. 예를 들면, Layer Type은 개별 벽체 레이어의 재료에 관한 설명을 표현한다. 여러 개의 레이어 Types은 건물을 모델링하는 데 교대로 사용될 수 있는 고유한 Wall Type을 지정하기 위해 사용될 수 있다. 이 밖에 필요한 Types은 Windows, Orientations, Gains, Comfort, Infiltration, Ventilation, Heating, Cooling 그리고 Zones를 포함한다. 이들 Types 각각은 이것과 관련된 데이터와 할당된 이름에 의해 특징 지워진다. 이들 Types에 의해 지정된 변수들 중 상당 부분은 시간에 따라 변화한다. 이것을 수행하기 위한 2가지 방법이 있다. 하나는 Schedule Types로 지정된 선 지정 주기 함수들(pre-defined periodic functions)을 이용하는 것이다. 다른 하나는 시뮬레이션에서 다른 TRNSYS 컴포넌트들의 출력값이 될 수도 있는 Inputs를 지정하는 것이다. Schedule의 예제 응용은 평일과 주말의 시간대에 의존하는 인체에 대한 열취득(gains)을 지정하는 것이 될 수 있다. Inputs의 경우는 Zones의 조건에 의존하여 거동하는 냉난방 기기로부터의 열취득(gains)을 고려하는 데 사용될 수 있다.

완성된 Building Description File은 Type 56에 의해 요구되는 파일들을 TRNBuild로부터 변환한다. 다음 장에는 BUI 파일과 그것의 문법과 관련된 일반적인 정보를 제공한다. 사용자는 BUI 파일을 읽고 이해할 수 있도록 다음 장의 내용을 주의깊게 읽을 것을 권장하고 있다. TRNBuild 인터페이스에 관한 정보는 독립된 매뉴얼 및 온라인 도움말에 의해 제공된다. 이 장을 읽은 후 예제를 통해 충분히 이해하기를 권장하고 있다.

8-1 프로그램 언어를 지배하는 법칙들

사용자는 TRNBuild에 의해 처리되고 읽혀지는 건물 정보를 포함하는 파일을 구성한다. 4개의 데이터 그룹들(Properties, Types, Building 그리고 Output)이 다음 순서에 따라 요구된다.

Properties는 전체 건물과 관련된 일반적인 속성 데이터를 표현한다. Output은 Type 56 컴포넌트와 TRNBuild로부터의 출력값들을 지정한다. 데이터의 완전한 모음은 END 문에서 멈춘다. 각 데이터 그룹 내에 프로그램에 의해 인식되는 제한된 수의 키워드가 있다. 어떤 경우에는 이 데이터는 특별한 순서로 지정되어야 하고, 그렇지 않은 경우도 있다. 그룹 키워드는 이들 데이터 앞에 나타나야 한다. 그룹에 포함된 각 데이터 항목의 경우, 키워드가 실제 데이터 앞에 나온다. 키워드는 '='에 의해 데이터로부터 분리되어야 한다. 데이터는 수치값, 새로운 Type을 지정하는 이름, 이전에 지정된 Type을 나타내는 이름 또는 이전에 지정된 스케줄 그리고 입력값을 나타내는 특정 형태가 될 수 있다. 몇 가지 경우, 하나 이상의 데이터 항목이 키워드 다음에 위치한다. 이 경우 데이터는 '공백'으로 분리되어야 한다. 수치 데이터는 어떠한 형식(integer, fixed point 또는 floating point)도 가능하다. 다음 〈표 8-1〉은 각 키워드와 관련된 적절한 데이터 Types을 인식하기 위해 다음 장에서 사용된다.

〈표 8-1〉 Data Types

Data Type	Descripition
1	Constant numerical values(s)
2	Type names
3	Constant numerical values, Schedule or Input

이전에 지정된 Schedules 또는 Inputs을 사용하기 위한 일반적인 형식은 다음과 같다.

```
Keyword = Schedule A*name + B
Keyword = Input A*name + B
```

여기서, A와 B는 선택적인 비례 매개변수들이며 name은 이전에 지정된 Schedule 또는 Input Type과 관련이 있다. 이 비례 특징은 동일한 스케줄을 갖는 서로 다른 존들에 대한 열취득을 지정하는 데 매우 유용하다.

일반적으로 키워드의 모든 문자들을 제공할 필요가 있다. 약자는 키워드 Orientation (ORI)과 Coupling(COUPL)의 경우에 사용될 수 있다. TRNSYS 16 버전부터 Types에 주어진 names는 더 이상 10자 이내의 문자 길이가 될 필요가 없다. é, è, ö, ü, ä 등과 같은 특수 문자 또한 입력 가능하다. 프로그램 데이터의 각 항목은 파일에서 분리된 행들이나 ':'에 의해 구분되어 동일한 행에 포함되어야 한다. 또한, 첫 번째 행의 제일 뒤에 ';'을 사용하여 한 행에서 다음 행으로의 데이터 기술을 연속하는 것이 가능하다. 또 다른 특수 문자 조합이 '*#C'이다. 이것은 사용자에 의해 데이터 파일에서 첫 번째 열에 나타날 때 주석문을 입력할 수 있도록 한다. 하나의 '*' 또한 주석문을 나타낸다. 그러나 이들 주석문들은 TRNBuild에 의해 삭제된다.

Type 56 Multi-Zone Component는 아래에 주어진 SI 단위체계가 사용될 수 있도록 고안되었다. 왜냐하면, TRNSYS가 초(second) 대신에 단위 시간에 근거한 time base, power 그리고 energy units에 대하여 시간 계산을 사용하기 때문이다. 요구되는 단위들은 〈표 8-2〉에 주어져 있다.

〈표 8-2〉 요구되는 단위들

Quantity	SI Unit	
time	hour	[hr]
length	meter	[m]
mass	kilogram	[kg]
temperature	degree Celsius	[℃]
energy	kilojoule	[kJ]
power or energy rate	kilojoules/hour	[kJ/hr]

8-2 Program Input Data

다음 절에서는 각 데이터 그룹에 대한 프로그램 입력에 대하여 설명된다. 이 정보는 쉽게 이용할 수 있도록 도표로 정리되었다. 각 키워드의 경우 설명에 따른 데이터 유형이 주어진다. 이 데이터 유형들은 〈표 8-1〉을 참고하기 바란다.

1. Properties

다음의 Properties 키워드는 다음과 같이 5개의 데이터 항목들이 나타나야 한다.

<표 8-3> Properties Data

Keyword	Data Type	Data Description
DENSITY	1	density of air
CAPACITY	1	specific heat of air
HVAPOR	1	heat of vaporization of water
SIGMA	1	Stefan–Boltzmann constant
RTEMP	1	approx average surface temperature [$^\circ$K]
Parameters for internal calculation of heat transfer coefficients		
KFLOORUP	1	constant for heated floor(default 7.2 [$kJ/m^2 \cdot {}^\circ K$])
EFLOORUP	1	exponent for heated floor(default 0.31 (−))
KFLOORDOWN	1	constant for cooled floor(default 3.888 [$kJ/m^2 \cdot {}^\circ K$])
EFLOORDOWN	1	exponent cooled floor(default 0.31 (−))
KCEILUP	1	constant for cooled ceiling(default 7.2 [$kJ/m^2 \cdot {}^\circ K$])
ECEILUP	1	exponent for cooled ceiling(default 0.31 (−))
KCEILDOWN	1	constant for heated ceiling(default 3.888 [$kJ/m^2 \cdot {}^\circ K$])
ECEILDOWN	1	exponent for heated ceiling(default 0.31 (−))
KVERTICAL	1	constant for vertical wall(default 5.76 [$kJ/m^2 \cdot {}^\circ K$])
EVERTICAL	1	exponent for vertical wall(default 0.30 [$kJ/m^2 \cdot {}^\circ K$])

RTEMP는 Zone 내의 표면들 사이의 장파장 복사 열교환을 선형화하는 데 사용된다. 이 값은 연간에 걸친 평균 존 온도에 의해 근사화될 수 있다. 대부분의 HVAC 기기의 경우 20℃가 합리적이다. RTEMP의 효과는 정상적으로 매우 작을 것이므로 근사 계산만이 요구된다.

위의 물성값들 각각은 시간에 독립인 값을 요구한다. 이 데이터의 단위들은 입력될 나머지 데이터의 단위들과 연속성을 가져야 한다. 20℃에서 이들 물성값들은 <표 8-4>와 같이 주어지며, RTEMP와 SIGMA와 같이 절대온도에 기초하는 것을 제외하고는 <표 8-2>의 단위로 주어진다.

<표 8-4> 20℃에서 Properties의 값들

Property	SI Units	Unit
density of air	1.204	[kg/m^3]
specific heat of air	1.012	[kJ/kg]
heat of vaporization of water	2454	[kJ/kg]
Steffan–Boltzmann constant	2.0411 E−07	[$kJ/m^2 \cdot hr \cdot {}^\circ K^4$]
average surface temperature	293.15	[$^\circ$K]

2. Types

지정될 수 있는 13개의 Types이 있다. 어떤 Types은 단지 건물 묘사에만 이용되고, 어떤 것들은 다른 Type 지정에 사용될 수 있다. Types은 〈표 8-5〉에서 보여주는 고정된 순서로 지정되어야 한다. Type 키워드는 Types의 지정에 선행되어야 한다.

Type 지정은 키워드 Building 또는 Output과 만날 때 멈춰진다.

〈표 8-5〉 요구되는 Type 순서

Properties

Layer

Inputs

Schedule

Wall

Window

Gain

Comfort

Infiltration

Ventilation

Cooling

Heating

Zones

Orientations

(1) Layer Types

지정될 수 있는 3가지 유형의 레이어가 있다.

- layers having non-negligible mass
- layers to be treated as pure resistances and
- Active Layers for modeling thermally activated building components(e.g. concrete slab cooling).

질량을 갖는 레이어의 경우 〈표 8-6〉의 데이터가 응용되며, 재료 데이터는 Type 19의 설명 또는 TRNBuild 'Layers Library'에서 찾을 수 있다.

〈표 8-6〉 Massive Layer Type Data

Keyword	Data Type	Data Description	Unit
LAYER	2	layer name	
THICKNESS	1	layer thickness	[m]
CONDUCTIVITY	1	material thermal conductivity	$[kJ/m \cdot h \cdot {}^{\circ}K]$
CAPACIY	1	material specific heat	$[kJ/kg \cdot {}^{\circ}K]$
DENSITY	1	material density	$[kg/m^3]$

질량이 없는 레이어(massless layer)의 경우, 요구되는 데이터는 〈표 8-7〉과 같다.

〈표 8-7〉 Massless Layer Type Data

Keyword	Data Type	Data Description	Unit
LAYER	2	layer name	
RESISTANCE	1	material thermal resistance (reciprocal of overall heat transfer coefficient, without surface film coefficients)	$[m^2 \cdot h \cdot {}^{\circ}K/kJ]$

Active Layer의 경우, 요구되는 데이터는 〈표 8-8〉과 같다.

〈표 8-8〉 Active Layer Type Data

Keyword	Data Type	Data Description	Unit
LAYER	2	layer name	
PSPACING	1	pipe spacing center to center	[m]
PDLAMETER	1	pipe outside diameter	[m]
PWALLTHICKNESS	1	pipe wall thickness	[m]
PCONDUCTIVITY	1	pipe wall conductivity	$[kJ/m \cdot h \cdot {}^{\circ}K]$
CPFLUID	3	specific heat coefficient of fluid	$[kJ/kg \cdot K]$

주의 : 파이프 지름은 (0.2 × 파이프 간격)보다 작게 설정되어야 한다.

Cooled Ceiling Layer의 경우, 요구되는 데이터는 〈표 8-9〉와 같다.

<표 8-9> Cooled Ceiling Layer Type Data

Keyword	Data Type	Data Description	Unit
LAYER	2	layer name	
CC_PSPACING	1	pipe spacing center to center	[m]
CC_PIDIAMETER	1	pipe inside diameter	[m]
CC_CPFLUID	3	specific heat coefficient of fluid	[kJ/kg·°K]
SP_NORMMFLOW	1	specific norm power	[kJ/m^2·h]
SP_NORMMFLOW	1	specific norm massflow	[kJ/m^2·h]
NORMAREA	1	norm area at test conditions	[m^2]
NORMNLOOP	1	number of loops at test conditions	[m]
UCOMB	2	define kind of contact–cooled ceiling and ceiling	
GAP	2	keywords to define an airgap or direct–contact	
DIRECT_CONTACT	2	between cooled ceiling and ceiling	
UWRX	1+2	heat transfer coefficient	[kJ/m^2·h·°K]
F(SP_NORMPOWER)	2	keyword to define internal calculation of UWRX	(–)
DTSURFNORM	1	only if UWRX calculated from temperature difference between mean fluid and mean surface temperature at test conditions	[°K]

다음 <표 8-10>은 천장 냉각 패널 레이어의 전문가 모드에서만 사용된다.

<표 8-10> Cooled Ceiling Layer Type expert mode Data

Keyword	Data Type	Data Description	Unit
UUPCONST	1	additional heat transfer coefficient for construction on upper side of cooled ceiling	[kJ/m^2·h·°K]
ULOCONST	1	additional heat transfer coefficient for construction on lower side of cooled ceiling	[kJ/m^2·h·°K]
K_DOWN	1	constant for heat transfer calculation in the gap–heatflux going down	[kJ/m^2·h·°K]
M_DOWN	1	exponent for heat transfer calculation in the gap–heatflux going down	(–)
K_UP	1	constant for hear transfer calculation in the gap–heatflux going up	[kJ/m^2·h·°K]
M_UP	1	exponent for heat transfer calculation in the gap–heatflux going up	(–)

(2) Input Type

〈표 8-11〉은 Type 56의 입사되는 일사량과 외기 조건뿐만 아니라 모든 Inputs 을 지정하는 데 사용된다.

<표 8-11> Inputs Type Data

Keyword	Data Type	Data Description
INPUTS	2	names associated with inputs to the Type 56 Multi−Zone Component

(3) Schedule Types

스케줄은 주기함수이며, 하루 또는 일주일 단위의 시간에 따라 변화는 출력값을 갖는다.

이러한 Schedule Types의 2가지 형태가 지정될 수 있다. 첫 번째는 일일, 즉 24 시간의 함수로써 〈표 8-12〉의 스케줄값이 요구된다.

<표 8-12> 시간별 Schedule Type Data

Keyword	Data Type	Data Description	Unit
SCHEDULE	2	schedule name	
HOURS	1	hours of the days at which the output of the schedule will change(starting from 0, ending at 24)	[h]
VALUES	1	the values of the schedule corresponding to the hours given	

시간별 스케줄값들은 사각 파형에 의해 주어진 시간에 따라 변경된다. Schedule Types의 두 번째 형태는 일주일 단위의 일별 함수로서 〈표 8-13〉과 같이 지정하는 것이다.

<표 8-13> 일별 Schedule Type Data

Keyword	Data Type	Data Description
SCHEDULE	2	schedule name
DAYS	1	days of the week on which the schedule changes(starting from 1, ending at 7)
HOURLY	1	names of previously defined hourly schedules corresponding to the days given

주간의 DAYS는 시뮬레이션 시작 일에 따라 상대적이다. TRNSYS의 경우 한 해의 시작은 월요일이다.

(4) Wall Types

Wall Type은 이전에 지정된 레이어들(layers)을 사용한다. 레이어들은 벽체의 전면에서 후면으로 주어져야 한다. 그리고 모든 벽체의 전면은 내측 표면이다. 하나의 벽체에 최대 20의 레이어가 허용되며, 벽체의 전/후면 모두 내부 장파장 복사 열교환과 내부 복사 열취득에 대하여 흑체로써 가정되며 〈표 8-14〉와 같다.

〈표 8-14〉 Wall Type Data

Keyword	Data Type	Data Description	Unit
WALL	2	wall name	
LAYER	2	names of previously defined layers that comprise the wall from front to back(or inside to outside for external walls)	
THICKNESS	1	thickness of each layer	[m]
ABS-FRONT	1	front surface absorptance for solar radiation(material)	[ratio]
ABS-BACK	1	back surface absorptance for solar radiation(material data)	[ratio]
HFRONT	3	front surface convective heat transfer coefficient	$[kJ/m^2 \cdot h \cdot °K]$
HBACK	3	back surface convective heat transfer coefficient	$[kJ/m^2 \cdot h \cdot °K]$
FLOOR	–	keyword internal calculation of HFRONT or HBACK of a floor ; no other data is required	
CEILING	–	keyword internal calculation of HFRONT or HBACK of a ceiling ; no other data is required	
VERTICAL	–	keyword internal calculation of HFRONT or HBACK of vertical wall ; no other data is requried	

주의 : HFRONT와 HBACK은 항상 복사 성분이 없는 대류 열전달 계수만을 의미한다. 만약 내표면의 HFRONT 또는 HBACK가 Input Type 변수로써 지정되면, TRNSYS 16의 Star Network가 각 TRNSYS 반복 과정에서 자동적으로 재계산될 것이다. 그리고 만약 내표면의 HFRONT 또는 HBACK가 'Internal Calculation'으로 설정되면, Star Network가 Type 56의 각 내부 반복 과정에서 재계산될 것이다.

Active Layer Type을 갖는 Wall Type의 경우 대류 열전달 계수는 Zone으로의 열전달에 매우 중요하다. 그러므로 대류 열전달 계수 계산을 위해 다음의 상관관계에 의존하는 온도를 사용할 것을 권장하고 있다. 버전 16부터 이렇게 하기 위한 일반적인 방법은 'Internal Calculation Option'을 사용하는 것이며, 이 옵션들로 설정된 모든 벽체들은 다음 특징들로 설정된 매개변수들을 이용한 Type 80의 상관관계에 의해 계산될 것이다.

$$\alpha_{conv,\,floor-heated} = K_{fl-heated}\left(Tsurf_{floor} - Tair_{floor}\right)^{efl(heated)}$$

$$\alpha_{conv,\,floor-cooled} = K_{fl-cooled}\left(Tsurf_{floor} - Tair_{floor}\right)^{efl(cooled)}$$

$$\alpha_{conv,\,ceiling-heated} = K_{ce-heated}\left(Tsurf_{ceiling} - Tair_{ceiling}\right)^{ece(heated)}$$

$$\alpha_{conv,\,ceiling-cooled} = K_{ce-cooled}\left(Tsurf_{ceiling} - Tair_{ceiling}\right)^{ece(cooled)}$$

$$\alpha_{conv,\,vertical} = K_{vertical}\left(Tsurf_{vertical} - Tair_{vertical}\right)^{evertical}$$

물론 변수 Input Type으로 지정하는 것과 만약 사용자가 서로 다른 사용자 지정 매개변수들로 단지 하나의 벽체에 대한 열전달 계수를 계산하고자 한다면, Type 80을 이용한 외부에서 열전달 계수를 계산하는 것도 가능하다.

기지의 경계면 온도를 갖는 Wall Types의 경우 대류 열전달 계수는 벽체의 표면 온도를 경계면 온도가 같은 값으로 강제하기 위해 매우 작은 값($0.001\ kJ/m^2 \cdot h \cdot {}^\circ K$ 이하)으로 설정할 수 있다. 이러한 매우 작은 값의 사용은 혼란스러울 수 있으나, backwards compatibility의 이유로 유지되었다.

ABS-FRONT와 ABS-BACK은 어떤 표면의 일사량을 전가하기 위해 사용되면 안된다. 그러므로 키워드 GEOSURF가 Zone 내의 벽체의 특징을 열거하기 위해 채택되었다.

Active Layers를 갖는 벽체의 경우 Active Layer와 인접한 Layers의 두께는 ($0.3 \times$ 파이프 간격)보다 큰 값이 되어야 한다. 게다가 인접한 레어어들은 동일한 Layer Type으로 지정되어야 한다.

(5) Window-Types

미국 LBL의 WINDOW 4.1 또는 5.0 프로그램에서 각 유리들 사이의 반사율과 각 유리의 흡수율과 투과율의 상세한 계산이 수행된다. 창호의 열적 물성값들과 광학적 데이터가 WINDOW 4.1 또는 5.0 프로그램에 의해 ASCII file로 작성된다. 창호 라이브러리(window library)에 결합된 이들 출력 파일들은 Type 56의 세 번째

매개변수로써 주어지는 FORTRAN logical unit을 통해 접근 가능하다. 〈표 8-16〉
은 창호 데이터의 예를 보여준다. 창호들은 내표면 상호간의 장파장 복사 열교환과
내부 복사 열취득에 대하여 흑체로 가정된다.

〈표 8-15〉 Window Type Data

Keyword	Data Type	Data Description	Unit
WINDOW	2	window name	
WINID	3	window identification number	
HINSIDE	3	convective heat transfer coefficient at the inside surface of the window	$[kJ/m^2 \cdot h \cdot °K]$
HOUTSIDE	3	convective heat transfer coefficient at the outside surface of the window	$[kJ/m^2 \cdot h \cdot °K]$
SLOPE	3	slop of the window(vertical = 90)	[degree]
FFRAME	3	ratio of the frame area to the total window area	[%/100]
UFRAME	3	heat transfer coefficient of the window frame	$[kJ/m^2 \cdot h \cdot °K]$
ABSFRAME	1	front and back absorptance for solar radiation of the window frame	[%/100]
RISHADE	3	additional heat resistance of the internal shading element	$[m^2 \cdot h \cdot °K/kJ]$
RESHADE	3	additional heat resistance of the external shading element	$[m^2 \cdot h \cdot °K/kJ]$
REFLISHADE	3	reflection coefficient of the internal shading element towards the window	[%/100]
REFLOSHADE	3	reflection coefficient of the internal shading element towards the zone	[%/100]
CCISHADE	3	fraction of the solar radiation absorbed by the internal shading element that is transferred to the air node by additional convection between the inner window pane and the internal shading element	[%/100]

주의 : HINSIDE와 HOUTSIDE는 항상 복사 성분이 배제된 대류 열전달 계수이다.
만약 HINSIDE 또는 HOUTSIDE가 Input Type 변수로써 지정되면, Type 56
의 네 번째 매개변수는 모든 계산 단계에서 Star Network를 재계산하기 위해
'1'로 설정되어야 한다.

〈표 8-16〉 Type 56에 사용된 Window Data

WINDOW 4.1 DOE-2 Data File : Multi Band Calculation

Unit System : SI
Name   : TRNSYS 14.2 WINDOW LIB
Desc   : Double Low-E Glazing, Argon

Window ID   : 2001
Tilt   : 90.0
Glazings   : 2
Frame   : 11 TRNSYS   2.270
Spacer   : 1 Class1   2.330 -0.010 0.138
Total Height   : 1219.2 mm
Total Width   : 914.4 mm
Glass Height   : 1079.5 mm
Glass Width   : 774.7 mm
Mullion   : None

Gap	Thick	Cond	dCond	Vis	dVis	Dens	dDens	Pr	dPr
1 Argon	16.0	0.01620	5.000	2.110	6.300	1.780	-0.0060	0.680	0.00066
2	0	0	0	0	0	0	0	0	
3	0	0	0	0	0	0	0	0	
4	0	0	0	0	0	0	0	0	
5	0	0	0	0	0	0	0	0	

Angle	0	10	20	30	40	50	60	70	80	90	Hemis
Tsol	0.462	0.465	0.458	0.448	0.436	0.412	0.360	0.263	0.121	0.000	0.384
Abs1	0.114	0.114	0.116	0.120	0.125	0.132	0.139	0.146	0.147	0.000	0.128
Abs2	0.186	0.188	0.195	0.199	0.198	0.197	0.199	0.186	0.118	0.000	0.189
Abs3	0	0	0	0	0	0	0	0	0	0	0
Abs4	0	0	0	0	0	0	0	0	0	0	0
Abs5	0	0	0	0	0	0	0	0	0	0	0
Abs6	0	0	0	0	0	0	0	0	0	0	0
Rfsol	0.237	0.232	0.231	0.233	0.241	0.260	0.303	0.406	0.614	1.000	0.289
Rbsol	0.179	0.172	0.170	0.173	0.183	0.202	0.239	0.328	0.542	0.999	0.227
Tvis	0.749	0.754	0.743	0.730	0.711	0.674	0.589	0.428	0.200	0.000	0.626
Rfvis	0.121	0.115	0.114	0.118	0.132	0.163	0.228	0.376	0.649	1.000	0.203
Rbvis	0.109	0.102	0.099	0.102	0.115	0.140	0.188	0.296	0.529	0.999	0.170
SHGC	0.624	0.629	0.627	0.622	0.608	0.584	0.534	0.427	0.227	0.000	0.549

SC: 0.58

Layer ID#	9052	9055	0	0	0	0
Tir	0.000	0.000	0	0	0	0
Emis F	0.840	0.100	0	0	0	0
Emis B	0.840	0.840	0	0	0	0
Thickness(mm)	4.0	4.0	0	0	0	0
Cond(W/m2-C)	225.0	225.0	0	0	0	0
Spectral File	None	None	None	None	None	None

Overall and Center of Glass Ig U-values (W/m2-C)
Outdoor Temperature   -17.8 C   15.6 C   26.7 C   37.8 C
Solar   WdSpd hcout hrout hin

```
(W/m2)  (m/s)    (W/m2-C)
  0       0.00 12.25  3.24  7.60  1.46 1.46  1.20 1.20  1.23 1.23  1.35 1.35
  0       6.71 25.47  3.21  7.63  1.53 1.53  1.23 1.23  1.27 1.27  1.40 1.40
 783      0.00 12.25  3.38  8.02  1.61 1.61  1.42 1.42  1.37 1.37  1.39 1.39
 783      6.71 25.47  3.29  7.86  1.70 1.70  1.50 1.50  1.44 1.44  1.43 1.43
```

Window ID, Spacer, Height and Width of Glazing, Gap 1–5, Tsol, Abs1-Abs6, Rfsol, Rbsol, EmisF, EmisB, Thickness 그리고 Cond에 대한 값들은 〈표 8-16〉의 굵게 표시된 행들에서 볼 수 있듯이 열적 그리고 광학적 창호의 거동을 계산하기 위해 Type 56에 의해 읽혀지고 사용된다. 유리창의 폭과 높이는 단지 가장자리 보정(edge correction)에만 사용된다. 창호의 실제 면적은 Zone 설정창에서 지정된다.

이 CCISHADE 계수는 실제 온도, 차양 장치의 유형(louvers, blinds 등)과 차양장치와 창호 사이의 공기층 형상, 특히 차양장치의 높이와 실내 측 유리와의 거리에 의존한다. 만약 내부 차양장치가 내측 유리와 매우 가깝게 위치되면, 이 사이 공간은 어떠한 공기 유동도 없으므로 CCISHADE는 0으로 설정되어야 한다. 이 계수에 대한 값 '1'은 실내에 위치한 내부 차양장치가 창호로부터 매우 멀리 떨어져 있음을 나타낸다. 일반적인 CCISHADE 값의 범위는 0.3에서 0.6까지이다.

(6) Gain Types

Gains(내부 발열)는 각각의 Zone 내에서 사용된다. 이들은 대류, 복사 그리고 습도를 포함하기 위해 고려된다.

〈표 8-17〉 Gain Type Data

Keyword	Data Type	Data Description
GAIN	2	gain name
CONVECTIVE	3	convective energy gain rate
RADIATIVE	3	radiative energy gain rate
HUMIDITY	3	humidity gain(mass per time)

건물을 기술함에 있어 어떤 Zone에 대한 내부 발열을 척도화하는 것이 가능하다. 그리고 이 척도는 스케줄에 따라 변할 수 있다.

이러한 방법에 의해, 한 사람 또는 컴퓨터와 같은 일반화된 내부 발열은 Gain Types으로 지정되며, 스케줄 그리고/또는 서로 다른 척도들의 지배를 받게 된다. 서로 다른 Gain Types에 대한 내부 발열 데이터는 〈표 8-18〉에 나열되어 있다. 게다가 VDI 2078에 따른 이미 지정된 내부 발열들이 TRNBuild 인터페이스에 통합되어 있다.

〈표 8-18〉 Rates of Heat Gain from Occupants of Conditioned Spaces

Heat			Total Heat Adjusted[b]		Sensible Heat		Latent	
No	Degree of Activity	Typical Application	Watts	Btu/h	Watts	Btu/h	Watts	Btu/h
1	seated at rest	theatre, movie	100	350	60	210	40	140
2	seated, very light writing	office, hotels, apartments	120	420	65	230	55	190
3	seated, eating	restaurant[c]	170	580[c]	75	255	95	325
4	seated, light work, typing	offices, hotels, apartments	150	510	75	255	75	255
5	standing, light work, or walking slowly	retail store, bank	185	640	90	315	95	325
6	light bench work	factory	230	780	100	345	130	435
7	walking, 1.3m 7s (3mph) light machine work	factory	305	1040	100	345	205	695
8	bowling[d]	bowling alley	280	960	100	345	180	615
9	moderate dancing	dance hall	375	1280	120	405	255	875
10	heavy work, lifting heavy machine work	factory	470	1600	165	565	300	1035
11	heavy work, athletics	gymnasium	525	1800	185	635	340	1165

[a] Note : Tabulated values are based on 25.5℃(78°F) room dry-bulb temperature. For 26.6℃(80°F) rom dry bulb temperature, the total heat remains the same, but the sensible heat value should be decreased by approximately 8% and the latent heat values increased accordingly.

[b] Adjusted total head gain is based on normal percentage of men, women, and children for the application listed, with postulate that the gain from an adult is 85% of that for an adult male, and that the gain from a child is 75% of that for an adult male.

[c] Adjusted total heat value for eating in a restaurant, includes 17.6 W(60 Btu/h) for food per individual[8.8 W(30 Btu/h) sensible and 8.8(30 Btu/h) latent].

[d] For bowling figure one person per alley actually bowling, and all other sitting 117 W(400 Btu/h) of standing and walking slowly 231 W(790 Btu/h).

All values rounded to nearest 5 Watts or to nearest 10 Btu/h.

(7) Comfort Type

Comfort Type은 각각의 Zone에 대하여 사용된다. 열쾌적 계산은 EN ISO 7730 에 기초한다. 〈표 8-19〉와 같이 Comfort Type은 clothing factor, metabolic rate, external work 그리고 relative air velocity를 포함시키기 위해 고려된다. 재실자로의 직달 또는 확산 일사의 어떠한 영향도 PMV와 PPD 계산에 고려되지 않는다.

〈표 8-19〉 Comfort Type Data

Keyword	Data Type	Data Description	Unit
COMFORT	2	gain name	
CLOTHING	3	clothing factor acc. to ISO 7730	[clo]
MET	3	metabolic rate acc. to ISO 7730	[met]
WORK	3	external work acc. to ISO 7730	[met]
VELOCITY	3	rel. air velocity acc. to ISO 7730	[m/s]

EN ISO 7730은 매우 다양한 Clothing Factor를 제공하며, 〈표 8-20〉은 일반적인 의복 착용에 대한 착의량을 간단히 요약한 것이다.

〈표 8-20〉 서로 다른 의복 착용에 따른 착의량 [clo]

Clothing Ensemble	Clothing Factor [clo]
nude	0
shorts	0.1
light summer clothing (long light-weight-trousers, open neck shirt with short sleeves)	0.5
light working ensemble (athletic shorts, woolen socks, cotton work shirt, work trousers)	0.6
typical business suit	1.0
typical business suit + cotton coat	1.5
light outdoor sportswear (cotton shirt, trousers, t-shirt, shorts, socks, shoes, single ply poplin jacket)	0.9
heavy traditional european business suit	1.5

대부분의 경우, 외부 작업은 '0'이다.

활동량(metabolic rate)은 활동 정도에 따른 열 생산량을 표현하며, 〈표 8-21〉
은 EN ISO 7730의 값을 간단히 요약한 것이다.

〈표 8-21〉 Metabolic Rate

Degree of Activity	Metabolic Rate [met]
seated, relaxed	1.0
seated, light work (office, home, school, laboratory)	1.2
standing, light work (shopping, laboratory, light factory work)	1.6
standing, moderate work (sale activity, housework, operating of a machine)	2.0
walking, 2 km/h	1.9
walking, 3 km/h	2.4
walking, 4 km/h	2.8
walking, 5 km/h	3.4

(8) Infiltration Type

침기량은 시간당 존의 침기횟수에 의해 주어진다. 그래서 해당 존의 침기 질량
유량은 침기횟수와 존의 체적 그리고 공기의 밀도의 곱이 된다. 침기 공기는 외기
로 가정된다.

〈표 8-22〉 Infiltration Type Data

Keyword	Data Type	Data Description	Unit
INFILTRATION	2	infiltration name	
AIRCHANGE	3	air changes per hour from ambient source	[l/h]

(9) Ventilation Type

Infiltration의 경우와 같이 환기량은 시간당 Zone 공기의 교환횟수로 표현된다.
만약 냉/난방기기가 외부에 모델화되면, Airchange, Temperature 그리고 Humi-
Dity가 외부기기로부터 Type 56의 입력값 항으로써 지정되어야 한다.

〈표 8-23〉 Ventilation Type Data

Keyword	Data Type	Data Description	Unit
VENTILATION	2	ventilation name	
AIRCHANGE	3	number of air changes per hour for ventilation flow stream	[l/h]
TEMPERATURE	3	temperature of ventilation air flow (ambient temperature if the keyword OUTSIDE is entered)	[℃]
HUMIDITY	3	relative humidity of ventilation air flow (ambient relative humidity if the keyword OUTSIDE is entered)	[%]

(10) Cooling Type

이상화된 냉방 제어를 통한 어떤 존의 냉방 요구량은 이 Regime의 Cooling Type 을 지정함으로써 결정될 수 있다. 만약 냉방기기가 Type 56 컴포넌트의 외부에 모델 화되면 Cooling Type은 사용되지 말아야 한다. 대신에 Ventilation, Airchange, Temperature 그리고 Humidity가 공조기기 컴포넌트 또는 (−) 대류와 복사 열취득 으로 지정되는 출력값에 의해 Inputs로 지정되어야 한다. 설정 온도와 최대 냉방량 이 Cooling Type을 묘사하기 위해 요구된다. 만약 Heating Type과 연계되어 사용 되면, 해당 Zone의 온도는 냉/난방 설정 온도의 범위 내(냉방 설정 온도 < 실온 < 난방 설정 온도)에서만 자유 유동한다. 공기의 감습에 필요한 에너지의 효과를 고려 하기 위해 Zone 공기의 상대습도를 지정할 필요가 있다. 이 값을 100%로 설정하면 습도는 자유롭게 변동하는 결과를 가져온다. 이것은 감습에 대한 이용 가능한 에너 지량에 어떠한 제약도 없다는 것으로 가정된다.

〈표 8-24〉 Cooling Type Data

Keyword	Data Type	Data Description	Unit
COOLING	2	cooling name	
ON	3	temperature above which cooling begins	[℃]
POWER	3	the maximum cooling power	[kJ/hr]
HUMIDITY	3	the relative humidity of zone air above which there is dehumidification of the air (100 for free floating)	[%]

(11) Heating Type

이상화된 난방 제어를 통해 건물 Zone에 필요한 난방 에너지는 Regime의 Heating Type을 지정함으로써 결정될 수 있다. 만약 난방기기가 Type 56 외부에 모델화되면 Heating Type은 사용되지 않아야 한다. 대신에 Ventilation Air-change, Temperature 그리고 Humidity가 공조기기 컴포넌트 또는 (+) 대류와 복사 열취득으로 지정되는 출력값에 의해 Inputs로 지정되어야 한다. 설정 온도와 최대 난방량이 Heating Type을 묘사하기 위해 요구된다.

공기의 가습에 필요한 에너지의 효과를 고려하기 위해 Zone 공기의 상대습도를 지정할 필요가 있다. 이 값을 0으로 설정하면 습도는 자유롭게 변동하는 결과를 가져온다. 이것은 가습에 대한 이용 가능한 에너지량에 어떠한 제약도 없다는 것으로 가정된다.

대류와 복사 효과를 동시에 갖는 난방기기를 시뮬레이션하기 위해, 난방 출력 RRAD의 복사 비율이 지정되어야 한다. 이 난방기 출력의 값은 내부 복사열 취득으로써 제공되며, 해당 Zone의 벽체에 분포된다. 난방기기의 온도 설정은 Zone의 공기온도와 관련되므로, 난방기 출력 RRAD의 복사 비율은 난방기기의 안정적인 제어를 확보하기 위해 나머지를 대류 비율이 갖도록 하기 위해 0.99보다 큰 값이 될 수 없다. RRAD가 0보다 큰 값을 사용하는 경우, 최대 난방 출력을 제한할 것을 권장하고 있다.

〈표 8-25〉 Heating Type Data

Keyword	Data Type	Data Description	Unit
HEATING	2	heating name	
ON	3	temperature below which heating begins	[℃]
POWER	3	the maximum heating power	[kJ/hr]
HUMIDITY	3	the relative humidity of zone air below which there is humidification of the air (0 for free floating)	[%]
RRAD	3	radiative fraction of the heating power	[%/100]

(12) Zones Type

Zones Type의 목적은 Building 데이터 그룹에서 묘사될 해당 Zones과 관련된 이름을 지정하기 위한 것이다.

〈표 8-26〉 Zones Type Data

Keyword	Data Type	Data Description
ZONES	2	names associated with zones to be described in BUILDING

3. Orientations

이 데이터는 외벽과 창문에 대한 모든 가능한 방위들을 지정하기 위해 필요하다. 지정된 각 방위명에 대하여, Type 56 TRNSYS 컴포넌트에 입사되는 일사량의 입력값이 요구될 것이다. 이것은 일반적으로 Type 16 Radiation Processor에 의해 제공된다.

주의 : 각 방위에 대한 입사각의 범위는 0~180°이어야 한다. Type 16의 천공각이 단지 0~90° 범위라는 사실 때문에, 'horizontal' 방위는 Type 16에서 별개의 표면으로써 지정되어야 한다.

〈표 8-27〉 Orientations Type Data

Keyword	Data Type	Data Description
ORIENTATIONS	2	names associated with orientations for which incident radiation inputs will be provided

4. Building

건물 묘사는 다음의 Building 키워드로 시작한다. 각 존의 묘사는 기술될 존과 관련된 이름 다음에 오는 키워드 Zone에 의해 시작된다. 기술되는 모든 존들의 이름은 Zones Type에서 지정되어야 한다. 존의 이름 다음에 Airnode가 지정되어야 한다. 모든 존은 하나의 Airnode만을 갖는다. 이러한 Airnode명은 존의 이름과 같은 이름이다. 각 존에서 3개의 우선적인 기술(Walls, Windows 그리고 Regime)이 있다.

5. Walls

Wall 기술은 이전에 지정된 Wall Types과 관련 있다. 여기에는 지정될 수 있는 4가지 벽체 유형이 있다. ; 외벽(external), 존들을 분리하는 인접벽(adjacent), 내벽(internal) 그리고 기지의 외부 경계조건을 갖는 벽(boundary).

또한, Type 56은 특정 벽체 표면에 어떠한 에너지 플럭스를 지정하여 제공한다. 또한, 냉/난방을 위해 열적으로 활성화된 벽체들이 Type 56에 통합되어 있다. 만약 Wall Type이 Active Layer를 포함하면, 선택적인 키워드들이 이것에 대하여 사용된다. Thermal Bridge(열교)를 모델화하기 위한 특정 외벽 유형은 Wall Type에 의해 선택될 수 있다. 다음의 설명들에 있어 벽체의 전면은 Wall Type 지정에서 주어지는 첫 번째 레이어와 관련된다. 외벽들은 외기 조건의 지배를 받는다. 벽체의 전면은 존의 내측으로 가정된다.

Zone으로 유입되는 직달 일사 분포의 경우, 명시된 분포인자(distribution factor)들이 사용자에 의해 지정될 수 있다. 키워드 Geosurf는 표면에 부딪히는 전체 유입 직달 일사의 비율을 표현한다. Geosurf의 모든 값들의 합은 하나의 존에서 1을 초과할 수 없다. 만약 1을 초과하면 합이 1을 보장하기 위해 자동적으로 맞춰진 값들이 시뮬레이션에 사용된다. Zone 내에서의 태양의 이동은 Schedule 또는 Input 지정함으로써 모델화될 수 있다. Geosurf의 기본값은 '0'이다. 만약 한 Zone 내의 이 값들의 합이 '0'이면, 직달 일사는 확산 일사와 동일한 방법으로 처리된다.

주의 : TRNSYS 14.2 이전 버전에서는 직달 및 확산 일사는 항상 면적 가중값과 흡수율에 의해 분포되었다.

(1) External Walls

키워드 FSKY는 지정된 벽체의 전체 반구에서의 천공에 대한 비율로 주어진다. 매개변수인 이것은 외기 온도와 천공 온도 사이의 가중인자로써 사용되며, Type 56의 세 번째에 위치한 Input이다.

〈표 8-28〉 External Wall Data

Keyword	Data Type	Data Description	Unit
WALL	2	name of previously defined Wall Type	
SURF	1	unique surface number for identification (number must be greater than 0)	(−)
AREA	1	area of inside surface of wall	[m^2]
EXTERNAL	−	keyword specifying an external wall ; no other data is required	
ORIENTATION	2	name associated with orientation for this wall	
FSKY	1	fraction of the sky in the total hemisphere seen by the wall, used as a weighting factor between T_{amb} and T_{sky}	[%/100]
WAGAIN	3	energy flux to the inside wall surface	[kJ/hr]
GEOSURF	3	fraction of the total direct solar radiation entering the zone strikes this surface	[%/100]

(2) External Walls with Active Layers

ALFAEQV의 사용자 정의는 단지 전문가를 위한 것이다. ALFAEQV의 값은 시간에 의존하게 될 것이다.

〈표 8-29〉 External Wall with Active Layer Data

Keyword	Data Type	Data Description	Unit
WALL	2	name of previously defined wall type	(−)
SURF	1	unique surface number for identification (number must be greater than 0)	[m^2]
AREA	1	area of inside surface of wall	
EXTERNAL	−	keyword specifying an external wall ; no other data is required	
ORIENTATION	2	name associated with orientation for this wall fraction of the sky in the total hemisphere seen by the wall, used, as a weighting factor between T_{amb} and T_{sky}	[%/100]
FSKY	1	energy flux to the inside wall surface	(−)
WAGAIN	3	fraction of the total direct solar radiation entering the zone that strikes this surface	[%/100]
GEOSURF	3	inlet temperature of fluid	[℃]
INTEMP	3	inlet flow rate of fluid	[kg/h]
MFLOW	1	number of fluid loops	(−)
NLOOP	3	userdefined energy gain	[kg/h]
ALFAEQV _SELECTED	−	keyword defining whether the ALFAEQV is used instead of the built in correlation	
ALFAEQV	3	userdefined spec, heat transfer coefficient between inlet fluid temp. and the mean temp. of the plane surface cutting the wall construction at the center of the fluid pipes	[kJ/m^2·h·°K]
MFLOWMIN	1	specific desired minimum massflow rate during simulation for auto segmentation	[kg/m^2·h]
ASEGSURF	1	surfaces order of an auto segmentation first = inlet, ⋯, last = outlet	(−)

(3) External Walls with Cooled Ceiling

냉각 천장은 단지 벽체 지정의 Position 1에만 허용된다. 외벽은 천장이 되어야
한다.

<표 8-30> External Wall with Cooled Ceiling Data

Keyword	Data Type	Data Description	Unit
WALL	2	name of previously defined wall type	$[m^2 \cdot h \cdot {}^{\circ}K /kJ]$
SURF	1	unique surface number for identification (number must be greater than 0)	(−)
AREA	1	area of inside surface of wall	$[m^2]$
EXTERNAL	−	keyword specifying an external wall : no other data is required	
ORIENTATION	2	name associated with orientation for this wall	
FSKY	1	fraction of the sky in the total hemisphere seen by the wall, used as a weighting factor between T_{amb} and T_{sky}	[%/100]
WAGAIN	3	energy flux to the inside wall surface	[kJ/hr]
GEOSURF	3	fraction of the total direct solar radiation entering the zone that strikes this surface	[%/100]
INTEMP	3	inlet temperature of fluid	[℃]
MELOW	3	inlet flow rate of fluid	[kg/h]
NLOOP	1	number of fluid loops	(−)

(4) External Walls with a Thermal Bridge Effect

벽체의 다른 물리적 현상(condensation과 mold)과 열적 거동(heat losses)에 관
한 열교의 효과를 고려하기 위해, 이 효과에 대한 내용이 건물 묘사에 포함되었다.
열손실량은 Thermal Bridge(coldbridge) Catalogue에서 발견되며, 정상적으로 냉
교의 길이당 [W/m]로 지정되거나, TRNSYS 단위인 [kJ/m · h]로 지정된다. 냉교
에 대한 Wall Types은 열저항으로 지정된 특정 Coldbridge Types이므로 열용량이
없는 것으로 간주된다.

<표 8-31> Coldbridge Data

Keyword	Data Type	Data Description	Unit
WALL	2	name of previously defined Coldbridge	
SURF	1	Type, the first three characters must be 'CBR'	
LENGTH	1	unique surface number for identification (number must be greater than 0)	(−)
EXTERNAL	−	length of the coldbridge	[m]
ORIENTATION	2	keyword specifying an external wall ; no other data is required	
FSKY	1	name associated with orientation for this wall fraction of the sky in the total hemisphere seen by the coldbridge wall, used as a weighting factor between T_{amb} and T_{sky}	[%/100]
WAGAIN	3	energy flux to the inside wall surface	[kJ/hr]
GEOSURF	3	fraction of the total direct solar radiation entering the zone that strikes this surface	[%/100]

(5) Walls Between Zones

존을 구분하는 벽체의 경우 인접 존과 관련된 이름으로 지정할 필요가 있으며, 이 벽체의 측면들은 존 내부에 있다. 만약 이 벽체가 중심에 대하여 좌우 대칭이면, 벽체에 대한 Front 또는 Back은 자유롭게 지정될 수 있다. 또한, 이 벽체를 통한 인접 존으로부터 해당 존으로의 공기의 질량 유량(coupling)을 지정하는 것이 가능하다.

<표 8-32> Wall Between Zones Data

Keyword	Data Type	Data Description	Unit
WALL	2	name of previously defined Wall Type	(−)
SURF	1	unique surface number for identification (number must be greater than 0)	
AREA	1	area of inside surface of wall	
ADJACENT	2	name of the zone which is adjacent to current zone having this wall in common	
FRONT or BACK	−	keyword defining whether the front or back of the wall is in the zone ; no other data is required	
COUPLING	3	convective flow from adjacent zone to the current zone across this wall	[kg/hr]
WAGAIN	3	energy flux to the inside wall surface	[kJ/hr]
GEOSURF	3	fraction of the total direct solar radiation entering the zone that strikes this surface	[%/100]

이 Coupling은 단지 지정되는 존으로의 질량 유량이다. 이 Coupling의 크기는 존의 온도와 습도에 직접적으로 영향을 미칠 것이나, 공기 유동이 시작되는 인접 존에는 아무런 영향도 미치지 않는다. 각 존에 대한 적당한 물질 평형을 보장하는 것은 사용자의 몫이다.

(6) Walls Between Zones with Active Layer

〈표 8-33〉 Wall Between Zones with Active Layer Data

Keyword	Data Type	Data Description	Unit
WALL	2	name of previously defined Wall Type	
SURF	1	unique surface number for identification (number must be greater than 0)	(−)
AREA	1	area of inside surface of wall	
ADJACENT	2	name of the zone which is adjacent to current zone having this wall in common	
FRONT or BACK	−	keyword defining whether the front or back of the wall is in the zone ; no other data is required	
COUPLING	3	a convective flow from the adjacent zone to the current zone across this wall	[kg/hr]
WAGAIN	3	energy flow to the wall surface in the current zone	[kJ/hr]
GEOSURF	3	fraction of the total direct solar radiation entering the zone that strikes this surface	[%/100]
INTEMP	3	inlet temperature of fluid	[℃]
MFLOW	3	inlet flow rate of fluid	[kg/h]
NLOOP	1	number of fluid loops	(−)
EGAIN	3	energy gain	[kg/h]
ALFAEQV _SELECTED	−	keyword defining whether the ALFAEQV is used instead of the built in correlation	
ALFAEQV	3	Userdefined spec. heat transfer coefficient between inlet fluid temp. and the mean temp. of the plane surface cutting the wall construction at the center of the fluid pipes	$[kJ/m^2 \cdot h \cdot K]$
MFLOWMIN	1	specific desired minimum massflow rate during simulation for auto segmentation	$[kg/m^2 \cdot h]$
ASEGSURF	1	first = inlet, ⋯, last = outlet	(−)

ALFAEQV의 사용자 지정은 단지 전문가를 위한 것이며, ALFAEQV의 값은 시간에 의존할 것이다.

(7) Walls Between Zones with Cooled Ceiling

〈표 8-34〉 Wall Between Zones with Coolde Ceiling Data

Keyword	Data Type	Data Description	Unit
WALL	2	name of previously defined wall type	
SURF	1	unique surface number for identification (number must be greater than 0)	(−)
AREA	1	area of inside surface of wall	
ADJACENT	2	name of the zone which is adjacent to current zone having this wall in common	
FRONT or BACK	−	keyword defining whether the front or back of the wall is in the zone ; no other data is required	
COUPLING	3	a convective flow from the adjacent zone to the current zone across this wall	[kg/hr]
WAGAIN	3	energy flow to the wall surface in the current zone	[kJ/hr]
GEOSURF	3	fraction of the total direct solar radiation entering the zone that strikes this surface	[%/100]
INTEMP	3	inlet temperature of fluid	[℃]
MFLOW	3	inlet flow rate of fluid	[kg/h]
NLOOP	1	number of fluid loops	(−)

(8) Internal Walls

내벽은 동일한 존 내에 모든 내 · 외 표면이 위치하는 벽체이다. 이 내벽들은 자체 열용량만이 건물의 응답에 영향을 미친다고 가정된다.

〈표 8-35〉 Internal Wall Data

Keyword	Data Type	Data Description	Unit
WALL	2	name of previously defined Wall Type	
SURF	1	unique surface number for identification (number must be greater than 0)	(−)

AREA	1	total surface area of wall within zone (includes both sides of the wall)	
INTERNAL	–	keyword specifying an internal wall ; no other data is required	
WAGAIN	3	energy flow to the wall surface in the current zone	[kJ/hr]
GEOSURF	3	fraction of the total direct solar radiation entering the zone that strikes this surface	[%/100]

(9) Walls with Known Boundary Condition

경계조건을 알고 있는 벽체는 기지의 지중 온도에 의존하는 콘크리트 바닥이나 온도를 알 수 있는 존에 인접한 벽체가 될 수 있다.

벽체의 전면은 존의 내측면으로 간주된다. 정상적으로 경계조건은 순수 열저항을 통해 벽체의 외측과 연결된 절점의 온도이다. 이것은 $0.001 \, kJ/m^2 \cdot h \cdot °K$ 보다 작은 값의 Wall Type(HBACK)의 외부 열전달 계수를 설정함으로써 외부 측의 표면 온도를 지정하는 것이 가능하다.

그럼 이 Wall Type은 단지 기지의 경계조건을 갖는 벽체로써 사용되기에 적당하게 되며, 매우 작은 값의 사용은 혼란스러울 수 있으나 안정성을 유지한다.

〈표 8-36〉 Data for Wall with Known Boundary Condition

Keyword	Data Type	Data Description	Unit
WALL	2	name of previously defined Wall Type	
SURF	1	unique surface number for identification (number must be greater than 0)	(–)
AREA	1	area of inside surface of wall	
BOUNDARY	3	temperature associated with boundary at side of wall ; use the keyword IDENTICAL for a boundary temperature equal to the zone temperature	[℃]
COUPLING	3	a convective flow from the boundary to the zone across this wall	[kg/hr]
COUPL_HUMI	3	the relative humidity associated to the convective flow from the boundary to the zone across this wall	[%]
WAGAIN	3	energy flow to the wall surface in the current zone	[kJ/hr]
GEOSURF	3	fraction of the total direct solar radiation entering the zone that strikes this surface	[%/100]

(10) Walls with Known Boundary Condition and Active Layer

ALFAEQV의 사용자 지정은 단지 전문가를 위한 것이다. ALFAEQV의 값은 시간에 의존하는 값이 될 수 있다.

〈표 8-37〉 Data for Wall with Known Boundary Condition & an Active Layer

Keyword	Data Type	Data Description	Unit
WALL	2	name of previously defined wall type	
SURF	1	unique surface number for identification (number must be greater than 0)	(−)
AREA	1	area of inside surface of wall	
BOUNDARY	3	temperature associated with boundary at side of wall ; use the keyword IDENTICAL for a boundary temperature equal to the zone temperature	[℃]
COUPLING	3	a convective flow from the boundary to the zone across this wall	[kg/hr]
COUPL_HUM	3	the relative humidity associated to the convective flow from the boundary to the zone across this wall	[%]
WAGAIN	3	energy flow to the wall surface in the current zone	[kJ/hr]
GEOSURF	3	fraction of the total direct solar radiation entering the zone that strikes this surface	[%/100]
INTEMP	3	inlet temperature of fluid	[℃]
MFLOW	3	inlet flow rate of fluid	[kg/hr]
NLOOP	1	number of fluid loops	(−)
ALFAEQV _SELECTED	−	keyword defining whether the ALFAEQV is used instead of the built in correlation	
ALFAEQV	3	Userdefined spec. heat transfer coefficient between inlet fluid temp. and the mean temp. of the plane surface cutting the wall construction at the center of the fluid pipes	$[kJ/m^2 \cdot h \cdot °K]$
MFLOWMIN	1	specific desired minimum massflow rate during simulation for auto segmentation	$[kg/m^2 \cdot h]$
ASEGSURF	1	surfaces order of an auto segmentation first = inlet, ⋯, last = outlet	(−)

(11) Walls with known Boundary Condition and Cooled Ceiling

냉각된 천장 레이어는 벽체 지정의 첫 번째 위치에만 허용된다. 즉, 경계 벽체가 천장이 되어야만 한다.

〈표 8-38〉 Data for Wall with Known Boundary Condition & Cooled Ceiling

Keyword	Data Type	Data Description	Unit
WALL	2	name of previously defined Wall Type	
SURF	1	unique surface number for identification (number must be greater than 0)	(−)
AREA	1	area of inside surface of wall	
BOUNDARY	3	temperature associated with boundary at side of wall ; use the keyword IDENTICAL for temperature equal to the zone temperature	[℃]
COUPLING	3	a convective flow from the boundary to the zone across this wall	[kg/hr]
COUPL_HUM	3	the relative boundary to the zone across this wall	[%]
WAGAIN	3	energy flow to the wall surface in the current zone	[kJ/hr]
GEOSURF	3	fraction of the total direct solar radiation enterning the zone that strikes this surface	[%/100]
INTEMP	3	inlet temperature of fluid	[℃]
MFLOW	3	inlet flow rate of fluid	[kg/h]
NLOOP	1	number of fluid loops	(−)

6. Window

창호 시스템은 경계조건으로 'EXTERNAL' 또는 'ADJACENT'로 가정된다. 외부 제어기와 연결된 키워드 'ESHADE' 또는 'ISHADE'에 대한 입력값을 지정함으로써 개별적으로 제어되는 차양장치를 모델화시킬 수 있다. 외벽의 경우처럼 매개변수 FSKY는 T_{amb} 와 T_{sky} 사이의 장파장 복사열 교환 계산을 위한 가중인자(weighting factor)로써 사용되기 위해 지정되어야만 한다.

존으로 유입된 직달 일사의 분포의 경우 사용자에 의해 뚜렷한 분포인자들이 지정될 수 있다. 키워드 GEOSURF는 표면에 부딪히는 직달 일사의 총 입사 비율을 나타낸다. 이들 값의 전체 합은 해당 존에 대하여 1을 초과할 수 없다. 만약 이 값을 초과하면 이 값들은 합이 1이 되도록 자동적으로 정상화되어 시뮬레이션에서 사용된다. 해당 존에서 의 태양 위치의 조정은 'Schedule' 또는 'Input'을 지정함으로써 모델화될 수 있다. GEOSURF의 기본값은 0이다. 만약 이들 값의 합이 0이면, 직달 일사는 확산 일사와 동 일한 방법으로 분포된다.

〈표 8-39〉 External Window Data

Keyword	Data Type	Data Description	Unit
WINDOW	2	name of Window Type	
SURF	1	unique surface number for identification (number must be greater than 0)	(−)
AREA	1	area of inside surface of window opening	[m^2]
EXTERNAL	−	keyword specifying an external wall ; no other data is required	
ORIENTATION	2	name associated with orientation for this window	
FSKY	1	fraction of the sky in the total hemisphere seen by the window, used as a weighting factor between T_{amb} and T_{sky}	[%/100]
WAGAIN	3	energy flow to the surface in the current zone	[kJ/hr]
GEOSURF	3	fraction of the total direct solar radiation entering the zone that strikes this surface	[%/100]
ISHADE	3	shading factor of the internal shading device(opaque fraction of the device)	[%/100]
ESHADE	3	shading factor of the external shading device(opaque fraction of the device)	[%/100]

〈표 8-40〉 Adjacent Window Data

Keyword	Data Type	Data Description	Unit
WINDOW	2	name of Window Type	
SURF	1	unique surface number for identification (number must be greater than 0)	(−)
AREA	1	area of inside surface of window opening	[m^2]
ADJACENT	2	name of the zone which is adjacent to current zone having this window in common	

FRONT or BACK	–	keyword defining whether the front or back of the window is in the zone ;	
COUPLING	3	a convective flow from the adjacent zone to the current zone across this wall	[kg/hr]
ORIENTATION	2	name associated with orientation for this window	
WAGAIN	3	energy flow to the surface in the current zone	[kJ/hr]
GEOSURF	3	fraction of the total direct solar radiation entering the zone that strikes this surface	[%/100]
ISHADE (only at FRONT)	3	shading factor of the internal shading device(opak fraction of the device)	[%/100]

7. Regime

Regime는 열적 존에 포함된 공기를 표현한다. 입력 데이터는 초기 조건, 내부 발열과 공조 조건을 확립한다.

여기에는 선택사항과 요구되는 데이터 유형들이 있다. Regime 설명은 키워드 Regime 다음에 시작한다. 선택사항인 데이터는 필수 데이터에 선행되어 나타나야 한다. 4개의 선택적 입력값들이 이전에 지정된 Types에서만 관련된다.

〈표 8-41〉 Optical Regime Data Referring Only to Types

Keyword	Data Type	Data Description
COMFORT	2	name of previously defined COMFORT Type
INFILTRATION	2	name of previously defined INFILTRATION Type
VENTILATION	2	name of previously defined VENTILATION Type
HEATING	2	name of previously defined HEATING Type
COOLING	2	name of previously defined COOLING Type

이 데이터는 어떠한 순서에 의해 나타난다. 해당 존에 대하여 Comfort, Infiltration, Heating 그리고 Cooling 문은 하나씩만 허용된다. 다음 데이터를 갖는 Regime에 대한 열취득을 지정하는 것은 가능하다.

〈표 8-42〉 Optical Gains Data

Keyword	Data Type	Data Description
GAINS	2	name of previously defined GAIN Type
SCALE	3	a factor which scales the GAIN Type for this Regime

다음의 선택사항 데이터 문들은 습기 해석 모델에 사용되기 위하여 5 또는 10개의 데이터 문들이 필요하다.

만약 Capacitance Humidity Model이 사용되면, 5번째 매개변수 WCAPR이 지정되어야 한다. WCAPR은 해당 존의 공기에 의해 습기 용량을 증가시키기 위한 배율기로써 사용되며, 일반적으로 1~10의 범위를 갖는다. WCAPR은 해당 존의 공기의 습기 용량과 또 다른 용량을 추가하는 것을 설명한다. 만약 이 값이 1이면 단지 공기의 습기 용량만이 사용된다.

〈표 8-43〉 Required Regime Data Using the Capacitance Humidity Model

Keyword	Data Type	Data Description	Unit
CAPACITANCE	1	thermal capacitance of total zone air plus any mass not considered as walls(the value 0 is allowed)	
VOLUME	1	volume of air within zone	[kJ/$^\circ$K]
TINITIAL	1	initial temperature of zone air	[m^2]
PHINITIAL	1	initial relative humidity of zone air	[$^\circ$C]
WCAPR	1	humidity capacitance ratio (set on 1 if only zone air is considered)	[%]

만약 보다 진보된 Buffer Storage Humidity Model이 사용되면, PHINITIAL 다음에 6개의 매개변수들이 더 지정되어야 한다. KSURF와 KDEEP은 각각 표면(surface)과 내부(deep)의 Buffer Storage에 사용된 재료의 선형화된 수착 등온선(linearized sorptive isothermal line)들의 구배를 설명한다.

MSURF와 MDEEP은 각각 표면(surface)과 내부(deep)의 Buffer Storage 재료의 전체 습기 용량을 제공한다. BSURF는 실내 공기와 Surface Storage 사이의 습기 교환 계수를 나타내며, BDEEP는 표면(surface)과 Deep Buffer Storage 사이의 습기 전달 계수를 나타낸다. 이 데이터는 〈표 8-45〉에 정리되어 있다.

〈표 8-44〉 Required Regime Data using the Buffer Storage Humidity Model

Keyword	Data Type	Data Description	Unit
CAPACITANCE	1	thermal capacitance of total zone air plus any mass not considered as walls(the value 0 is allowed)	$[kJ/°K]$
VOLUME	1	volume of air within zone	$[m^3]$
TINITIAL	1	initial temperature of zone air	$[°C]$
PHINITIAL	1	gradient of the sorptive isothermal line for the surface buffer storage	$[\%]$
KSURF	1	gradient of the sorptive isothermal line for the deep buffer storage	$[kg_{water}/kg_{mat}/rel.hum]$
MSURF	1	mass of the surface buffer storage	$[kg_{material}]$
MDEEP	1	mass of the deep buffer storage	$[kg_{material}]$
BSURF	1	exchange coefficient between zone air and surface buffer storage	$[kg_{air.}/hr]$
BDEEF	1	exchange coefficient between sur-face buffer and deep buffer storage	$[kg_{air.}/hr]$

〈표 8-45〉 Buffer Storage Humidity Model에 대한 재료의 물성값

재료명	밀도 ρ $[kg/m^3]$	κ [(물의 질량/재료의 질량) /상대습도]	확산 저항 μ (Diffusion Resistance)
Heavy Concrete	2200	0.04	70~150
Porous o. Gas Conc.	600	0.05~0.08	5~10
Sand-Lime Brick	1900	0.03	15~25
Clay Brick	1600	0.005	5~10
Plaster	1800	0.02	5~20
Gypsum	900	0.015	8
Wood	600	0.20	40
Cork	100	0.03	5~10
Mineral Wool	100	0.01	1
HR-Form	20	0.7	20~70

8. Output

여기에는 Output 데이터에 대한 2가지 목적이 있다. 가장 먼저 지정된 벽체 Types에 대한 전달 함수 계산이 수행될 것이다. 다음으로 사용자는 TRNSYS Type 56 컴포넌트로부터 원하는 출력값들을 확인한다.

BID는 사용자 입력 자료들로부터 3개의 데이터 파일을 생성한다. 첫 번째 파일은 Type 56에 필요한 입출력을 나타내는 사용자를 위한 정보 파일(information file)이다. 나머지 두 개의 파일은 Type 56에 의해 사용되는 것으로 하나는 건물 정보를 포함하고, 다른 하나는 각 벽체에 대한 전달 함수 계수들을 포함한다.

다음의 출력 키워드는 벽체 전달 함수 계수들의 계산을 지정하는 데 필요한 데이터들이다. 만약 이들 계산들이 관련 파일들과 함께 요구되면, 다음 데이터가 적용된다.

〈표 8-46〉 Data for Wall Transfer Function Calculations

Keyword	Data Type	Data Description
TRANSFER	–	keyword specifying that transfer function calculations will be performed ; no other data is required
TIMEBASE	1	the time series that characterizes the walls is based upon a time interval equal to the TIMEBASE ; ASHRAE recommends 1 hour(for heavy constructions, 2~4 can be used ; 0.5 for light walls)

주의 : TRNSYS 입력 파일 [*.DCK]에서 사용되는 시뮬레이션 시작 시간과 시간 간격은 벽체의 기준 시간(timebase)에 따라 조정될 필요가 있다.

사용자에 의해 지정될 수 있는 Type 56으로부터의 많은 선택할 수 있는 출력값이 있다. 이 특징들에 대한 입력 데이터는 다음과 같다.

〈표 8-47〉 Data for Optional Zone Outputs

Keyword	Data Type	Data Description
AIRNODES	2	names of airnodes for which outputs are desired
NTYPES	1	numbers associated with the optional outputs of Table 50 ; these outputs are provided for each zone specified

<표 8-48> Data for Optional Surface Outputs

Keyword	Data Type	Data Description
AIRNODES	2	names of airnodes for which outputs are desired(only one airnode allowed for surface outputs)
NTYPES	1	number associated with the optional outputs of Table 50 ;
SURF	1	number of surfaces separated by a comma

다양한 출력 특성들이 가능하다. 이것은 서로 다른 존들에 대하여 다른 출력값을 지정할 수 있도록 한다. 존의 양(quantities), 존에 포함된 표면 또는 그룹화된 존들의 양적합 등에 대한 선택적인 출력값들이 있다.

아래 기호들은 Type 56의 수학적 설명을 위해 사용된 것들과 연속성을 갖는다.
이들의 출력 유형들은 각 존에 대하여 지정된 단일 출력값인 소위 'Zone Outputs'과 존의 지정된 벽체에 대하여 출력값을 생성하는 소위 'Surface Outputs'로 나눠진다. 게다가 그룹화된 존에 대한 출력값이 지정될 수 있다. 존들은 일렬로 시작함으로써 그룹으로 묶여지며, 가능한 그룹 출력값들의 원하는 NType 개수를 지정한다. 이들 NType 개수들 각각의 경우 시작되는 존에 대한 그룹 출력값으로 생성된다.

<u>Zone Outputs:</u>

NYTPE#	**Label**	**Description**
NTYPE 1:	TAIR	air temperature of zone [°C]
NTYPE 2:	QSENS	sensible energy demand, heating(-), cooling(+) [kJ/hr]
NTYPE 3 :	QCSURF	total convection to air from all surfaces within zone incl. internal shading [kJ/hr]
NTYPE 4:	QINF	sensible infiltration energy gain of zone [kJ/hr]
NTYPE 5:	QVENT	sensible ventilation energy gain of zone[kJ/hr]
NTYPE 6:	QCOUP	sensible coupling gains of zone [kJ/hr]
NTYPE 7:	QGCONV	internal convective gains of zone [kJ/hr]
NTYPE 8:	DQAIR	sensible change in internal energy of air in zone since the beginning of the simulation [kJ/hr]
NTYPE 9:	RELHUM	relative humidity of zone air [%]
NTYPE 10:	QLATD	latent energy demand of zone [kJ/hr], humidification(-), dehumidification (+)
NTYPE 11:	QLATG	latent energy gains of zone including ventilation, infiltration, coupling, internal latent gains and vapor adsorption in walls [kJ/hr]
NTYPE 12:	QSOLTR	total shortwave solar radiation transmitted through external windows of zone (but not kept 100 % in zone) [kJ/hr]
NTYPE 13:	QGRAD	internal radiative gains of zone [kJ/hr]
NTYPE 14:	QTABSI	total radiation absorbed (or transmitted) at all inside surf. of zone (includes solar gains, radiative heat, internal radiative gains and wallgains) [kJ/hr]

NTYPE 15: QTABSO total radiation absorbed at all outside surf. of zone (includes solar
gains, radiative heat, internal radiative gains and wallgains, but
not longwave radiation exchange with Tsky) [kJ/hr]
NTYPE 16 : QTCOMO total convective and longwave rad. gains (Tsky) to outside surf. [kJ/hr]

Surface Outputs:

NYTPE#	Label	Description
NTYPE 17:	TSI	inside surface temperature [°C]
NTYPE 18:	TSO	outside surface temperature [°C]
NTYPE 19:	QCOMI	energy from inside surf. incl. conv. to air and longwave radiation to other surfaces. [kJ/hr]
NTYPE 20:	QCOMO	energy to outside surf. incl. conv. to air and longwave radiation to other surfaces or Tsky. [kJ/hr]
NTYPE 21:	QABSI	radiation absorbed (or transmitted) at inside surf. [kJ/hr] (includes solar gains, radiative heat, internal radiative gains and wallgains, except longwave radiation exchange with other walls)
NTYPE 22:	QABSO	radiation absorbed at outside surf. [kJ/hr] (includes solar gains, radiative heat, internal radiative gains and wallgains, except longwave radiation exchange with other walls or Tsky)

Zone Outputs:

NYTPE#	Label	Description
NTYPE 23:	TSTAR	star node temperature of zone [°C]
NTYPE 24:	TMSURF	weighted mean surface temperature of zone [°C]
NTYPE 25:	TOP	operative zone temperature [°C]
NTYPE 26:	QVAPW	heat of vapor adsorption in walls of zone [kJ/hr]
NTYPE 27:	QUA	static UA-transmission losses (UA*dT) of zone [kJ/hr]
NTYPE 28:		value of schedule
NTYPE 29:	ABSHUM	absolute humidity of zone air [kg_{water} / kg_{dry_air}]
NTYPE 30:	QHEAT	sensible heating demand of zone (positive values) [kJ/hr]
NTYPE 31:	QCOOL	sensible cooling demand of zone (positive values) [kJ/hr]

주의 : NType 27과 NType 46은 BID에 의해 계산된 전달 함수를 사용하지 않으나,
특정 용량에 따른 영향을 고려함없이 벽체와 창호의 정상상태 열관류 손실을
계산하기 위해 정적인 u-값을 사용한다. 표면 열저항의 다음 값들은 u-값 계
산에 사용된다.

$HBACK > 30 \ kJ/(m^2 \cdot h \cdot °K)$　　$\rightarrow 1/\alpha = 0.04 \ m^2 \cdot °K/W$

$30 \geq HBACK > 0.005$　　　　　$\rightarrow 1/\alpha = 0.13 \ m^2 \cdot °K/W$

$0.005 \geq HBACK$　　　　　　$\rightarrow 1/\alpha = 0 \ m^2 \cdot °K/W$

$HFRONT$　　　　　　　　$\rightarrow 1/\alpha = 0.13 \ m^2 \cdot °K/W$

만약 NType 27과 46이 짧은 기간 계산에 사용되면, 중량 벽체의 내부 에너지 변화를
무시하기 때문에 건물의 에너지 평형에 상당한 오차가 발생된다.

Outputs for Groups of Zones:

NYTPE#	Label	Description
NTYPE 32:	SQHEAT	sum of sensible heating demand for specified zones (positive) [kJ/hr]
NTYPE 33:	SQCOOL	sum of sensible cooling demand for specified zones (positive) [kJ/hr]
NTYPE 34:	SQCSURF	sum of surf. conv. gains of specified zones [kJ/hr]
NTYPE 35:	SQINF	sum of sensible infiltration gains of specified zones [kJ/hr]
NTYPE 36:	SQVENT	sum of sensible ventilation gains of specified zones [kJ/hr]
NTYPE 37:	SQCOUP	sum of sensible coupling gains of specified zones [kJ/hr]
NTYPE 38:	SQGCONV	sum of int. conv. gains of specified zones [kJ/hr]
NTYPE 39:	SDQAIR	sum of changes in internal energy of air in specified zones [kJ/hr] (since the beginning of the simulation)
NTYPE 40:	SQLATD	sum of latent energy demand of specified zones [kJ/hr] humidification(-), dehumidification (+)
NTYPE 41:	SQLATG	sum of latent energy gains of specified zones including ventilation, infiltration, coupling and vapor adsorption in walls [kJ/hr]
NTYPE 42:	SQSOLT	sum of shortwave solar radiation transmitted through windows of specified zones (but not kept 100 % in zone) [kJ/hr]
NTYPE 43:	SGQRAD	sum of internal radiative gains of specified zones [kJ/hr]
NTYPE 44:	SQABSI	total rad. absorbed (or transmitted) at inside surf. of specified zones (includes solar gains, rad. heat, int. rad. and wallgains) [kJ/hr]
NTYPE 45:	SQABSO	total rad. absorbed at outside surf. of specified zones (incl. solar gains, rad. heat, int. rad. and wallgains, but not l-wave with Tsky) [kJ/hr]
NTYPE 46:	SQUA	sum of static transmission losses (UA*dT) of specified zones [kJ/hr]
NTYPE 47:	SQVAPW	sum of heat of vapor adsorption in walls of specified zones [kJ/hr]

Surface Outputs:

NYTPE#	Label	Description
NTYPE 48:	ICOND	condensation flag (0 or 1) for inside surfaces [-]
NTYPE 49:	OCOND	condensation flag (0 or 1) for outside surfaces [-]
NTYPE 50:	UWIN	U-value of glazing and frame [kJ/ hr m² K]
NTYPE 51:	GWIN	g-value (solar heat gain coeff.) of glazing only [-]
NTYPE 52:	TIGLS	inside surface temperature of the glazing [°C]
NTYPE 53:	TOGLS	outside surface temperature of the glazing [°C]
NTYPE 54:	TIFRM	inside surface temperature of the frame [°C]
NTYPE 55:	TOFRM	outside surface temperature of the frame [°C]

Zone Outputs:

NYTPE#	Label	Description
NTYPE 56:	QSEC	secondary heat flux of all windows of zone [kJ/hr

Surface Outputs:

NYTPE#	Label	Description
NTYPE 57:	TALM	node temperature of active layer [°C]
NTYPE 58:	TOFL	fluid outlet temperature of active layer [kJ/hr]
NTYPE 59:	QALFL	energy input by fluid of active layer to zone [kJ/hr]
NTYPE 60:	QALE	energy input by gains of active layer to zone [kJ/hr]
NTYPE 61:	QALTL	total energy input by fluid&gains of active layer to zone [kJ/hr]

Zone Outputs:

NYTPE#	Label	Description
NTYPE 62:	PMV	predicted mean vote (PMV) value of zone [-]
NTYPE 63:	PPD	predicted percentage of dissatisfied persons (PPD) value of zone [%]

Surface Outputs:

NYTPE#	Label	Description
NTYPE 64:	QSGL	solar rad. absorbed on all panes of window [kJ/hr]
NTYPE 65:	QSISH	solar rad. absorbed on internal shading device of window [kJ/hr]
NTYPE 66:	QSOFR	solar rad. absorbed on outside of ext. window frame [kJ/hr]
NTYPE 67:	QSIFR	solar rad. absorbed on inside frame and both sides of adjacent windows [kJ/hr]
NTYPE 68:	QSOUT	solar transmission to outside through external window [kJ/hr]

Zone Outputs:

NYTPE#	Label	Description
NTYPE 69:	QTSGL	total solar rad. absorbed on all panes of all windows of a zone [kJ/hr]
NTYPE 70:	QTSISH	total solar absorbed on internal shading device of all windows of a zone [kJ/hr]
NTYPE 71:	QTSOFR	total solar rad. absorbed on outside of the frame of ext. window [kJ/hr]
NTYPE 72:	QTSIFR	total solar rad. absorbed on inside of the frame of all ext. window and both sides of all adjacent windows of a zone [kJ/hr]
NTYPE 73:	QTSOUT	total solar transmission to outside through external window of a zone[kJ/hr]
NTYPE 74:	QTSPAS	total solar radiation passing the glass surface of external windows (absorption on external shading devices and reflection of external glass surface are excluded! -> total radiation absorbed or transmitted by building components) [kJ/hr]
NTYPE 75:	QTSABS	total solar rad. absorbed at all inside surfaces of a zone [kJ/hr]
NTYPE 76:	QTWG	total wallgains on inside surfaces of a zone [kJ/hr]
NTYPE 77:	QTSKY	total longwave rad. losses to sky of outside surfaces of a zone [kJ/hr]
NTYPE 78:	QRHEAT	radiative energy rate of sensible heating demand of a zone [kJ/hr]

Surface Outputs:

NTYPE 79:	QSIAB	solar (direct & diffuse) rad. absorbed at inside surface [kJ/hr]
NTYPE 80:	QIBAB	solar direct rad. absorbed at inside surface [kJ/hr]
NTYPE 81:	QIDAB	solar diffuse rad. being absorbed at inside surface [kJ/hr]
NTYPE 82:	QWG	wall gain on inside surface of wall or window [kJ/hr]
NTYPE 83:	QSKY	longwave rad. losses to sky of external surface [kJ/hr]
NTYPE 84:	QRGAB	internal rad gains absorbed on inside surface [kJ/hr]
NTYPE 85:	QRHEA	rad. energy rate of sens. heating demand absorbed on inside surf [kJ/hr]

다음은 존과 벽체 출력값을 포함한 BUI 파일 내의 출력값 정의의 일례를 보여준다.

```
* OUTPUTS
OUTPUTS
 TRANSFER : TIMEBASE=1.000
 AIRNODES=BUERO1 BUERO2 BUERO3 BUERO4 BUERO5
 NTYPES =  1 : air temperature of zone
         =  2 : sensible energy demand
 AIRNODES=BUERO1
 NTYPES =  17 : SURF = 5,6,7,8,9,10,1,2,3,4, : inside surface temperature
 AIRNODES=BUERO5
 NTYPES =  17 : SURF = 42,43,44,45,46,38,39,40,41, : inside surface temperature
```

콜론(:) 다음의 주석은 선택 사항이다.

주의 : 벽체 출력값에 대하여 단지 하나의 공기 절점만이 허용되며, 다중 공기 절점은 존 출력값에서 지정될 수 있다.

만약 존들의 서로 다른 그룹들이 존 출력값의 동일한 NType 수치를 갖게 되면, 상호간의 서로 다른 NType 수치를 지정할 필요가 있다.

그렇지 않으면, 2개의 존들의 그룹에 대한 단지 하나의 그룹 출력값만이 생성될 것이다. 예를 들어, 만약 난방 부하와 일사 열취득이 사무소 건물의 서로 다른 그룹에 대하여 합산되면, 다음과 일치하지 않을 것이다.

```
AIRNODES=OFFICE1 OFFICE2
NTYPE=32 :
AIRNODES=OFFICE3 OFFICE4
NTYPE=32 :
AIRNODES=OFFICE1 OFFICE2
NTYPE=42 :
AIRNODES=OFFICE3 OFFICE4
NTYPE=42 :
```

대신에 이들 행들은 사용될 수 있다.

```
AIRNODES=OFFICE1 OFFICE2
NTYPE=32 :
AIRNODES=OFFICE1 OFFICE2
NTYPE=42 :
AIRNODES=OFFICE3 OFFICE4
NTYPE=32 :
AIRNODES=OFFICE3 OFFICE4
NTYPE=42 :
```

또는 보다 단순화시키면 다음과 같다.

```
AIRNODES=OFFICE1 OFFICE2
NTYPE=32 :
      =42 :
AIRNODES=OFFICE3 OFFICE4
NTYPE=32 :
      =42 :
```

Type 56의 기본 출력값들은 모든 존들에 대하여 존의 공기 온도와 현열 부하(NType 1과 2)이다. 기본값을 지정하기 위해 명백한 특성보다는 키워드를 입력하기 바란다.

9. Balance Outputs

TRNSYS 버전 16부터 'Automatic Balances'가 이용 가능하다. 이 Balance Output은 Type 56의 정상적인 출력값들과 같이 선택될 수 있다. 그럼 이것은 시간 데이터로 출력된다.

(1) Balance 1-Solar Balance for Zones(NType 901)

이 Balance는 얼마나 많은 일사가 차단되고, 존으로 유입된 양이 얼마이며, 다른 존들과 교환이 발생하는지를 보여준다. 만약 NType 901이 Output Manager에서 선택되었다면, 하나의 파일에 모든 존들에 대한 값들이 출력된다.

$$BAL\_QSOL1 = QSOLTOT + QSOLADJ - QBLK\_REF - QBLK\_ABSO -$$
$$QBLK\_FRA - QBLK\_ESH - QSOL\_LOS - QSOLABSI -$$
$$QBLK\_RISH - QISH\_CCI - QSOLWGAIN \qquad [kJ/h] \qquad (8-1)$$

Balance:
BAL_QSOL1   solar balance for one zone should be always 0.

Maximum possible Gains:
QSOLTOT   total external solar radiation on all windows of one zone including frame
QSOLADJ   solar gains due to exchange with adjacent zones (gains +; Losses -). Including multiple refection.
Blocked Gains:
QBLK_REF   solar blocked due to reflection of glazing of all windows of a zone
QBLK_FRA   solar blocked due to frames of all windows of a zone. Secondary heatflux into zone from absorbed solar on external surface of frame is not included.
QBLK_ESH   solar blocked due to external shading devices of all windows of a zone

QBLK_ABSO   solar blocked due to absorption on glazing of all external windows (only absorbed gains not entering the zone)

QBLK_RISH   solar blocked due to reflection on internal shading devices of all windows of a zone

QSOL_LOS   solar radiation leaving zone through external windows of zone (excluding solar reflected by internal shading device)

Gains of zone:

QSOLABSI   Absorbed solar gains on all windows of zones going inside (secondary heatflux for total window including frame and internal shading device without CCISHADE Part)

QISH_CCI   Absorbed on all internal shading devices of zone and directly transfered to the airnode by ventilation (CCISHADE).

QSOLWGAIN   absorbed solar radiation on all walls of zone.

(2) Balance 2-Solar Balance for Sum of all Zones(NType 902)

이 Balance는 Balance 1과 동일하지만, 모든 존들에 대한 모든 값들이 함께 합산된다.

(3) Balance 3-Solar Balance for Window(NType 903)

이 Balance는 외부 창문을 통해 존으로 유입된 일사의 양과 차단된 일사의 양이 얼마인지 보여준다.

만약 NType 903이 output manager에서 선택되면, 이 Balance는 하나의 파일에 모든 선택된 외부 창문에 대한 값을 출력하게 된다. 이 Balance의 목적이 창문과 포함된 차양장치의 성능을 보여주는 것이기 때문에 단지 외부 창문을 통해 유입된 일사량만이 고려된다. 실내로부터의 반사 일사 또는 다른 창문을 통해 유입된 일사는 이 Balance에서 제외된다.

$$
\begin{aligned}
BAL\_QSOL3 = {} & QW\_EXT\_SOL - QW\_BLK\_ESHD \\
& - QW\_BLK\_FRAM - BLK\_REFGL - QW\_SOLABSO1 \\
& - QW\_BLK\_REF\_ISHAD - QW\_SOLABSO2 \\
& - QSHF\_WIN\_PR - QW\_TRANS\_SOL \qquad [\text{kJ/h}]
\end{aligned} \qquad (8-2)
$$

Balance:

BAL_QSOL3   solar balance for one external window should be always 0.

Maximum possible Gains:

QW_EXT_SOL   total external solar radiation on the external windows including frame

Blocked Gains:
QW_BLK_REFGL   solar blocked due to reflection of glazing of external window
QW_BLK_FRAM   solar blocked due to frame of external window of a zone.
QW_BLK_ESHD   solar blocked due to external shading devices of external window
QW_SOLABSO1   solar blocked due to absorption on glazing of external window (only absorbed from primary solar radiation on this window)
QW_BLK_REF_ISHAD   solar blocked due to reflection on internal shading device (only shortwave radiation included)
QW_SOLABSO2   solar blocked due to reflection on internal shading device (part which is absorbed and then going out only longwave)

Gains of zone:
QSHF_WIN_PR   secondary heatflux of external window only primary solar no reflected radiation or radiation through other windows included.
QW_TRANS_SOL   short wave transmission through external window to zone

창문과 차양장치의 성능 부분에서 제외된 것들은 다음 식으로부터 계산될 수 있는 것이다.

$$gtot = (QW\_TRANS\_SOL + QSHF\_WIN\_PR) / QW\_EXT\_SOL \qquad (8-3)$$

$$gtot = f_c\_E_{shade} \times g_{frame} \times f_c\_i_{shade}$$

(4) Balance 4-Energy Balance for Zones(NType 904)

이 에너지 평형에 대한 시스템 경계조건은 존의 모든 벽체들의 내부 표면 절점을 포함한다. 이로 인하여 모든 복사 열유속(radiative heat flux)이 이 Balance에 나타난다.

시스템 경계조건이 벽체의 내부를 포함하지 않으므로, Active 레이어와 벽체의 축열 에너지는 이 Balance에 속하는 것이 아니라 벽체에 대한 상세 Balance에 포함된다.

$$BAL\_ENERGY = -DQAIRdt + QHEAT - QCOOL + QINF + QVENT + QCOUP$$
$$+ QTRANS + QGAIN + QWGAIN + QSOLGAIN \qquad [\text{kJ/h}]$$

$$(8-4)$$

BAL_ENERGY 는 하나의 존에 대한 에너지 평형이므로, 항상 그 값이 0이 되어야 한다.

DQAIRdt	change of internal energy of zone (calculated with capacitance of air +additional capacitance which might be added in trnbuild)
QHEAT	power of ideal heating (convective+radiative)
QCOOL	power of ideal cooling
QINF	infiltration gains
QVENT	ventilation gains
QCOUP	coupling gains
QTRANS	Transmission into the wall from inner surface node (might be stored in the wall, going to a slab cooling or directly transmitted)
QGINT	internal gains (convective+radiative)
QWGAIN	wall gains
QSOLGAIN	Absorbed solar gains on all surfaces of zones (see gains of Balance 1)

(5) Balance 5-Energy Balance for Sum of all Zones(NType 905)

이 Balance는 Balance 4와 동일하지만 모든 존들에 대한 모든 값들을 함께 합산한다.

(6) Balance 6-Energy Balance for Surfaces(NType 906)

이 Balance는 해당 벽체에 대한 상세한 에너지 평형을 보여준다.

$$BAL\_ENERGY\_Surf = -DQwalldt - QCOMI + QCOMO + QT\_RGain\_i$$
$$+ QT\_RGain\_O + QT_{AL} \qquad [kJ/h] \qquad (8-5)$$

BAL_ENERGY_Surf 는 한 벽체에 대한 에너지 평형이므로 항상 그 값이 0이 되어야 한다.

DQwalldt	change of internal energy of surface
QCOMI	combined heat flux to inside (going into zone+; going into wall -)
QCOMO	combined heat flux to outside (going to outside-; going into wall +)
QT_RGain_i	Total radiative gains for inner surface node (including solar gains, rad. internal gains wallgains and rad. heating see 2.1.4)
QT_RGain_o	Total radiative gains for outside surface node (including solar gains, rad. internal gains wallgains and rad. heating see 2.1.4)
QT_AL	Total energy gains by an active layer or a cooled ceiling.

(7) Balance 7-Moisture Balance for Zones(NType 907)

이 Balance는 독립적으로 모든 존들에 대한 습기 평형을 보여준다. 만약 상대습도가 100%에 도달하면, 이 존의 습기 취득은 (+)로 바뀌게 된다. 이것은 여전히 공기에 저장된 수증기량의 증가를 가져올 것이지만, 실질적으로 표면의 어느 위치에서 물방울이 맺히게(결로가 발생될)것이다.

$$BAL\_MOISTURE\_Z = dmw\_air\_dt + dmw\_buffer\_dt - mw\_\infty - mw\_vent$$
$$- mw\_coupl - mw\_gain - mw\_heat\_hum$$
$$+ mw\_cool\_dehum \qquad [kJ/h] \qquad (8-6)$$

$BAL_MOISTURE_Z$는 각 존의 습기 평형이므로, 항상 그 값이 0이 되어야 한다.

dmw_air_dt	change of water stored in the air of zone
dmw_buffer_dt	change of water stored in the surfaces of zone for the detailed humidity model (sum of deep and surface storage)
mw_inf	water gain of zone due to infiltration
mw_vent	water gain of zone due to ventilation
mw_coupl	water gain of zone due to coupling
mw_gain	water gain from internal loads
mw_heat_hum	water gain due to ideal humidification of heating type
mw_cool_dehum	water loss due to ideal dehumidification of cooling type

(8) Balance 8-Energy Balance for Sum of all Zones(NType 908)

이 Balance는 Balance 7과 동일하지만 모든 존들에 대한 모든 값들을 함께 합산한다.

(9) Balance 9-Summary

이 Balance는 자동적으로 모든 건물 시뮬레이션에 대하여 출력된다. 이 Balance 안에는 단지 존당 에너지 평형으로부터의 어떠한 값들과 표면당 에너지 평형만이 전체 시뮬레이션 시간에 걸쳐 합산된다.

표면당 에너지 평형의 경우, 벽체의 내부 에너지 변화가 합산된다. 일년 또는 다년간 시뮬레이션의 경우, 이 값들은 초기 조건들이 시뮬레이션의 최종 조건들과 매우 유사하기 때문에 0에 근접하게 된다.

10. Input Data Limits

TRNSYS 버전 15부터 Type 56은 고정된 데이터 한계를 감소시키기 위해 동적 배열 크기를 사용한다. 그러나 다음의 한계가 있음을 기억하기 바란다.

- Inputs의 최대 개수 : 999
- Outputs의 최대 개수 : 999
- Surfaces의 최대 개수 : 999

11. Program Output

앞에서 설명한 것 같이 TRNSYS 버전 16부터, TRNBuild는 각 건물 시뮬레이션 이전에 자동적으로 호출되며, 건물 설명 파일 [*.BLD]과 벽체 구성을 특징짓는 전달 함수 계수 파일 [*.TRN]을 생성한다. 이 두 파일들은 Type에 내부적으로 할당되며, 건물에 대하여 필요한 Type 56에 대한 모든 정보를 포함한다.

정보 파일 [*.INF]는 벽체 전달 함수 계수의 값, 총합 열전달 컨덕턴스 u-값과 관련된 k-값 다음에 처리된 BUI 파일을 포함한다. 이 정보는 벽체 설명 데이터를 검증할 때 사용자에게 유용할 수 있다. 다음으로 Type 56에 요구되는 입력값들의 목록이 출력된다. 이들은 TRNSYS 시뮬레이션에서 가장 일반적으로는 다른 컴포넌트들의 출력값들이 될 것이다. 또한, 정보파일 [*.INF]는 사용자에 의해 선택된 Type 56의 출력값 목록을 제공한다. 이들 출력값들은 다른 컴포넌트의 입력값이 될 수 있다.

끝으로 모든 벽체 유형과 이들의 k-값들에 대한 간단한 도표가 정보 파일에 출력된다.

9. 간단한 TRNBuild 예제

예제로써 난방이 필요한 레스토랑을 고려하자. 이 레스토랑은 3개의 존(the dining room, the kitchen 그리고 a storage area)으로 구성된다. 건물의 평면은 [그림 9-1] 과 같다. dining room은 직접 남측에 면하고 있으며, 비교적 넓은 이중창을 포함하고 있다. 그리고 일반적인 레스토랑에서 고려되는 데이터는 다음과 같다.

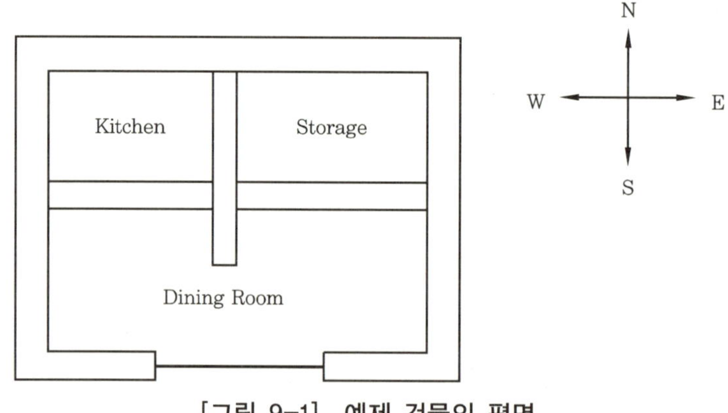

[그림 9-1] 예제 건물의 평면

(1) Structure : 내/외벽인 2 유형의 벽체가 있다. 바닥은 지표면에 면한 콘크리트 슬 래브, 단열층 그리고 석재 타일로 구성된다. 식당에 위치하는 유일한 창문은 복층 유리이다. 평지붕은 plaster board, air gap, insulation, concrete, roofing의 순서로 구성되며, 실내에서 실외로의 순서이다. 외벽과 지붕의 외측 열전달 계수 는 풍속에 따라 변한다. 그러나 바닥의 열전달 계수는 매우 작은 값으로 설정되며, 바닥의 표면 온도를 지표면 온도와 동일한 값으로 설정한다.

(2) Air Flows : 침기량은 비거주 시간대에 시간당 0.5회로 고정된 값을 사용하며, 손 님이 출입함에 따라 시간당 최대 1/4회까지 침기량이 추가된다. 이 추가되는 침기 량 부분은 식당에서 부엌으로 유입된다고 가정한다. 식당에서 부엌으로의 최대 전 달 유량은 25 kg/h이다. 또한, 부엌은 작업 시간대에 시간당 0.5회 환기된다.

(3) Gains : 부엌과 식당 모두 인체 발열 및 조명 발열로부터 열취득을 한다. 또한,

부엌은 스토브가 설치되어 있다. 조명은 사람이 건물에 있는 경우에만 켜진다. 손님들의 스케줄은 주중과 주말을 구분하여 입력한다. 그리고 저장 창고는 냉장고로부터의 고정된 열취득이 있다.

(4) Heating : 부엌과 식당은 사람이 거주하는 시간대에서 20℃로 유지되며, 그 외 시간은 15℃로 유지한다. 저장 창고는 난방을 하지 않는다.

(5) Cooling : 부엌에 작은 실내형 에어컨이 위치하며, 온도가 25℃ 이상일 때 가동을 한다.

이 예제에 대한 TRNSYS와 TRNBuild로부터의 출력값은 다음 페이지들에서 찾을 수 있다. 적절한 주석문과 함께 건물을 모델링하는 데 필요한 입력 데이터는 TRNBuild 출력값에 나열되었다. 주석문은 첫 번째 열에 '*'로 시작된다. 만약 사용자가 수동으로 주석문을 추가하고자 할 경우에는 '*' 대신에 TRNBuild는 '*#C'를 사용함으로써 유지되도록 한다(**주의** : 주석문은 TRNBuild로부터 입력 파일의 제일 위로 자동적으로 옮겨지게 될 것이다). Deck 파일과 결과들은 TRNSYS 출력값에 나열된다.

먼저 TRNBuild 프로그램을 사용하여 파일명 'RESTRANT.BUI'을 생성한다. BUI 파일을 저장하면, TRNBuild는 3개의 다른 출력 파일들[User Information(RESTRANT.INF), Building Description(RESTRANT.BLD) 그리고 Transfer Functions(RESTRANT.TRN)]을 생성한다.

다음의 TRNSYS 입력 파일 'RESTRANT.DCK'은 시뮬레이션을 수행하는 데 필요한 Types을 포함하여 보여준다.

```
*******************************************************************************
* TRNBuild 0.0.69
*******************************************************************************
* BUILDING DESCRIPTIONS FILE TRNSYS
* FOR BUILDING: E:\trnsys16\Examples\Restaurant\Restrant.inf
* GET BY WORKING WITH TRNBuild 1.0 for Windows
*******************************************************************************
*
*------------------------------------------------------------------------------
* C o m m e n t s
*------------------------------------------------------------------------------
*------------------------------------------------------------------------------
* P r o j e c t
*------------------------------------------------------------------------------
*+++ PROJECT
```

```
*+++ DESCRIPTION = TRNSYS MAIN REFERENCE MANUAL
*+++ CREATED = SOLAR ENERGY LABORATORY
*+++ ADDRESS = MADISON, WI USA
*+++ CITY =
*+++ SWITCH = UNDEFINED
*------------------------------------------------------------------------
* P r o p e r t i e s
*------------------------------------------------------------------------
PROPERTIES
DENSITY = 1.204 : CAPACITY = 1.012 : HVAPOR = 2454.0 : SIGMA = 2.041e-007 : RTEMP = 293.15
*--- alpha calculation --------------------
KFLOORUP = 7.2 : EFLOORUP = 0.31 : KFLOORDOWN = 3.888 : EFLOORDOWN = 0.31
KCEILUP = 7.2 : ECEILUP = 0.31 : KCEILDOWN = 3.888 : ECEILDOWN = 0.31
KVERTICAL = 5.76 : EVERTICAL = 0.3
*
*++++++++++++++++++++++++++++++++++++++++++++++++++++++++++++++++++++++++++++++++
*++++++++++++++++++++++++++++++++++++++++++++++++++++++++++++++++++++++++++++++++
*+++++++
TYPES
*++++++++++++++++++++++++++++++++++++++++++++++++++++++++++++++++++++++++++++++++
*++++++++++++++++++++++++++++++++++++++++++++++++++++++++++++++++++++++++++++++++
*+++++++
*
*------------------------------------------------------------------------
* L a y e r s
*------------------------------------------------------------------------
LAYER GYPSUM
CONDUCTIVITY = 2.62 : CAPACITY = 0.75 : DENSITY = 1601
LAYER INSULATION
CONDUCTIVITY = 0.155 : CAPACITY = 0.75 : DENSITY = 32
LAYER STUCCO
CONDUCTIVITY = 2.49 : CAPACITY = 0.75 : DENSITY = 1858
LAYER WOOD
CONDUCTIVITY = 0.418 : CAPACITY = 2.25 : DENSITY = 592
LAYER CONCRETE
CONDUCTIVITY = 6.23 : CAPACITY = 0.75 : DENSITY = 2242
LAYER STONE
CONDUCTIVITY = 5.17 : CAPACITY = 1.5 : DENSITY = 881
LAYER PLASTBOARD
CONDUCTIVITY = 1.9 : CAPACITY = 0.84 : DENSITY = 1200
LAYER AIRSPACE
RESISTANCE = 0.05
LAYER ROOFING
CONDUCTIVITY = 2.5 : CAPACITY = 1 : DENSITY = 2100
*------------------------------------------------------------------------
* I n p u t s
*------------------------------------------------------------------------
INPUTS HOUTSIDE
*------------------------------------------------------------------------
```

```
*  S c h e d u l e s
*-----------------------------------------------------------------------------
SCHEDULE WEEKDAY
HOURS = 0.0 8.0 10.0 12.0 14.0 17.0 22.0 24.0
VALUES = 0 5. 2. 10. 2. 10. 0 0
SCHEDULE WEEKEND
HOURS = 0.0 8.0 10.0 12.0 14.0 17.0 22.0 24.0
VALUES = 0 10. 5. 10. 4. 10. 0 0
SCHEDULE OCCUPANCY
HOURS = 0.0 7.0 22.0 24.0
VALUES = 0 1. 0 0
SCHEDULE CUSTOMERS
DAYS = 1 2 3 4 5 6 7
HOURLY = WEEKDAY WEEKDAY WEEKDAY WEEKDAY WEEKDAY WEEKEND WEEKEND
*-----------------------------------------------------------------------------
*  W a l l s
*-----------------------------------------------------------------------------
WALL OUTSIDE
LAYERS = GYPSUM INSULATION STUCCO
THICKNESS = 0.019 0.076 0.025
ABS-FRONT = 0.9 : ABS-BACK = 0.8
HFRONT = 11 : HBACK = INPUT 1*HOUTSIDE
WALL INSIDE
LAYERS = GYPSUM WOOD GYPSUM
THICKNESS = 0.019 0.058 0.019
ABS-FRONT = 0.8 : ABS-BACK = 0.8
HFRONT = 11 : HBACK = 11
WALL FLOOR
LAYERS = STONE INSULATION CONCRETE
THICKNESS = 0.025 0.076 0.102
ABS-FRONT = 0.8 : ABS-BACK = 0
HFRONT = 11 : HBACK = 1e-005
WALL ROOF
LAYERS = PLASTBOARD AIRSPACE INSULATION CONCRETE ROOFING
THICKNESS = 0.016 0 0.076 0.102 0.006
ABS-FRONT = 0.8 : ABS-BACK = 0.9
HFRONT = 11 : HBACK = INPUT 1*HOUTSIDE
*-----------------------------------------------------------------------------
*  W i n d o w s
*-----------------------------------------------------------------------------
WINDOW DOUBLE
WINID = 2001 : HINSIDE = 11 : HOUTSIDE = 72 : SLOPE = 90 : SPACID = 0 : WWID = 0.77 :
WHEIG = 1.08 :
FFRAME = 0.15 : UFRAME = 8.17 : ABSFRAME = 0.6 : RISHADE = 0 : RESHADE = 0 :
REFLISHADE = 0.5 :
REFLOSHADE = 0.5 : ;
CCISHADE = 0.5
*-----------------------------------------------------------------------------
*  D e f a u l t G a i n s
*-----------------------------------------------------------------------------
```

```
*--------------------------------------------------------------------------
* O t h e r G a i n s
*--------------------------------------------------------------------------

GAIN PEOPLE
CONVECTIVE = 150 : RADIATIVE = 70 : HUMIDITY = 0.058
GAIN LIGHTS
CONVECTIVE = 300 : RADIATIVE = 1500 : HUMIDITY = 0
GAIN STOVES
CONVECTIVE = 10000 : RADIATIVE = 5000 : HUMIDITY = 0.1
GAIN FREEZER
CONVECTIVE = 1500 : RADIATIVE = 0 : HUMIDITY = 0
*--------------------------------------------------------------------------
* C o m f o r t
*--------------------------------------------------------------------------

*--------------------------------------------------------------------------
* I n f i l t r a t i o n
*--------------------------------------------------------------------------

INFILTRATION SOUTH
AIRCHANGE = SCHEDULE 0.03*CUSTOMERS+0.5
INFILTRATION NORTH
AIRCHANGE = 0.5
*--------------------------------------------------------------------------
* V e n t i l a t i o n
*--------------------------------------------------------------------------

VENTILATION KITCHEN
TEMPERATURE = OUTSIDE
AIRCHANGE = SCHEDULE 0.75*OCCUPANCY
HUMIDITY = OUTSIDE
*--------------------------------------------------------------------------
* C o o l i n g
*--------------------------------------------------------------------------

COOLING KITCHEN
ON = 26
POWER – 50000
HUMIDITY = 100
*--------------------------------------------------------------------------
* H e a t i n g
*--------------------------------------------------------------------------

HEATING HEATER
ON = SCHEDULE 5*OCCUPANCY+15
POWER = 50000
HUMIDITY = 0
RRAD = 0
*
*--------------------------------------------------------------------------
* Z o n e s
*--------------------------------------------------------------------------

ZONES DINING KITCHEN STORAGE
*--------------------------------------------------------------------------
* O r i e n t a t i o n s
```

```
*--------------------------------------------------------------------------------
ORIENTATIONS NORTH SOUTH EAST WEST HORIZONTAL
*
*+++++++++++++++++++++++++++++++++++++++++++++++++++++++++++++++++++++++++++++++++
BUILDING
*+++++++++++++++++++++++++++++++++++++++++++++++++++++++++++++++++++++++++++++++++
*
*--------------------------------------------------------------------------------
* Z o n e DINING / A i r n o d e DINING
*--------------------------------------------------------------------------------
ZONE DINING
AIRNODE DINING
WALL = OUTSIDE : SURF = 1 : AREA = 35 : EXTERNAL : ORI = SOUTH : FSKY = 0.5
WINDOW = DOUBLE : SURF = 2 : AREA = 10 : EXTERNAL : ORI = SOUTH : FSKY = 0.5
WALL = OUTSIDE : SURF = 3 : AREA = 35 : EXTERNAL : ORI = WEST : FSKY = 0.5
WALL = OUTSIDE : SURF = 4 : AREA = 35 : EXTERNAL : ORI = EAST : FSKY = 0.5
WALL = INSIDE : SURF = 5 : AREA = 22.5 : INTERNAL
WALL = INSIDE : SURF = 6 : AREA = 22.5 : ADJACENT = STORAGE : FRONT
WALL = FLOOR : SURF = 7 : AREA = 112.5 : BOUNDARY = 10
WALL = ROOF : SURF = 8 : AREA = 112.5 : EXTERNAL : ORI = HORIZONTAL : FSKY = 1
WALL = INSIDE : SURF = 9 : AREA = 22.5 : ADJACENT = KITCHEN : FRONT
REGIME
GAIN = PEOPLE : SCALE = SCHEDULE 5*CUSTOMERS
GAIN = LIGHTS : SCALE = SCHEDULE 2*OCCUPANCY
INFILTRATION = SOUTH
HEATING = HEATER
CAPACITANCE = 500 : VOLUME = 337.5 : TINITIAL = 20 : PHINITIAL = 50 : WCAPR = 1
*--------------------------------------------------------------------------------
* Z o n e KITCHEN / A i r n o d e KITCHEN
*--------------------------------------------------------------------------------
ZONE KITCHEN
AIRNODE KITCHEN
WALL = INSIDE : SURF = 10 : AREA = 22.5 : ADJACENT = DINING : BACK : COUPL = SCHEDULE
2.5*CUSTOMERS
WALL = OUTSIDE : SURF = 11 : AREA = 22.5 : EXTERNAL : ORI = WEST : FSKY = 0.5
WALL = OUTSIDE : SURF = 12 : AREA = 22.5 : EXTERNAL : ORI = NORTH : FSKY=0.5
WALL = INSIDE : SURF = 13 : AREA = 22.5 : ADJACENT = STORAGE : BACK
WALL = FLOOR : SURF = 14 : AREA = 56.25 : BOUNDARY = 10
WALL = ROOF : SURF = 15 : AREA = 56.25 : EXTERNAL : ORI = HORIZONTAL : FSKY = 1
REGIME
GAIN = PEOPLE : SCALE = SCHEDULE 0.5*CUSTOMERS
GAIN = LIGHTS : SCALE = SCHEDULE 1*OCCUPANCY
GAIN = STOVES : SCALE = SCHEDULE 1*OCCUPANCY
INFILTRATION = NORTH
VENTILATION = KITCHEN
COOLING = KITCHEN
HEATING = HEATER
CAPACITANCE = 250 : VOLUME = 168.75 : TINITIAL = 20 : PHINITIAL = 50 : WCAPR = 1
*--------------------------------------------------------------------------------
* Z o n e STORAGE / A i r n o d e STORAGE
```

```
*-------------------------------------------------------------------------
ZONE STORAGE
AIRNODE STORAGE
WALL = INSIDE : SURF = 16 : AREA = 22.5 : ADJACENT = DINING : BACK
WALL = INSIDE : SURF = 17 : AREA = 22.5 : ADJACENT = KITCHEN : FRONT
WALL = OUTSIDE : SURF = 18 : AREA = 22.5 : EXTERNAL : ORI = NORTH : FSKY = 0.5
WALL = OUTSIDE : SURF = 19 : AREA = 22.5 : EXTERNAL : ORI = EAST : FSKY = 0.5
WALL = FLOOR : SURF = 20 : AREA = 56.25 : BOUNDARY = 10
WALL = ROOF : SURF = 21 : AREA = 56.25 : EXTERNAL : ORI = HORIZONTAL : FSKY = 1
REGIME

GAIN = FREEZER : SCALE = 1
INFILTRATION = NORTH
CAPACITANCE = 250 : VOLUME = 168.75 : TINITIAL = 20 : PHINITIAL = 50 : WCAPR = 1
*-------------------------------------------------------------------------
* O u t p u t s
*-------------------------------------------------------------------------
OUTPUTS
TRANSFER : TIMEBASE = 1.000
AIRNODES = DINING KITCHEN STORAGE
NTYPES = 1 : TAIR - air temperature of zone
= 2 : QSENS - sensible energy demand of zone, heating(-), cooling(+)
= 3 : QCSURF - total convection to air from all surfaces within zone (incl. internal
shading)
= 4 : QINF - sensible infiltration energy gain of zone
= 5 : QVENT - tsensible ventilation energy gain of zone
= 6 : QCOUP - tsensible coupling energy gain of zone
= 7 : QGCONV - internal convective gains of zone
= 8 : DQAIR - change in internal sensible energy of zone air since beginning of
simulation
AIRNODES = DINING
NTYPES = 17 : SURF = 1, 3, 4, 5, 6, 7, 8, 9, 2, : TSI - inside surface temperature
*-------------------------------------------------------------------------
* E n d
*-------------------------------------------------------------------------
END
_EXTENSION_WINPOOL_START_
WINDOW 4.1 DOE-2 Data File : Multi Band Calculation
Unit System : SI
Name : TRNSYS 15 WINDOW LIB
Desc : Waermeschutzglas,Ar, 1.4 71/59
Window ID : 2001
Tilt : 90.0
Glazings : 2
Frame : 11 2.270
Spacer : 1 Class1 2.330 -0.010 0.138
Total Height: 1219.2 mm
Total Width : 914.4 mm
Glass Height: 1079.5 mm
Glass Width : 774.7 mm
```

Mullion : None
Gap Thick Cond dCond Vis dVis Dens dDens Pr dPr
1 Argon 16.0 0.01620 5.000 2.110 6.300 1.780 −0.0060 0.680 0.00066
2 0 0 0 0 0 0 0 0 0
3 0 0 0 0 0 0 0 0 0
4 0 0 0 0 0 0 0 0 0
5 0 0 0 0 0 0 0 0 0
Angle 0 10 20 30 40 50 60 70 80 90 Hemis
Tsol 0.426 0.428 0.422 0.413 0.402 0.380 0.333 0.244 0.113 0.000 0.354
Abs1 0.118 0.118 0.120 0.123 0.129 0.135 0.142 0.149 0.149 0.000 0.132
Abs2 0.190 0.192 0.198 0.201 0.200 0.199 0.199 0.185 0.117 0.000 0.191
Abs3 0 0 0 0 0 0 0 0 0 0 0
Abs4 0 0 0 0 0 0 0 0 0 0 0
Abs5 0 0 0 0 0 0 0 0 0 0 0
Abs6 0 0 0 0 0 0 0 0 0 0 0

Rfsol 0.266 0.262 0.260 0.262 0.269 0.286 0.326 0.422 0.621 1.000 0.314
Rbsol 0.215 0.209 0.207 0.210 0.219 0.237 0.272 0.356 0.560 0.999 0.260
Tvis 0.706 0.710 0.701 0.688 0.670 0.635 0.556 0.403 0.188 0.000 0.590
Rfvis 0.121 0.115 0.114 0.118 0.132 0.163 0.228 0.376 0.649 1.000 0.203
Rbvis 0.103 0.096 0.093 0.096 0.108 0.132 0.179 0.286 0.520 0.999 0.162
SHGC 0.589 0.593 0.591 0.586 0.574 0.551 0.505 0.405 0.218 0.000 0.518
SC: 0.55
Layer ID# 9052 9065 0 0 0 0
Tir 0.000 0.000 0 0 0 0
Emis F 0.840 0.140 0 0 0 0
Emis B 0.840 0.840 0 0 0 0
Thickness(mm) 4.0 4.0 0 0 0 0
Cond(W/m2-C) 225.0 225.0 0 0 0 0
Spectral File None None None None None None
Overall and Center of Glass Ig U-values (W/m2-C)
Outdoor Temperature −17.8 C 15.6 C 26.7 C 37.8 C
Solar WdSpd hcout hrout hin
(W/m2) (m/s) (W/m2-C)
0 0.00 12.25 3.25 7.62 1.54 1.54 1.31 1.31 1.35 1.35 1.47 1.47
0 6.71 25.47 3.21 7.64 1.62 1.62 1.36 1.36 1.40 1.40 1.53 1.53
783 0.00 12.25 3.39 7.99 1.69 1.69 1.54 1.54 1.51 1.51 1.54 1.54
783 6.71 25.47 3.30 7.81 1.79 1.79 1.63 1.63 1.58 1.58 1.59 1.59
*** END OF LIBRARY ***
****
*WinID Description Design U-Value g-value T-sol Rf-sol Tvis
****
2001 Waermeschutzglas,Ar, 1.4 71/59 4/16/4 1.62 0.589 0.426 0.266
0.706
_EXTENSION_WINPOOL_END_
***** WALL TRANSFERFUNCTION CALCULATIONS *****
---------- WALL TYPE OUTSIDE ----------
THERMAL CONDUCTANCE, U = 1.97000 kJ/h m2K; k-Wert = 0.50065 W/m2K
TRANSFERFUNCTION COEFFICIENTS
K A B C D

```
0 3.6684340E+01 1.1579860E+00 2.5066750E+01 1.0000000E+00
1 -3.4728969E+01 8.0696358E-01 -2.3128777E+01 -1.2977883E-03
2 1.2070596E-02 2.4921213E-03 2.9469086E-02 2.9681289E-08
3 -2.0018657E-07 3.2501479E-08 -5.3783912E-07
SUM 1.9674417E+00 1.9674417E+00 1.9674417E+00 9.9870224E-01
---------- WALL TYPE INSIDE ----------
THERMAL CONDUCTANCE, U = 6.52487 kJ/h m2K; k-Wert = 1.38555 W/m2K
TRANSFERFUNCTION COEFFICIENTS
K A B C D
0 4.3508708E+01 1.3441543E-01 4.3508708E+01 1.0000000E+00
1 -5.4848700E+01 1.8743318E+00 -5.4848700E+01 -5.2766019E-01
2 1.5139288E+01 1.1898916E+00 1.5139288E+01 2.6151327E-02
3 -5.4777771E-01 5.3552229E-02 -5.4777771E-01 -4.6829370E-05
4 7.6472294E-04 9.2484386E-05 7.6472294E-04
5 -1.7519191E-08 2.7614394E-09 -1.7519191E-08
SUM 3.2522835E+00 3.2522835E+00 3.2522835E+00 4.9844431E-01
---------- WALL TYPE FLOOR ----------
THERMAL CONDUCTANCE, U = 1.95492 kJ/h m2K; k-Wert = 0.49714 W/m2K
TRANSFERFUNCTION COEFFICIENTS
K A B C D
0 1.1383148E+02 2.0996567E-01 3.5319491E+01 1.0000000E+00
1 -1.2601556E+02 8.2375615E-01 -4.7785317E+01 -4.0890965E-01
2 1.3343324E+01 1.2199179E-01 1.3627675E+01 1.8107074E-04
3 -3.3531702E-03 1.7317452E-04 -5.9615662E-03
4 7.3232386E-08 2.6244023E-09 1.2327213E-07
SUM 1.1558868E+00 1.1558868E+00 1.1558868E+00 5.9127142E-01
---------- WALL TYPE ROOF ----------
THERMAL CONDUCTANCE, U = 1.76206 kJ/h m2K; k-Wert = 0.45186 W/m2K
TRANSFERFUNCTION COEFFICIENTS
K A B C D
0 1.0403033E+02 1.1574487E-01 1.8180211E+01 1.0000000E+00
1 -1.1740252E+02 6.1523960E-01 -2.5622459E+01 -5.0769031E-01
2 1.4260124E+01 1.3812068E-01 8.3333036E+00 1.3109209E-03
3 -1.8141020E-02 6.8596592E-04 -2.1267090E-02 -1.9096733E-07
4 2.3831935E-06 4.6007793E-08 2.8138568E-06
SUM 8.6979115E-01 8.6979115E-01 8.6979115E-01 4.9362042E-01
************* REQUIRED INPUTS *************
*InpNR Label UNIT INPUT DESCRIPTION
* 1 TAMB C AMBIENT TEMPERATURE
* 2 ARELHUM % RELATIVE AMBIENT HUMIDITY
* 3 TSKY C FIKTIVE SKY TEMPERATURE
* 4 ITNORTH kJ/h.m^2 INCIDENT RADIATION FOR ORIENTATION NORTH
* 5 ITSOUTH kJ/h.m^2 INCIDENT RADIATION FOR ORIENTATION SOUTH
* 6 ITEAST kJ/h.m^2 INCIDENT RADIATION FOR ORIENTATION EAST
* 7 ITWEST kJ/h.m^2 INCIDENT RADIATION FOR ORIENTATION WEST
* 8 ITHORIZONT kJ/h.m^2 INCIDENT RADIATION FOR ORIENTATION HORIZONTAL
* 9 IBNORTH kJ/h.m^2 INCIDENT BEAM RADIATION FOR ORIENTATION NORTH
* 10 IBSOUTH kJ/h.m^2 INCIDENT BEAM RADIATION FOR ORIENTATION SOUTH
* 11 IBEAST kJ/h.m^2 INCIDENT BEAM RADIATION FOR ORIENTATION EAST
* 12 IBWEST kJ/h.m^2 INCIDENT BEAM RADIATION FOR ORIENTATION WEST
```

* 13 IBHORIZONT kJ/h.m^2 INCIDENT BEAM RADIATION FOR ORIENTATION HORIZONTAL
* 14 AINORTH degrees ANGLE OF INCIDENCE FOR ORIENTATION NORTH
* 15 AISOUTH degrees ANGLE OF INCIDENCE FOR ORIENTATION SOUTH
* 16 AIEAST degrees ANGLE OF INCIDENCE FOR ORIENTATION EAST
* 17 AIWEST degrees ANGLE OF INCIDENCE FOR ORIENTATION WEST
* 18 AIHORIZONT degrees ANGLE OF INCIDENCE FOR ORIENTATION HORIZONTAL
* 19 HOUTSIDE any INPUT
************* DESIRED OUTPUTS *************
*OutNr Label Unit ZNr Zone Surface OUTPUT DESCRIPTION
* 1 TAIR 1 °C 1 DINING air temperature of zone
* 2 TAIR 2 °C 2 KITCHEN air temperature of zone
* 3 TAIR 3 °C 3 STORAGE air temperature of zone
* 4 QSENS 1 kJ/h 1 DINING sens. energy demand of zone, heating(−), cooling(+)
* 5 QSENS 2 kJ/h 2 KITCHEN sens. energy demand of zone, heating(−), cooling(+)
* 6 QSENS 3 kJ/h 3 STORAGE sens. energy demand of zone, heating(−), cooling(+)
* 7 QCSURF 1 kJ/h 1 DINING total convection to air from all surf. incl.
int.shading
* 8 QCSURF 2 kJ/h 2 KITCHEN total convection to air from all surf. incl.
int.shading
* 9 QCSURF 3 kJ/h 3 STORAGE total convection to air from all surf. incl.
int.shading
* 10 QINF 1 kJ/h 1 DINING sens. infiltration energy gain of zone
* 11 QINF 2 kJ/h 2 KITCHEN sens. infiltration energy gain of zone
* 12 QINF 3 kJ/h 3 STORAGE sens. infiltration energy gain of zone
* 13 QVENT 1 kJ/h 1 DINING sens. ventilation energy gain of zone
* 14 QVENT 2 kJ/h 2 KITCHEN sens. ventilation energy gain of zone
* 15 QVENT 3 kJ/h 3 STORAGE sens. ventilation energy gain of zone
* 16 QCOUP 1 kJ/h 1 DINING sens. coupling energy gain of zone
* 17 QCOUP 2 kJ/h 2 KITCHEN sens. coupling energy gain of zone
* 18 QCOUP 3 kJ/h 3 STORAGE sens. coupling energy gain of zone
* 19 QGCONV 1 kJ/h 1 DINING internal convective gains of zone
* 20 QGCONV 2 kJ/h 2 KITCHEN internal convective gains of zone
* 21 QGCONV 3 kJ/h 3 STORAGE internal convective gains of zone
* 22 DQAIR 1 kJ 1 DINING change int. sens. energy of zone air since start
* 23 DQAIR 2 kJ 2 KITCHEN change int. sens. energy of zone air since start
* 24 DQAIR 3 kJ 3 STORAGE change int. sens. energy of zone air since start
* 25 TSI 1 °C 1 DINING 1 inside surface temperature −>WALL = OUTSIDE:ORI = SOUTH
* 26 TSI 3 °C 1 DINING 3 inside surface temperature −>WALL = OUTSIDE:ORI = WEST
* 27 TSI 4 °C 1 DINING 4 inside surface temperature −>WALL = OUTSIDE:ORI = EAST
* 28 TSI 5 °C 1 DINING 5 inside surface temperature −>WALL = INSIDE:INTERNAL
BACK
* 29 TSI 6 °C 1 DINING 6 inside surface temperature −
>WALL = INSIDE:ADJ = STORAGE
* 30 TSI 7 °C 1 DINING 7 inside surface temperature −>WALL = FLOOR:KNOWN
BOUNDARY
* 31 TSI 8 °C 1 DINING 8 inside surface temperature −
>WALL = ROOF:ORI = HORIZONTAL
* 32 TSI 9 °C 1 DINING 9 inside surface temperature −
>WALL = INSIDE:ADJ = KITCHEN
* 33 TSI 2 °C 1 DINING 2 inside surface temperature −>WIN = DOUBLE:ORI = SOUTH

```
*** THERMAL CONDUCTANCE OF USED WALL TYPES ***
WALL OUTSIDE k-Wert = 0.501 W/m2K
WALL INSIDE k-Wert = 1.386 W/m2K
WALL FLOOR k-Wert = 0.497 W/m2K
WALL ROOF k-Wert = 0.452 W/m2K
Following is the TRNSYS input file for this simple example.
VERSION 16
*************************************************************************
*** TRNSYS input file (deck) generated by TrnsysStudio
*** on Monday, September 27, 2004 at 18:12
*** from TrnsysStudio project: E:\trnsys16\MyProjects\Restrant\Restrant.tpf
***
*** If you edit this file, use the File/Import TRNSYS Input File function in
*** TrnsysStudio to update the project.
***
*** If you have problems, questions or suggestions please contact your local
*** TRNSYS distributor or mailto:iisibat@cstb.fr
***
*************************************************************************
*************************************************************************

*** Units
*************************************************************************
*************************************************************************
*** Control cards
*************************************************************************
* START, STOP and STEP
CONSTANTS 3
START = 1
STOP = 168
STEP = 1
* User defined CONSTANTS
* ASSIGN C:\Trnsys15\prebid\lib\american\w4-lib.dat 19
* ASSIGN restrant.trn 17
SIMULATION START STOP STEP ! Start time End time Time step
TOLERANCES 0.001 0.001 ! Integration Convergence
LIMITS 30 30 30 ! Max iterations Max warnings Trace limit
DFQ 1 ! TRNSYS numerical integration solver method
WIDTH 72 ! TRNSYS output file width, number of characters
LIST ! NOLIST statement
! MAP statement
SOLVER 0 1 1 ! Solver statement Minimum relaxation factor Maximum
relaxation factor
NAN_CHECK 0 ! Nan DEBUG statement
OVERWRITE_CHECK 0 ! Overwrite DEBUG statement
EQSOLVER 0 ! EQUATION SOLVER statement
* Model "TYPE69b" (Type 69)
*
UNIT 5 TYPE 69 TYPE69b
*$UNIT_NAME TYPE69b
```

```
*$MODEL .\Physical Phenomena\Sky Temperature\calculate cloudiness factor\TYPE69b.tmf
*$POSITION 504 200
*$LAYER Main #
PARAMETERS 2
0 ! 1 mode for cloudiness factor
250 ! 2 height over sea level
INPUTS 4
14,1 ! Type109-TMY2:Ambient temperature ->Ambient temperature
6,8 ! TYPE33e:Dew point temperature. ->Dew point temperature at ambient conditions
14,13 ! Type109-TMY2:beam radiation on horitonzal ->Beam radiation on the horizontal
14,15 ! Type109-TMY2:ground reflected diffuse radiation on horizontal ->Diffuse
radiation on the horizontal
*** INITIAL INPUT VALUES
23 20 0 0
*------------------------------------------------------------------------
* Model "TYPE33e" (Type 33)
*
UNIT 6 TYPE 33 TYPE33e
*$UNIT_NAME TYPE33e
*$MODEL  .\Physical  Phenomena\Thermodynamic  Properties\Psychrometrics\Dry  Bulb  and
Relative
Humidity Known\TYPE33e.tmf
*$POSITION 311 93
*$LAYER Main #
PARAMETERS 3
2 ! 1 Psychrometrics mode
1 ! 2 Wet bulb mode
2 ! 3 Error mode
INPUTS 3
14,1 ! Type109-TMY2:Ambient temperature ->Dry bulb temp.
14,2 ! Type109-TMY2:relative humidity ->Percent relative humidity
0,0 ! [unconnected] Pressure
*** INITIAL INPUT VALUES
20 60.0 1
*------------------------------------------------------------------------
* Model "Type56a" (Type 56)
*
UNIT 7 TYPE 56 Type56a
*$UNIT_NAME Type56a
*$MODEL .\Loads and Structures\Multi-Zone Building\With Standard Output Files\Type56a.tmf
*$POSITION 598 200
*$LAYER Main #
*$#
PARAMETERS 6
31 ! 1 Logical unit for building description file (.bui)
1 ! 2 Star network calculation switch
1 ! 3 Weighting factor for operative temperature
32 ! 4 Logical unit for monthly summary
33 ! 5 Logical unit for hourly temperatures
34 ! 6 Logical unit for hourly loads
INPUTS 19
```

```
14,1 ! Type109-TMY2:Ambient temperature -> 1- TAMB (AMBIENT TEMPERATURE)
14,2 ! Type109-TMY2:relative humidity -> 2- ARELHUM (RELATIVE AMBIENT HUMIDITY)
5,1 ! TYPE69b:Fictive sky temperature -> 3- TSKY (FIKTIVE SKY TEMPERATURE)
14,18 ! Type109-TMY2:total radiation on tilted surface-1 -> 4- ITNORTH (INCIDENT
RADIATION FOR ORIENTATION NORTH)
14,24 ! Type109-TMY2:total radiation on tilted surface-2 -> 5- ITSOUTH (INCIDENT
RADIATION FOR ORIENTATION SOUTH)
14,30 ! Type109-TMY2:total radiation on tilted surface-3 -> 6- ITEAST (INCIDENT
RADIATION FOR ORIENTATION EAST)
14,36 ! Type109-TMY2:total radiation on tilted surface-4 -> 7- ITWEST (INCIDENT
RADIATION FOR ORIENTATION WEST)
14,12 ! Type109-TMY2:total radiation on horizontal -> 8- ITHORIZONT (INCIDENT
RADIATION FOR ORIENTATION HORIZONTAL)
14,19 ! Type109-TMY2:beam radiation on tilted surface-1 -> 9- IBNORTH (INCIDENT BEAM
RADIATION FOR ORIENTATION NORTH)
14,25 ! Type109-TMY2:beam radiation on tilted surface-2 -> 10- IBSOUTH (INCIDENT BEAM
RADIATION FOR ORIENTATION SOUTH)
14,31 ! Type109-TMY2:beam radiation on tilted surface-3 -> 11- IBEAST (INCIDENT BEAM
RADIATION FOR ORIENTATION EAST)
14,37 ! Type109-TMY2:beam radiation on tilted surface-4 -> 12- IBWEST (INCIDENT BEAM
RADIATION FOR ORIENTATION WEST)
14,13 ! Type109-TMY2:beam radiation on horitonzal -> 13- IBHORIZONT (INCIDENT BEAM
RADIATION FOR ORIENTATION HORIZONTAL)
14,22 ! Type109-TMY2:angle of incidence for tilted surface -1 -> 14- AINORTH (ANGLE
OF INCIDENCE FOR ORIENTATION NORTH)
14,28 ! Type109-TMY2:angle of incidence for tilted surface -2 -> 15- AISOUTH (ANGLE
OF INCIDENCE FOR ORIENTATION SOUTH)
14,34 ! Type109-TMY2:angle of incidence for tilted surface -3 -> 16- AIEAST (ANGLE OF
INCIDENCE FOR ORIENTATION EAST)
14,40 ! Type109-TMY2:angle of incidence for tilted surface -4 -> 17- AIWEST (ANGLE OF
INCIDENCE FOR ORIENTATION WEST)
14,16 ! Type109-TMY2:angle of incidence on horizontal surface -> 18- AIHORIZONT
(ANGLE OF INCIDENCE FOR ORIENTATION HORIZONTAL)
0,0 ! [unconnected] 19- HOUTSIDE (INPUT)
*** INITIAL INPUT VALUES
0 0 0 0 0 0 0 0 0 0 0 0 0 0 0 0 0 0 0
*** External files
ASSIGN "E:\trnsys16\Examples\Restaurant\Restrant.b16" 31
*|? Building description file (*.bui) |1000
ASSIGN "restrant.sum" 32
*|? Monthly Summary File |1000
ASSIGN "Bldg-HourlyTemp.out" 33
*|? Hourly Temperatures |1000
ASSIGN "Bldg-HourlyLoads.out" 34
*|? Hourly Loads |1000
*-------------------------------------------------------------------------------
* EQUATIONS "Equa"
*
EQUATIONS 4
DHEAT = MAX(-[7,4],0)
```

```
SHEAT = MAX(-[7,6],0)
KHEAT = MAX(-[7,5],0)
KCOOL = MAX([7,5],0)
*$UNIT_NAME Equa
*$LAYER Main
*$POSITION 400 104
*------------------------------------------------------------------------
* Model "TYPE65d" (Type 65)
*
UNIT 10 TYPE 65 TYPE65d
*$UNIT_NAME TYPE65d
*$MODEL .\Output\Online Plotter\Online Plotter Without File\TYPE65d.tmf
*$POSITION 707 200
*$LAYER Main #
PARAMETERS 12
3 ! 1 Nb. of left-axis variables
4 ! 2 Nb. of right-axis variables
10 ! 3 Left axis minimum
30 ! 4 Left axis maximum
0 ! 5 Right axis minimum
50000 ! 6 Right axis maximum
1 ! 7 Number of plots per simulation
7 ! 8 X-axis gridpoints
0 ! 9 Shut off Online w/o removing
-1 ! 10 Logical unit for output file
0 ! 11 Output file units
0 ! 12 Output file delimiter
INPUTS 7
7,1 ! Type56a: 1- (air temperature of zone) TAIR 1 ->Left axis variable-1
7,2 ! Type56a: 2- (air temperature of zone) TAIR 2 ->Left axis variable-2
7,3 ! Type56a: 3- (air temperature of zone) TAIR 3 ->Left axis variable-3
DHEAT ! Equa:DHEAT ->Right axis variable-1
KHEAT ! Equa:KHEAT ->Right axis variable-2
SHEAT ! Equa:SHEAT ->Right axis variable-3
KCOOL ! Equa:KCOOL ->Right axis variable-4
*** INITIAL INPUT VALUES
DINING KITCHEN STORAGE HEAT-D HEAT-K HEAT-S COOL-K
LABELS 3
"Zone Temperatures (C)"
"Zone Loads (kJ/hr)"
"plot1"
*------------------------------------------------------------------------
* Model "TYPE28d" (Type 28)
*
UNIT 11 TYPE 28 TYPE28d
*$UNIT_NAME TYPE28d
*$MODEL .\Output\Simulation Summary\Results to List File\Without Energy Balance\TYPE28d.tmf
*$POSITION 472 392
*$LAYER Main #
PARAMETERS 21
```

```
24 ! 1 Summary interval
0 ! 2 Summary start time
9000 ! 3 Summary stop time
-1 ! 4 Not used - Logical unit for the output file
2 ! 5 Output mode
1 ! 6 Operation code-1
-11 ! 7 Operation code-2
-4 ! 8 Operation code-3
-12 ! 9 Operation code-4
7 ! 10 Operation code-5
-4 ! 11 Operation code-6
-13 ! 12 Operation code-7
-4 ! 13 Operation code-8
-14 ! 14 Operation code-9
-4 ! 15 Operation code-10
-15 ! 16 Operation code-11
-4 ! 17 Operation code-12
-16 ! 18 Operation code-13
-4 ! 19 Operation code-14
-17 ! 20 Operation code-15
-4 ! 21 Operation code-16
INPUTS 7
7,22 ! Type56a: 22- (change int. sens. energy...) DQAIR 1 ->Summary input-1
DHEAT ! Equa:DHEAT ->Summary input-2
7,7 ! Type56a: 7- (total convection to air...) QCSURF 1 ->Summary input-3
7,10 ! Type56a: 10- (sens. infiltration energ...) QINF 1 ->Summary input-4
7,13 ! Type56a: 13- (sens. ventilation energy...) QVENT 1 ->Summary input-5
7,16 ! Type56a: 16- (sens. coupling energy ga...) QCOUP 1 ->Summary input-6
7,19 ! Type56a: 19- (internal convective gain...) QGCONV 1 ->Summary input-7
*** INITIAL INPUT VALUES
0 0 0 0 0 0 0
LABELS 7
DDELU DHEAT DSURF DINF DVENT DCPLG DCONV
*----------------------------------------------------------------------------
* Model "TYPE28d-2" (Type 28)
*
UNIT 12 TYPE 28 TYPE28d-2
*$UNIT_NAME TYPE28d-2
*$MODEL .\Output\Simulation Summary\Results to List File\Without Energy Balance\TYPE28d.tmf
*$POSITION 590 392
*$LAYER Main #
PARAMETERS 21
24 ! 1 Summary interval
0 ! 2 Summary start time
9000 ! 3 Summary stop time
-1 ! 4 Not used - Logical unit for the output file
2 ! 5 Output mode
1 ! 6 Operation code-1
-11 ! 7 Operation code-2
-4 ! 8 Operation code-3
```

```
-12 ! 9 Operation code-4
7 ! 10 Operation code-5
-4 ! 11 Operation code-6
-13 ! 12 Operation code-7
-4 ! 13 Operation code-8
-14 ! 14 Operation code-9
-4 ! 15 Operation code-10
-15 ! 16 Operation code-11
-4 ! 17 Operation code-12
-16 ! 18 Operation code-13
-4 ! 19 Operation code-14
-17 ! 20 Operation code-15
-4 ! 21 Operation code-16
INPUTS 7
7,24 ! Type56a: 24- (change int. sens. energy...) DQAIR 3 ->Summary input-1
SHEAT ! Equa:SHEAT ->Summary input-2
7,9 ! Type56a: 9- (total convection to air...) QCSURF 3 ->Summary input-3
7,12 ! Type56a: 12- (sens. infiltration energ...) QINF 3 ->Summary input-4
7,15 ! Type56a: 15- (sens. ventilation energy...) QVENT 3 ->Summary input-5
7,18 ! Type56a: 18- (sens. coupling energy ga...) QCOUP 3 ->Summary input-6
7,21 ! Type56a: 21- (internal convective gain...) QGCONV 3 ->Summary input-7
*** INITIAL INPUT VALUES
0 0 0 0 0 0 0
LABELS 7
SDELU SHEAT SSURF SINF SVENT SCPLG SCONV
*----------------------------------------------------------------------------
* Model "TYPE28d-3" (Type 28)
*
UNIT 13 TYPE 28 TYPE28d-3
*$UNIT_NAME TYPE28d-3
*$MODEL .\Output\Simulation Summary\Results to List File\Without Energy Balance\TYPE28d.tmf
*$POSITION 696 392
*$LAYER Main #
PARAMETERS 25
24 ! 1 Summary interval
0 ! 2 Summary start time
9000 ! 3 Summary stop time
-1 ! 4 Not used - Logical unit for the output file
2 ! 5 Output mode
1 ! 6 Operation code-1
-11 ! 7 Operation code-2
-4 ! 8 Operation code-3
-12 ! 9 Operation code-4
7 ! 10 Operation code-5
8 ! 11 Operation code-6
-4 ! 12 Operation code-7
-12 ! 13 Operation code-8
8 ! 14 Operation code-9
-4 ! 15 Operation code-10
-13 ! 16 Operation code-11
```

```
-4 ! 17 Operation code-12.
-14 ! 18 Operation code-13
-4 ! 19 Operation code-14
-15 ! 20 Operation code-15
-4 ! 21 Operation code-16
-16 ! 22 Operation code-17
-4 ! 23 Operation code-18
-17 ! 24 Operation code-19
-4 ! 25 Operation code-20
INPUTS 8
7,23 ! Type56a: 23- (change int. sens. energy...) DQAIR 2 ->Summary input-1
KHEAT ! Equa:KHEAT ->Summary input-2
KCOOL ! Equa:KCOOL ->Summary input-3
7,8 ! Type56a: 8- (total convection to air...) QCSURF 2 ->Summary input-4
7,11 ! Type56a: 11- (sens. infiltration energ...) QINF 2 ->Summary input-5
7,14 ! Type56a: 14- (sens. ventilation energy...) QVENT 2 ->Summary input-6
7,17 ! Type56a: 17- (sens. coupling energy ga...) QCOUP 2 ->Summary input-7
7,20 ! Type56a: 20- (internal convective gain...) QGCONV 2 ->Summary input-8
*** INITIAL INPUT VALUES
0 0 0 0 0 0 0 0
LABELS 8
KDELU KHEAT KCOOL KSURF KINF KVENT KCPLG KCONV
*-----------------------------------------------------------------------------
* Model "Type109-TMY2" (Type 109)
*
UNIT 14 TYPE 109 Type109-TMY2
*$UNIT_NAME Type109-TMY2
*$MODEL .\Weather Data Reading and Processing\Standard Format\TMY2\Type109-TMY2.tmf
*$POSITION 48 200
*$LAYER Weather - Data Files #
PARAMETERS 4
2 ! 1 Data Reader Mode
36 ! 2 Logical unit
4 ! 3 Sky model for diffuse radiation
1 ! 4 Tracking mode
INPUTS 9
0,0 ! [unconnected] Ground reflectance
0,0 ! [unconnected] Slope of surface-1
0,0 ! [unconnected] Azimuth of surface-1
0,0 ! [unconnected] Slope of surface-2
0,0 ! [unconnected] Azimuth of surface-2
0,0 ! [unconnected] Slope of surface-3
0,0 ! [unconnected] Azimuth of surface-3
0,0 ! [unconnected] Slope of surface-4
0,0 ! [unconnected] Azimuth of surface-4
*** INITIAL INPUT VALUES
0.2 90 180 90 0 90 -90 90 90
*** External files
ASSIGN "E:\trnsys16\Weather\Meteonorm\Europe\DE-Wuerzburg-106550.tm2" 36
*|? Weather data file |1000
*-----------------------------------------------------------------------------
END
```

◉ 참고 문헌

1. Stephenson, D.G. and Mitalas, G.P., 『Calculation of Heat Conduction Transfer Functions for Multi-Layer Slabs』, ASHRAE Annual Meeting, Washington, D.C., August 22-25, 1971.

2. Mitalas, G.P. and Arseneault, J.G., 『FORTRAN IV Program to Calculate z-Transfer Functions for the Calculation of Transient Heat Transfer Through Walls and Roofs』, Division of National Research Council of Canada, Ottawa.

3. Seem, J.E., 『Modeling of Heat in Buildings』, Ph. D. thesis, Solar Energy Laboratory, University of Wisconsin Madison, 1987.

4. Holst, S., 『Heating load of a building model in TRNSYS with different heating systems』, ZAE Bayern, Abt. 4, TRNSYS-User Day, Stuttgart, 1993

5. Feist, W., 『Thermal building simulation, A critical review of different building models』(in german), C.F. Müller-Verlag, Karlsruhe, ISBN 3-7880-7486-8, 1994.

6. Lechner, Th., 『Mathematical and physical fundamentals of the Transfer function method』(in german), Institut für Thermodynamik und Wärmetechnik, Universität Stuttgart, April 1992.

7. Voit, P., Th. Lechner, M. Schuler, 『Common EC validation precedure for dynamic building simulation programs - application with TRNSYS』, TRANSSOLAR GmbH, Conference of international simulation societies 94, Zürich.

8. 『WINDOW 4.1, PC Program for Analyzing Window Thermal Performance in Accordance with Standard NFRC Procedures』, Windows and Daylighting Group, Building Technologies Program, Energy and Environment Division, Lawrence berkeley Laboratory, CA 94729 USA, March 1994.

9. 『Design of a thermal model for thermo-active construction element systems(TABS).』

10. Markus Koschenz, Beat Lehmann, EMPA, Abteilung Energiesysteme/ Haustechnik, CH-8600 Dübendorf(Switzerland) ; Stefan Holst, TRANSSOLAR, Energietechnik GmbH, D-70569 Stuttgart (Germany), February 2000.

11. Glück, B., 『Strahlungsheizung - Theorie und Praxis』, Verlag C. F. Müller, Karlsruhe 1982.

12. Koschenz, M. & Lehmann, B., 『Handbuch thermoaktive Bauteilsysteme TABS (work in progress)』, EMPA Abteilung Energiesysteme/Haustechnik, CH-8600 Dübendorf, 2000.

13. Stender, Merker, Recknagel Sprenger, Oldenburg Verlag, München, 92/93.

TRNSYS 16 사용자 가이드북
트랜시스 16과 멀티 존 빌딩

2009년 1월 20일 인쇄
2009년 1월 25일 발행

저　자 : 서승직 · 최원기
펴낸이 : 이정일

펴낸곳 : 도서출판 **일진사**
　　　　www.iljinsa.com
140-896 서울시 용산구 효창동 5-104
전화 : 704-1616 / 팩스 : 715-3536
등록 : 1979. 4. 2, 제3-40호

값 20,000 원

ISBN : 978-89-429-1071-7

◉ 불법복사는 지적재산을 훔치는 범죄행위입니다.
저작권법 제97조의 5(권리의 침해죄)에 따라 위반자는
5년 이하의 징역 또는 5천만원 이하의 벌금에 처하거
나 이를 병과할 수 있습니다.